Jürgen Kasedorf

Benzineinspritzung   Einspritzsysteme deutscher Hersteller

Gemischaufbereitung

Jürgen Kasedorf

Benzineinspritzung

Einspritzsysteme deutscher Hersteller

4. Auflage

VOGEL Buchverlag Würzburg

Die Fachbuchgruppe
«Service-Fibel für die Gemischaufbereitung»
aus dem VOGEL-BUCHVERLAG WÜRZBURG
umfaßt:

Vergaserreparatur und -einstellung
ISBN 3-8023-0321-0

Vergaser der Pierburg GmbH
ISBN 3-8023-0322-9

Benzineinspritzung
Einspritzsysteme
deutscher Hersteller
ISBN 3-8023-0333-4

Benzineinspritzung
Einspritzsysteme
ausländischer Hersteller
ISBN 3-8023-0334-2

Dieseleinspritztechnik
ISBN 3-8023-0324-5

Autogasanlagen
ISBN 3-8023-0327-X

Kasedorf, Jürgen:
Benzineinspritzung : Einspritzsysteme
dt. Hersteller / Jürgen Kasedorf. – 4. Aufl. –
Würzburg : Vogel, 1988
(Gemischaufbereitung / Jürgen Kasedorf ; Bd. 3)
(Vogel-Fachbuch : Technik : Service-Fibel)
ISBN 3–8023–0333–4

ISBN 3-8023-0333-4
4. Auflage. 1988

Herstellung: Friedrich Pustet, Regensburg

Vorwort

Vorwort zur 4. Auflage

Die stationären Benzinmotoren von Deutz wurden bereits 1898 mit einer mechanischen Benzineinspritzung versorgt. 1932 baute Moto-Guzzi versuchsweise eine röhrengesteuerte elektrische Benzineinspritzung für ein Rennkraftrad. Der Trend zur Benzineinspritzung erfaßte jedoch erst nach den Rennsporterfolgen der legendären Daimler-Benz-Silberpfeile Anfang der sechziger Jahre auch den Serienfahrzeugbau.

Bedingt durch die Abgasvorschriften der siebziger Jahre sowie den Wunsch nach mehr Leistungsausbeute und niedrigerem Kraftstoffverbrauch sind Vergaser und Benzineinspritzung als Gemischbildungssysteme in einen harten Wettbewerb getreten. Dieser Band der Fachbuchgruppe «Service-Fibel für Gemischaufbereitung» befaßt sich daher mit den auf dem Markt befindlichen Benzineinspritzsystemen deutscher Hersteller und Anwender. Besonderer Wert wurde in dieser Auflage auf die aktualisierte Darstellung bekannter Einspritzsysteme gelegt und zusätzlich der Bereich «Zentraleinspritzung» wesentlich erweitert.

Die Gliederung des Buches in das erforderliche Grundlagenwissen und die praktische Anwendung am Beispiel vieler Systeme gestaltet die Einarbeitung in das komplexe Thema der Benzineinspritzung und die Anwendung, bezogen auf einen konkreten Reparaturfall, denkbar einfach. Die am Ende der praxisbezogenen Kapitel angeordneten Fehlersuch- und Diagnosetabellen ermöglichen eine rationelle, umfassende Fehlereingrenzung und geben gleichzeitig Hinweise zur Fehlerbeseitigung. Der Lernende oder Studierende wie auch der Praktiker in der Werkstatt oder auf der Tankstelle profitieren deshalb gleichermaßen von den Darstellungen.

Bei den Presseabteilungen der Bayerischen Motoren Werke AG, der Robert Bosch GmbH, der Adam Opel AG, der Pierburg GmbH sowie der Volkswagen AG und bei den vielen Helfern aus Industrie und Handwerk bedanke ich mich für die Unterstützung, die den starken Praxisbezug dieses Buches ermöglichte.

Berlin — Jürgen H. Kasedorf

Inhaltsverzeichnis

1 Geschichtliche Entwicklung der Benzineinspritzung

1893–97 entwickelte Rudolf Diesel den Dieselmotor, dessen Einspritzgerät und spätere Einspritzpumpen seit Jahrzehnten bekannt sind. Einspritzpumpen für Fahrzeug-Ottomotoren dagegen wurden erst Ende der vierziger Jahre in Rennmotoren und später auch in Serienfahrzeugen populär. Dabei ist die Geschichte der Benzineinspritzung genauso alt wie die der Dieseleinspritzgeräte. Die älteste bekannte, in Serie gebaute Benzineinspritzung wurde bereits 1898 in den stationären Benzinmotoren von Deutz verwendet.

Bedeutung erlangte die Benzineinspritzung bei der Gemischaufbereitung von Flugzeugmotoren, da die Entwicklung kunstfluggeeigneter Vergaser noch nicht genügend fortgeschritten war. Bereits um 1912 begann Robert Bosch erstmals mit Versuchen zur Entwicklung einer Benzineinspritzanlage, 1914 dann die deutsche Vergaserfabrik Pallas, und 1925 schließlich wurde in Amerika der Bendix-Stromberg-Einspritzvergaser entwickelt. Anfang der dreißiger Jahre wurden von der Firma Robert Bosch, man hatte dort zwischenzeitlich die Produktion von Dieseleinspritzpumpen begonnen, die Versuche zur Entwicklung einer gebrauchsfähigen Benzineinspritzanlage wieder aufgenommen, jedoch waren damals die Bemühungen der Hersteller von Benzineinspritzanlagen noch auf die Gemischaufbereitung für Flugzeugmotoren konzentriert.

Das erste, wenn auch nicht im Rennsport erprobte Landfahrzeug mit (noch dazu elektrisch gesteuerter) Benzineinspritzung wird wahrscheinlich ein 1930 von der italienischen Firma Moto-Guzzi entwickeltes Rennmotorrad mit Viertaktmotor gewesen sein.

Ende der vierziger, Anfang der fünfziger Jahre wurden dann Benzineinspritzanlagen mit Fremdantrieb forciert für Serienfahrzeuge entwickelt. Erstaunlich ist, daß mit ihr zuerst Fahrzeuge der unteren Preisklasse ausgestattet wurden, wie die Zweizylinder-Zweitaktmotoren mit 600 cm^3 bis 900 cm^3 Hubraum von Goliath, später auch der 1100-cm^3-Goliath-Viertaktmotor sowie die kleinen Gutbrod-Zweitaktmotoren. Borgward setzte die Benzineinspritzung bei seinen 1500-RS-Rennsportwagen ein, die u.a. mit Stirling Moss als Fahrer beachtliche Rennerfolge erzielten.

Die Verbreitung der Benzineinspritzung in der gehobenen Fahrzeugklasse leitete dann Daimler-Benz mit einer Bosch-Direkteinspritzung im legendären Mercedes-Benz 300 SL ein.

Weitere Mercedes-Benz-Serienfahrzeuge folgten und wurden bis 1968 mit Bosch-Benzineinspritzungen in Reihenbauweise ausgerüstet. Neben Bosch stellten, um nur die wichtigsten Firmen zu nennen, Kugelfischer/Schäfer, Simms, Scintilla und Lucas Benzineinspritzanlagen her.

Richtungweisend waren Versuche der amerikanischen Firma Bendix in den endfünfziger Jahren. Sie hatten zum Ziel, die Benzineinspritzung unabhängig von einem Fremdantrieb elektronisch zu steuern. Die Entwicklungen wurden von der Robert Bosch GmbH gekauft. Bereits Anfang der sechziger Jahre lief dort der erste Versuchsmotor mit elektronischer Kraftstoffeinspritzung. Im September 1966 kam sie dann in Serie, eingebaut in den Volkswagen 1600 E. In relativ kurzer Zeit verdrängte die elektronische Benzineinspritzung, heute D-Jetronic genannt, die fremdbetriebenen Benzineinspritzpumpen vom Markt. Ausschlaggebend dafür war unter anderem die zwischenzeitlich Realität gewordene Abgasgesetzgebung und deren weitere zu erwartende Verschärfung. Als Alternative zur D-Jetronic wurde von der Robert Bosch GmbH ein ebenfalls antriebsloses mechanisches Benzineinspritzverfahren entwickelt, die K-Jetronic. Ihr erster Serieneinsatz erfolgte im Porsche 911 T im Jahre 1973.

Die D-Jetronic gehört heute bereits der Automobilgeschichte an, sie ist von der 1974 erstmals im Opel Manta GTE serienmäßig eingebauten L-Jetronic abgelöst worden. In geringen Stückzahlen wird die D-Jetronic nur noch im britischen Jaguar XJ 12 eingebaut. Wesentliche Bauelemente der D-Jetronic sind von der Robert Bosch GmbH an die britische Lucas verkauft worden. Diese hat mit geänderter Steuerungstechnik eine der D-Jetronic ähnliche Anlage auf den Markt gebracht.

Neue Einspritztechniken, wie die Eindüseneinspritzung (EL) der Pierburg GmbH & Co. KG, aber auch die kontinuierliche Zentraleinspritzung (ZEK) oder die intermittierende Zentraleinspritzung (ZEI) – beide von der Robert Bosch GmbH entwickelt – kündigen sich bereits an. Aber auch diese Systeme werden den Vergaser als konventionelles Gemischaufbereitungssystem nicht in das Fahrzeugmuseum verbannen. Bei aller Skepsis, die häufig unbegründet und oft auch übertrieben dem Vergaser entgegengebracht wird, ist das sicher nicht zu erwarten. Bei weiterer Verschärfung der Abgasgesetzgebung werden auch die Benzineinspritzsysteme durch Korrekturglieder, beispielweise durch die von der Robert Bosch GmbH entwickelte Lambda-Sonde, zusätzlich gesteuert, um den gesetzlichen Anforderungen an die Zusammensetzung der Fahrzeugabgase zu genügen. Die Lambda-Regelung läßt sich aber am Vergaser genauso realisieren und garantiert dort einen der Einspritzung vergleichbaren geringen Schadstoffausstoß des Verbrennungsmotors.

Deshalb, und sicher auch wegen der geringeren Fertigungskosten eines Vergasers, werden beide Gemischaufbereitungssysteme noch viele Jahrzehnte die Fahrzeugmotoren mit Gemisch speisen.

2 Physikalische Grundlagen der Gemischaufbereitung

2.1 Die Zusammensetzung von Kfz-Abgasen

Die Entwicklung von Fahrzeugmotoren und der zugehörigen Gemischaufbereitungsanlagen ist heute nicht mehr loszulösen von dem Problem der Abgasentgiftung.

Durch die Verbrennung von Kraftstoffen in Ottomotoren entstehen Abgase folgender Zusammensetzung:

- □ Kohlendioxid (CO_2)
- □ Kohlenmonoxid (CO)
- □ Wasserdampf (H_2O)
- □ Sauerstoff (O_2)
- □ Stickstoff (N)
- □ Stickoxid (N_xO_y)
- □ Wasserstoff (H_2)

Weiterhin sind in den Abgasen enthalten:

- □ unverbrannte Kohlenwasserstoffe,
- □ Bleioxide aus Kraftstoffzusätzen,
- □ Schwefeloxide aus Kraftstoffverunreinigung.

Als besonders giftig müssen aus dieser Aufstellung das Kohlenmonoxid, die Stickoxide, das Bleioxid und die Schwefeloxide hervorgehoben werden. Eine starke Belastung der Umwelt (Smogbildung) ist durch unverbrannte Kohlenwasserstoffe gegeben.

2.2 Abgasgesetzgebung

Der Anteil der schädlichen Bestandteile im Abgas der Kraftfahrzeuge ist gesetzlich geregelt. Zur Zeit gelten folgende Grenzwerte:

Einsatzdatum	Maßnahme
ab 01.01.1969	Begrenzung der Kurbelgehäuse-Emission auf 0,15 Vol. % CH des Kraftstoffverbrauchs.
ab 01.07.1969	Prüfung Typ 2 = CO-Begrenzung im Leerlauf auf Maximalwert 4,5 Vol. % CO.
ab 01.10.1971	Prüfung Typ 1 = CO- und CH-Begrenzung nach Fahrzeugbezugsgewicht, ermittelt in den Fahrzyklen des Europa-Testes.
ab 01.01.1972	Begrenzung der Bleianteile im Kraftstoff auf max. 0,4 g/l.
ab 01.10.1975	Verschärfung der Prüfung Typ 1 auf: ABE: 80 bis 176 g CO je Test Serie: 96 bis 211 g CO je Test ABE: 6,8 bis 10,9 g HC je Test Serie: 8,8 bis 14,1 g HC je Test
ab 01.01.1976	Begrenzung der Bleianteile im Kraftstoff auf max. 0,15 g/l
ab 21.06.1976	Prüfung Typ 2 für alle Fahrzeuge gültig
ab 01.10.1976	Eingriffsicherungen für Reglerorgane der Leerlaufeinstell-Einrichtungen
ab 01.10.1976	Messung der NO_2-Emissionen bei der Prüfung Typ 1. Zulässig: ABE: 10 bis 16 g NO_x je Test Serie: 12 bis 19,2 g NO_x je Test
ab 01.10.1979	Verschärfung der Prüfung Typ 1 auf: ABE: 65 bis 143 g CO je Test Serie: 78 bis 172 g CO je Test ABE: 6,0 bis 9,6 HC je Test Serie: 7,8 bis 12,5 HC je Test ABE: 8,5 bis 13,6 NO_x je Test Serie: 10,2 bis 16,3 NO_x je Test
ab 1982	ABE und Serie: 30 bis 48 g CO je Test ABE und Serie: max. 10 g HC + NO_x je Test

ab 01.10.1988	Verschärfung der Abgasgrenzwerte auf: 25 g CO; 6,5 g NO_x/HC, davon 3,5 g NO_x je Test für neue Modelle über 2000 cm^3
ab 01.10.1989	Verschärfte Grenzwerte für alle Neufahrzeuge über 2000 cm^3
ab 01.10.1990	Verschärfung der Abgasgrenzwerte auf: 45 g CO und 15 g HC/NO_x, davon 6 g NO_x je Test für neue Modelle unter 1400 cm^3 mit mehr als 1250 kg Leergewicht und: Verschärfung der Abgasgrenzwerte auf: 30 g CO und 12,75 g HC/NO_x, davon max. 6 g NO_x je Test für neue Modelle unter 1400 cm^3 und weniger als 1250 kg Leergewicht
ab 01.10.1991	Verschärfung der Abgasgrenzwerte auf: 30 g CO und 8 g HC/NO_x je Test für neue Modelle von 1400 bis 2000 cm^3
ab 01.10.1992	Verschärfte Grenzwerte für alle Neuzulassungen unter 1400 cm^3 und von 1400 bis 2000 cm^3

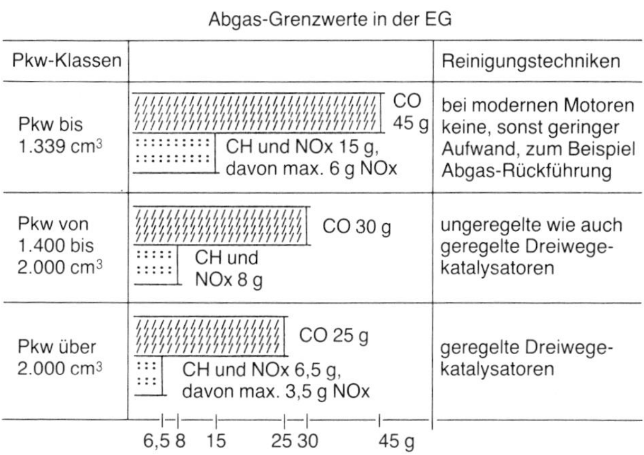

Abgasgrenzwerte in der EG (Quelle: Motor-Bericht (DDD)

2.3 Gemischaufbereitung

Die Aufgabe einer Gemischaufbereitungsanlage, gleich ob Vergaser oder Benzineinspritzung, ist es, der vom Motor angesaugten Luft die Kraftstoffmenge beizumessen, die für den gesamten Betriebsbereich des Fahrzeugs ein geeignetes Kraftstoff-Luft-Gemisch garantiert. Die der Ansaugluft des Motors zugemessene Kraftstoffmenge wird durch das stöchiometrische Luft- bzw. Mischungsverhältnis bestimmt. Dieses Verhältnis kennzeichnet den Zustand, bei dem gerade so viel Kraftstoff und Luft ein Gemisch bilden, daß der Kraftstoff vollständig verbrennen kann. Je nach vorhandener Kraftstoffqualität beträgt das stöchiometrische Verhältnis etwa 14 bis 14,8 kg Luft zu 1 kg Kraftstoff.

Das in der Technik mit λ (Lambda) bezeichnete Mischungsverhältnis erhält bei stöchiometrischem Wert die Luftzahl $\lambda = 1$. Luftverhältnisse unter $\lambda = 1$ kennzeichnen einen Mangel an Luft, d.h., das Kraftstoff-Luft-Gemisch ist fett. Luftverhältnisse über $\lambda = 1$ stehen für einen Luftüberschuß bei der Verbrennung, das Kraftstoff-Luft-Gemisch ist mager.

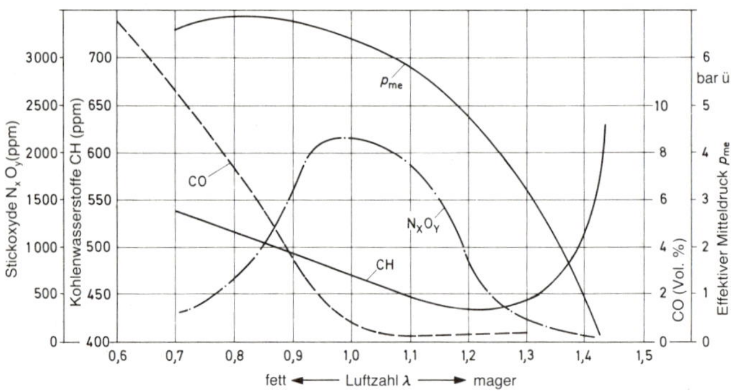

Bild 2.1 Verlauf der schädlichen Abgasbestandteile. Die Luftzahl (Lambda) drückt das Mischungsverhältnis Kraftstoff zu Luft aus. Je mehr Kraftstoff zugesetzt wird, desto niedriger ist der Luftzahlwert, das Gemisch wird fetter. Im Bereich maximaler Motorleistung steigt der CO-Wert bereits stark an. Bei leistungsmäßig noch zu vertretendem Mischungsverhältnis $\lambda = 1{,}0$, erreichen die Stickoxide ihren Höchstwert, während die Kohlenmonoxide beherrschbar sind. Bei starker Abmagerung, etwa im Schiebebetrieb des Fahrzeugs, schnellt der Anteil der unverbrannten Kohlenwasserstoffe in die Höhe (Pierburg GmbH & Co. KG)

Das Luftverhältnis $\lambda = 1$ ist ein idealisierter Wert, der nicht allen Betriebsbereichen des Motors gerecht wird. Ein Luftmangel, also $\lambda < 1$, wird aus Gründen der Laufruhe für den Leerlaufbetrieb und aus Leistungsgründen bei Vollast angestrebt. Dagegen kann im Teillastbereich aus wirtschaftlichen Gründen geringerer Kraftstoffverbrauch und ein Luftüberschuß, $\lambda > 1$, wünschenswert sein.

Entscheidend ist aber nicht nur die korrekte Zumessung des Kraftstoffs zur Ansaugluft. Genauso wichtig ist die feine Zerstäubung des angesaugten oder eingespritzten Kraftstoffs, die innige Vermischung von Kraftstoff und Ansaugluft. Nur dadurch kann ein homogenes Kraftstoff-Luft-Gemisch entstehen, das Motorhöchstleistung und sichere Unterschreitung der gesetzlich geforderten Abgasgrenzwerte gewährleistet. Diese Forderungen werden von den heutigen Gemischaufbereitungssystemen einwandfrei erfüllt, wobei Vergasermotoren den Vorteil des weiten Gemischweges zur Gemischhomogenisierung haben, während Einspritzverfahren allgemein wegen des kurzen Gemischweges einen höheren Motorfüllungsgrad gewährleisten, der zu höherer Hubraumleistung des Motors und größerer Motorelastizität führen kann. Auch die Gasannahme des kalten Motors ist allgemein bei einer Einspritzanlage besser als bei einem Vergasermotor.

Der Wert λ hat in letzter Zeit besondere Bedeutung durch die Katalysatortechnik erlangt. Der Dreiwegekatalysator benötigt, um eine optimale Reinigungswirkung zu erzielen und um vor Zerstörung bewahrt zu bleiben, eine genau vorherbestimmte Abgaszusammensetzung, die ihrerseits von der Zusammensetzung des Kraftstoff-Luft-Gemisches abhängt. Das Kraftstoff-Luft-Gemisch muß immer dem stöchiometrischen Verhältnis entsprechen. Deshalb ist zwischen Motor und Katalysator eine Lambda-Sonde installiert, die den Restsauerstoff im Abgas mißt und ein Signal an ein Steuergerät abgibt, das das Kraftstoff-Luft-Gemisch bei jedem Betriebszustand etwa auf dem Wert $\lambda = 1$ hält.

Die für den Katalysatorbetrieb erforderliche exakte Kraftstoffzumessung wird am unproblematischsten mit elektronisch geregelten Einspritzanlagen, wie sie in diesem Band besprochen werden, erzielt. Damit können auch die strengen Abgasbestimmungen in den USA und in Japan mit Sicherheit eingehalten bzw. unterschritten werden. Die für die Zukunft in Europa geltenden Schadstoffgrenzwerte erfordern dagegen beim heutigen Entwicklungsstand nur für Motoren über 2,0 l Hubraum den Einsatz eines Dreiwegekatalysators. Bei niedrigerem Hubvolumen werden die geforderten Grenzwerte bei verschiedenen Fahrzeugen bereits heute mit den serienmäßigen Gemischbildnern erreicht. Es ist zu erwarten, daß in den nächsten Jahren weiter verfeinerte, elektronisch gesteuerte Systeme zur Gemischbildung entwickelt werden (beispielsweise das Magergemischkonzept), die den Einsatz eines geregelten Dreiwegekatalysators überflüssig machen.

3 Einspritzverfahren

Da bei Benzineinspritzmotoren das Kraftstoff-Luft-Gemisch durch Fremdzündung entflammt wird, kann entweder intermittierend (unterbrochen), während des Ansaugtaktes des Motors oder kontinuierlich (ununterbrochen), während des Motorlaufs eingespritzt werden.

Intermittierend kann sowohl bei der Saugrohr-, Saugkanal- und Direkteinspritzung eingespritzt werden, während sich die kontinuierliche Einspritzung nur als Saugrohreinspritzung eignet.

3.1 Direkteinspritzung

Das Direkteinspritzverfahren ist dadurch gekennzeichnet, daß das Einspritzventil von oben oder seitlich im Zylinderkopf befestigt direkt in den Brennraum des Motors hineinragt. Es spritzt intermittierend während des Ansaugtaktes des Motors ein. Diese Anordnung, überwiegend im Rennmotorenbau realisiert, garantiert durch fehlenden Gemischweg maximale Füllung. Die Leistungsausbeute der Verbrennungsmaschine ist bei diesem System am größten, obwohl durch den fehlenden Gemischweg kein optimal homogenes Brenngemisch erreicht wird. Aus diesem Grund wären mit der Direkteinspritzung die heute geforderten Abgasgrenzwerte nur schwer zu erreichen. Außerdem neigen Motoren mit Direkteinspritzung bei thermisch ungünstigen Bedingungen zur Schmierölverdünnung.

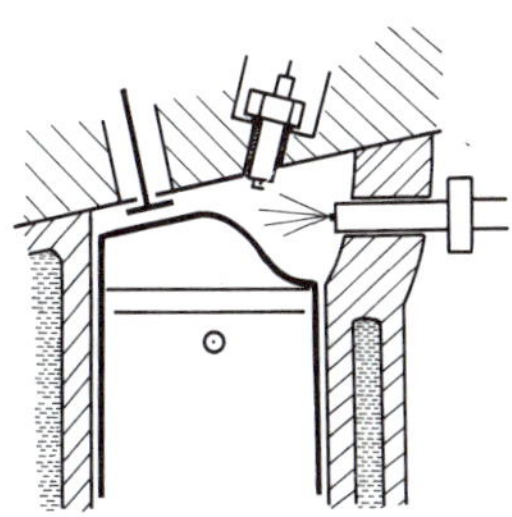

Bild 3.1 Schema einer Direkteinspritzung (Leyhausen)

3.2 Saugkanaleinspritzung

Die Saugkanaleinspritzung wurde bei einer Reihe von Daimler-Benz-Serienmotoren erfolgreich praktiziert. Das Einspritzventil ist von oben in den Zylinderkopf eingebracht und spritzt intermittierend beim Ansaugtakt des Motors auf das geöffnete Einlaßventil. Bei gutem Füllungsgrad des Motors ist aber auch hier das Gemisch durch den kurzen Gemischweg nicht optimal homogen, so daß sich dieses Verfahren für die heute gebräuchlichen Benzineinspritzungen nicht durchgesetzt hat.

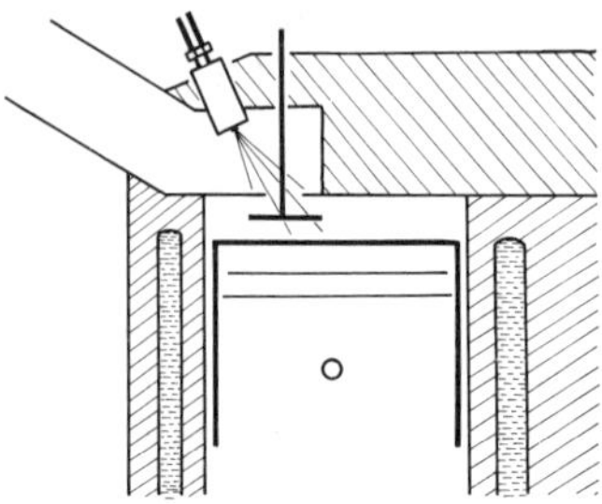

Bild 3.2 Schema der Saugkanaleinspritzung (Leyhausen)

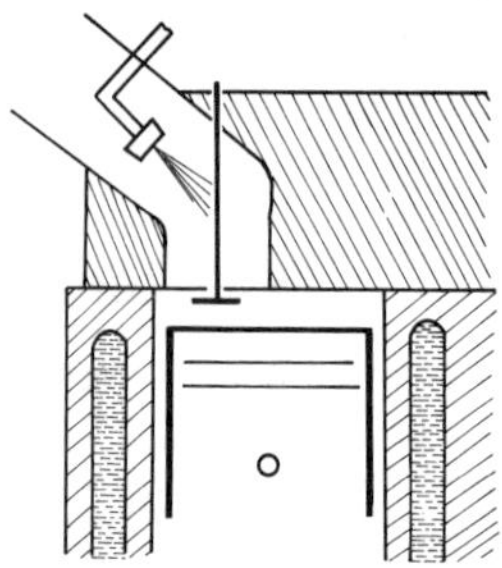

Bild 3.3 Schema der heute gebräuchlichen Saugrohreinspritzung (Leyhausen)

3.3 Saugrohreinspritzung

Bereits die ersten Benzineinspritzanlagen um die Jahrhundertwende waren als Saugrohreinspritzungen ausgeführt. Bei der Saugrohreinspritzung sitzen die Einspritzventile im Saugrohr des Motors. Es kann intermittierend oder kontinuierlich eingespritzt werden. Durch den im Vergleich zur Saugkanaleinspritzung längeren Gemischweg ist das Brenngemisch homogener, so daß bei guter Zylinderfüllung ein leichtes Beherrschen der vorgeschriebenen Abgasgrenzwerte gegeben ist. Mit allen heutigen Benzineinspritzanlagen wird in das Saugrohr eingespritzt.

4 Mechanische Benzineinspritzungen ohne Fremdantrieb

4.1 Bosch-K-Jetronic

Die Bosch-K-Jetronic ist ein mechanisches Benzineinspritzsystem für Ottomotoren, das nicht vom Verbrennungsmotor angetrieben wird.

Der Kraftstoff wird aus dem Kraftstoffbehälter durch eine elektrisch angetriebene Rollenzellenpumpe in das Einspritzsystem gepumpt. Er fließt zuerst in einen Kraftstoffspeicher, der den Druck im Kraftstoffsystem langfristig nach Abstellen des Motors hält, und von dort durch ein Feinfilter hindurch in den Gemischregler.

Der Gemischregler wird aus dem Luftmengenmesser und dem Kraftstoffmengenteiler gebildet und ist das Hauptbauteil der Einspritzanlage. Die Stauscheibe des Luftmengenmessers wird entsprechend der Drosselklappenstellung von der angesaugten Luftmenge ausgelenkt. Das dabei entstehende Kraftmoment wirkt über den Verstell- und den Zwischenhebel auf den Steuerkolben im Gemischregler und ist bestrebt, den Steuerkolben anzuheben. Dem Luftkraftmoment wirkt ein hydraulisches Moment entgegen, das an der Oberseite des Steuerkolbens durch den Steuerdruck gebildet anliegt. Entsprechend dem vorhandenen Kräftepotential wird der Steuerkolben mehr oder weniger aufwärts bewegt. Die senkrecht in den Steuerkolben eingebrachten Steuerschlitze überstreichen dabei die Steuerkante im Kraftstoffmengenverteiler, so daß entsprechend der Kolbenstellung viel oder wenig Kraftstoff zu den Einspritzventilen fließen kann. Dadurch ist sichergestellt, daß die zugemessene Kraftstoffmenge immer im richtigen Verhältnis zur angesaugten Luftmenge des Motors steht. Der Steuerkolben verfügt über soviel Steuerschlitze, wie Motorzylinder oder Einspritzventile vorhanden sind.

Im Kraftstoffmengenverteiler des Gemischreglers sind entsprechend der Motorzylinderzahl Differenzdruckventile angeordnet. Die Differenzdruckventile bewirken, daß die Kraftstoffdurchflußmenge zu den Einspritzventilen ausschließlich von der Öffnungslage der Steuerschlitze bestimmt wird.

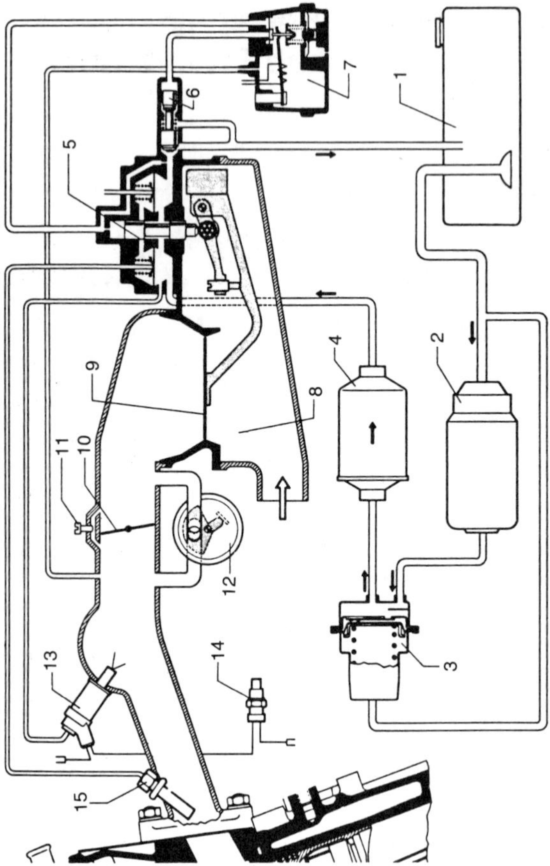

Bild 4.1 Aufbau der Bosch-K-Jetronic (BMW 323 i)

1 Kraftstoffbehälter
2 Kraftstofförderpumpe
3 Kraftstoffdruckspeicher
4 Kraftstoffilter
5 Kraftstoffmengenteiler
6 Systemdruckregler mit Absperrventil
7 Warmlaufregler
8 Luftmengenmesser
9 Stauscheibe
10 Drosselklappe
11 Leerlaufeinstellschraube
12 Zusatzluftschieber
13 Startventil
14 Thermozeitschalter
15 Einspritzventile

Der im Gemischregler untergebrachte Systemdruckregler hält den im Kraftstoffsystem herrschenden Druck weitgehend konstant.

Vom Gemischregler führen Kraftstoffleitungen zu den einzelnen Einspritzventilen, die den genau dosierten Kraftstoff in das Saugrohr des Motors, nahe des jeweiligen Einlaßventils, einspritzen.

Für den Kaltstart ist ein Elektrostartventil vorgesehen, das über eine Kraftstoffleitung vom Gemischregler mit undosiertem Kraftstoff versorgt wird. Gesteuert über einen Thermozeitschalter, spritzt es beim Kaltstart des Motors zusätzlich Kraftstoff in das Ansaugsystem ein.

Die für den Warmlauf des Motors erforderliche Kraftstoffmenge wird durch Senkung des hydraulischen Moments auf der Oberseite des Steuerkolbens erreicht. Das Luftkraftmoment des Luftmengenmessers kann in dieser Betriebsphase den Steuerkolben weiter auslenken, so daß durch die weiter geöffneten Steuerschlitze mehr Kraftstoff zu den Einspritzventilen fließt. Die Höhe der Steuerdrucksenkung sowie die Zeit, während der das Kraftstoff-Luft-Gemisch anzufetten ist, wird durch den Warmlaufregler bestimmt. Ein elektrisch beheiztes Bimetall schaltet den Warmlaufregler nach der Warmlaufphase ab.
Bedingt durch die Gemischanfettung in der Warmlaufphase wird dosiert zusätzlich Luft benötigt, die durch einen Bypass an der Drosselklappe geführt wird. Der Querschnitt dieser Umgehung wird durch den Zusatzluftschieber mit zunehmender Temperatur verschlossen. Das erfolgt mittels eines elektrisch beheizten Bimetalls oder eines wasserumspülten Dehnstoffelementes. Vom Systemdruckregler und vom Warmlaufregler führt jeweils eine Kraftstoffleitung zurück zum Fahrzeugtank.

Ein Mikroschalter im Luftmengenmesser verhindert, daß bei eingeschalteter Zündung und nicht laufendem Motor Kraftstoff von der Elektropumpe gefördert wird.

4.1.1 Luftmengenmessung

Bei der Luftmengenmessung wird das Schwebekörperprinzip verwendet. Dabei steigt in einem kegelförmigen Lufttrichter eine Scheibe so hoch, bis die auf ihre Unterseite wirkende Strömungskraft und die Gewichtskraft der Scheibe im Gleichgewicht sind. Tritt keine Strömungsveränderung ein, so verharrt die Scheibe im Zustand der Ruhe. Nimmt der Luftdurchfluß zu, so steigt auch die

Strömungsgeschwindigkeit im ursprünglichen Trichterquerschnitt. Die auf die Scheibe wirkende Strömungskraft wird größer. Die Scheibe weicht im Trichter nach oben hin aus, bis sich die entgegengerichteten Kräfte wieder im Gleichgewicht befinden und die Scheibe in Ruhestellung verharrt. Läßt die Strömung nach, so fällt auch die auf die Scheibe wirksame Strömungskraft ab. Die Scheibe sinkt im Lufttrichter abwärts, bis sich wiederum ein Gleichgewichtszustand einstellt.

Auf diese einfache Weise ist die Stellung der Stauscheibe im Lufttrichter ein Maß für die vom Motor angesaugte Luftmenge. Dieser Luftmenge kann der Kraftstoff zugeordnet werden, der für ein Brenngemisch der richtigen Zusammensetzung erforderlich ist. Bei einem unkorrigierten Lufttrichter erfolgt die Anhebung der Stauscheibe in etwa proportional zum Durchsatz, also zur angesaugten Luftmenge.

Der Luftmengenmesser besteht aus dem Lufttrichter, dessen Bauhöhe bei 4-Zylinder-Motoren 30 mm und bei 6- und 8-Zylinder-Motoren 35 mm beträgt, sowie der Stauscheibe, die an einem Verstellhebel befestigt ist. Die Stauscheibendurchmesser betragen generell bei 4-Zylinder-Motoren 80 mm, mit Ausnahme der Stauscheibe des Porsche 911 SC, der in der Normalausführung einen Stauscheibendurchmesser von 76 mm besitzt und in der Ausführung für Kalifornien sogar mit nur 60 mm Durchmesser der Stauscheibe auf Grund der dieser Anlage zugeordneten Lambda-Regelung auskommt. Der Stauscheibendurchmesser für 6-Zylinder-Motoren (Fallstromprinzip) beträgt 85 mm, der für die 8-Zylinder-Motoren (Fallstromprinzip) 110 mm. Trotz der Durchmessergleichheit vieler K-Jetronic-Anlagen bei unterschiedlichen Fahrzeugmotoren ist eine Austauschbarkeit der Stauscheiben untereinander nicht generell gegeben, da die Stauscheiben teilweise aus unterschiedlichen Materialien gefertigt sind. Der Verstellhebel, an dem die Stauscheibe befestigt ist, wird drehbar gelagert. An seinem anderen Ende trägt er ein Gegengewicht, das das Eigengewicht von Verstell-, Zwischenhebel und Stauscheibe ausgleicht. Die der Drosselklappenöffnung und der Motorsaugleistung entsprechende Auslenkung der Stauscheibe wird über den Verstell- und den Zwischenhebel auf den Steuerkolben des Gemischreglers übertragen, der der Staukraft eine hydraulische Kraft entgegensetzt. Die Gleichgewichtsstellung beider Kräfte bestimmt das Öffnungsmaß des Steuerschlitzes im Steuerkolben und damit die zu den Einspritzventilen gelangende Kraftstoffmenge.

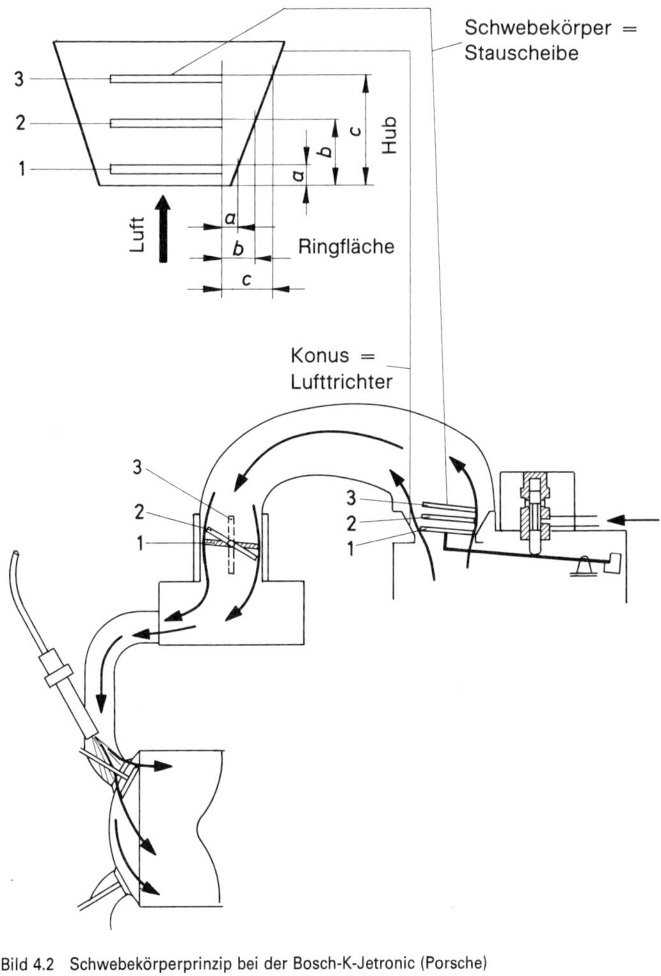

Bild 4.2 Schwebekörperprinzip bei der Bosch-K-Jetronic (Porsche)

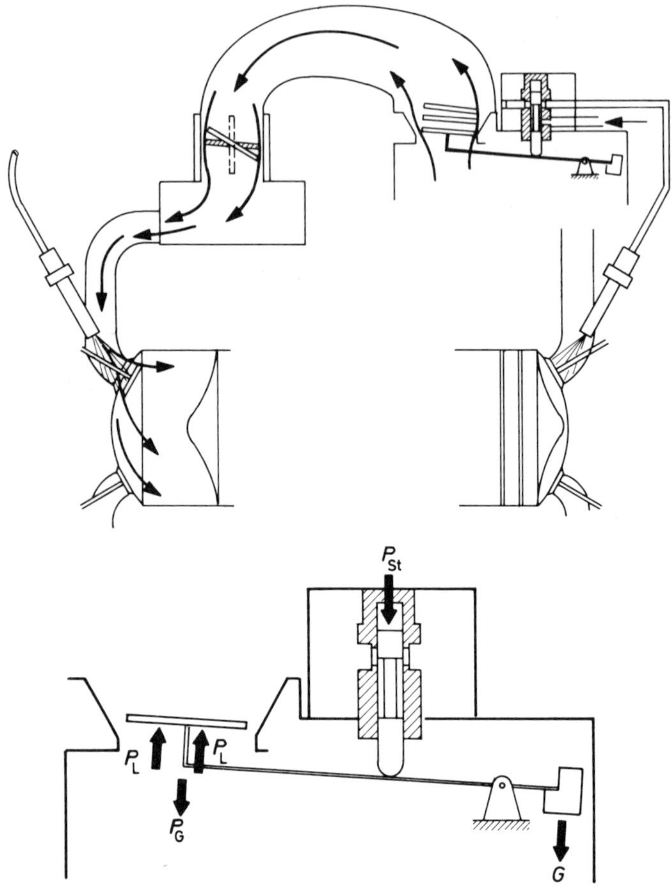

Bild 4.3 Prinzip der Luftmengenmessung am Motor (Porsche)

Luftmengenmesser werden sowohl in Steigstrom- wie auch in Fallstromtechnik gebaut. Die beiden Ausführungen unterscheiden sich in der Bewegungsrichtung der Auslenkung der Stauscheibe. Die Fallstromtechnik wird bei allen V-Motoren wegen der dort anders verlaufenden Saugrohranordnung verwendet. Einzige Ausnahme hiervon ist die erste Ausführung des Europamotors B 27 E von Volvo sowie der 6-Zylinder-V-Motor des Ford Granada. Bei den Reihenmotoren sind die Luftmengenmesser in Steigstromtechnik ausgeführt.

Bei linearer Ausführung des Lufttrichters im Luftmengenmesser ergibt sich durch die Auslegung von Verstell- und Zwischenhebel die Möglichkeit der genauen Anpassung des Brenngemisches an eine bestimmte Luftzahl, die je nach Erfordernis des Motors oder nach den zu erfüllenden Abgasvorschriften in den mageren oder fetten Gemischbereich gelegt werden kann. Bei den Luftmengenmessern der Bosch-K-Jetronic wird von einer Kennlinie ausgegangen, die dem stöchiometrischen Verhältnis, also $\lambda = 1$, entspricht. Die für das Fahrverhalten und für die Erfüllung der Abgasgesetze erforderlichen Korrekturen erfolgen durch Beeinflussung der Lufttrichterkontur, der dazu trichterförmig ausgebildet ist. Bei steil verlaufender Lufttrichterkontur erfolgt eine größere Auslenkung der Stauscheibe, mithin die Bildung eines fetteren Kraftstoff-Luft-Gemischs. Es ist für einen runden Leerlauf und für maximale Leistung bei Vollgas erforderlich. Im Teillastbereich dagegen kann aus Gründen der Kraftstoffeinsparung mit einem mageren Gemisch gefahren werden. Deshalb verläuft die Kontur des Lufttrichters hier flacher als in der Grundform.

Wird die Drosselklappe, beispielsweise zur Einleitung eines Beschleunigungsvorgangs, zügig geöffnet, so ergibt sich aus dem Strömungsprinzip ein erwünschter Nebeneffekt, der als Beschleunigungsanreicherung wirkt. Durch die schnelle Zunahme der Strömungsgeschwindigkeit wird die Stauscheibe kurzfristig weiter ausgelenkt, als es der vom Motor angesaugten Luftmenge entspricht. Dadurch wird in einem sehr kleinen Zeitbereich mehr Kraftstoff über die Steuerschlitze des Steuerkolbens zu den Einspritzventilen geführt, also eine Gemischanreicherung für den Beschleunigungsbetrieb bewirkt.

Die Zuordnung von dosiertem Kraftstoff in Abhängigkeit von der gemessenen Luftmenge kann nur dann einwandfrei funktionieren, wenn alle Dichtstellen motorseitig ab dem Luftmengenmesser einwandfrei abgedichtet sind.

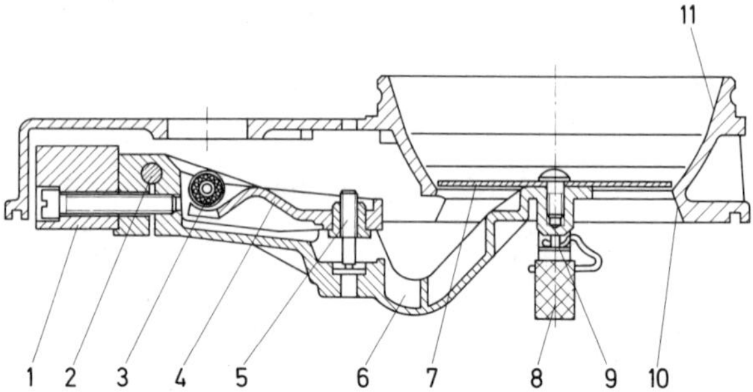

Bild 4.4 Bauteile des Luftmengenmessers in Steigstromtechnik (Robert Bosch GmbH)

1 Gegengewicht
2 Lagerbolzen
3 Nadellager
4 Zwischenhebel
5 Gemischregulierschraube
6 Verstellhebel
7 Stauscheibe
8 Anschlaggummi
9 Anschlagblattfeder
10 Entlastungstrichter
11 Lufttrichter

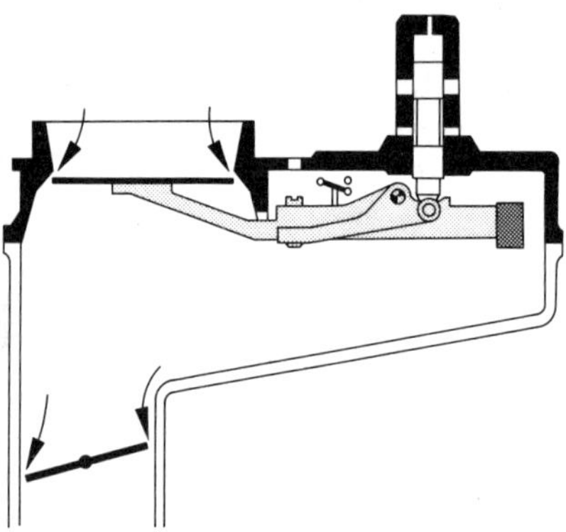

Bild 4.5 Luftmengenmesser in Fallstromtechnik (Robert Bosch GmbH)

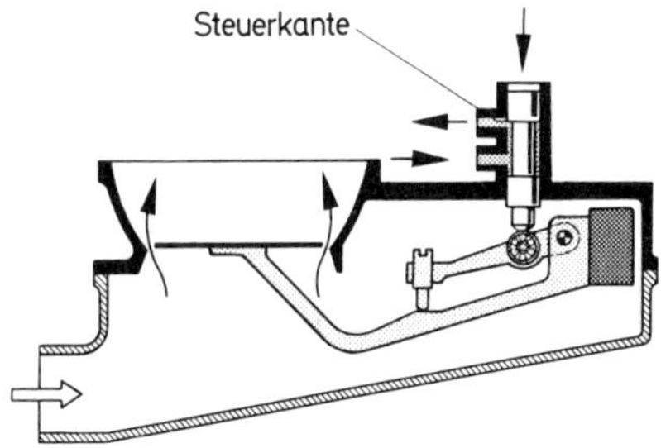

Bild 4.6 Steuerung der Kraftstoffmenge über das Hebelwerk des Luftmengenmessers (Robert Bosch GmbH)

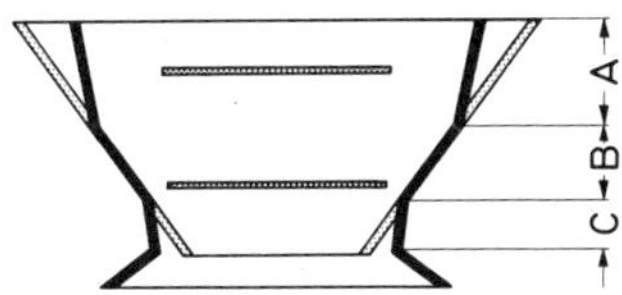

Bild 4.7 Konturenkorrektur des Lufttrichters im Luftmengenmesser

A) Vollast
B) Teillast
C) Leerlauf
(Robert Bosch GmbH)

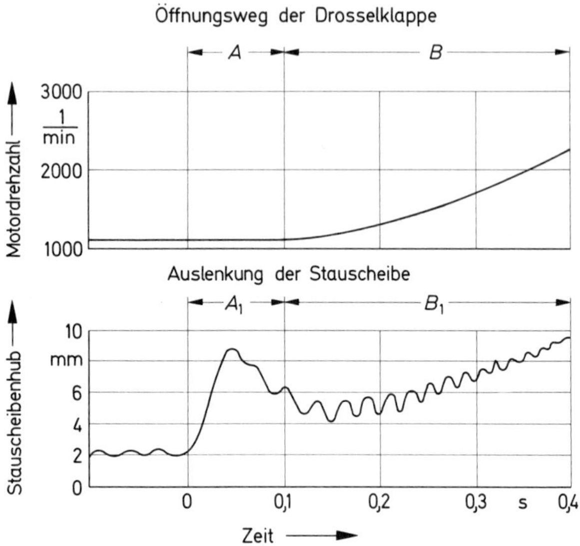

Bild 4.8 Beschleunigungsanreicherungseffekt bei der Bosch-K-Jetronic (Robert Bosch GmbH)

Bei Öffnung der Drosselklappe um einen bestimmten Winkel in der Zeit A erfolgt zeitgleich das Überschwingen der Stauscheibe A_1, wodurch der Steuerkolben die Steuerschlitze weiter öffnet als es der Motordrehzahl und -belastung entspricht. Es erfolgt eine Beschleunigungsanreicherung.

Bei konstantem Drosselklappenwinkel in der Zeit B nimmt die Motordrehzahl zu. Zeitgleich pendelt sich in der Phase B_1 die Stauscheibe entsprechend der tatsächlich vom Motor angesaugten Luftmenge ein, die zusätzliche Anreicherung ist beendet

4.1.2 Kraftstoffversorgung

Bei der K-Jetronic kommen je nach Fahrzeugtyp und Liefermarkt unterschiedliche Systeme der Kraftstoffversorgung zum Einsatz. Grundsätzlich muß zwischen drucklosen Systemen und solchen, die unter einem Vordruck stehen, unterschieden werden.

Ein druckloses System findet beispielsweise beim Audi 80 und Audi Quattro Verwendung. Bei diesen Fahrzeugen ist der Kraftstoffbehälter stehend eingebaut, so daß die Kraftstoffsäule über der Elektrokraftstoffpumpe steht. Damit ist gewährleistet, daß immer Kraftstoff angesaugt werden kann. Geförderter Kraftstoff wird durch die Feinbelüftung von Außenluft ergänzt, so daß kein Vakuum entstehen kann.

Ebenfalls drucklos ist das Kraftstoffversorgungssystem des VW Passat, Modelljahr 1981. Hier ist die Elektrokraftstoffpumpe am Boden des Kraftstoffbehälters angeordnet. Die Stromzuführung erfolgt mittels Leitungen durch den Befestigungsdeckel mit integriertem Geber des Kraftstoffmeßgerätes. Geförderter Kraftstoff wird auch bei diesem System durch die Feinbelüftungsleitung von Luft ersetzt. Damit bei verstopftem Feinbelüftungsschlauch kein Vakuum im Kraftstoffbehälter entsteht, ist der Verschlußdeckel so ausgebildet, daß sich bildender Druck durch Abheben der Dichtung entweichen kann. Ferner schließt ein Schwimmerventil bei Kurvenfahrt die Feinbelüftungsleitung. Auslaufen von Kraftstoff wird dadurch vermieden.

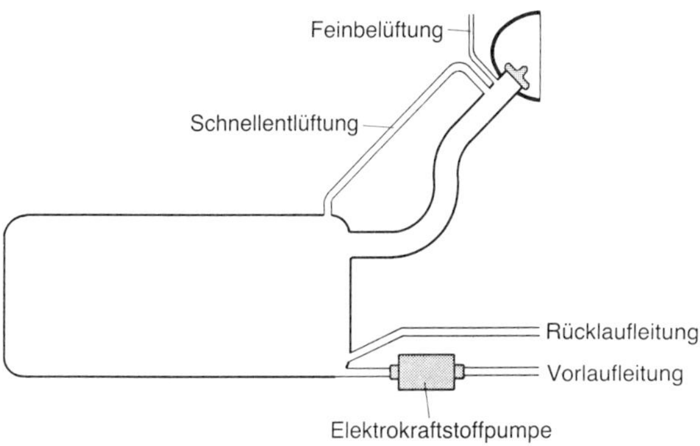

Bild 4.9 Druckloses Kraftstoffversorgungssystem – Audi 80 und Quattro (Volkswagen AG)

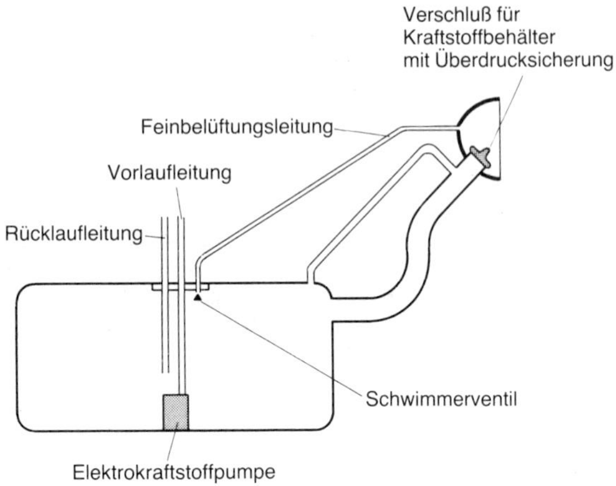

Bild 4.10 Druckloses Kraftstoffversorgungssystem – VW Passat, Modelljahr 81, mit am Kraftstoffbehälterboden eingebauter Elektrokraftstoffpumpe (Volkswagen AG)

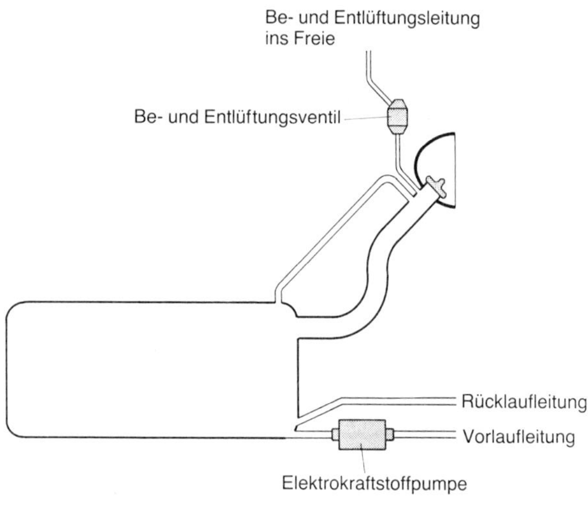

Bild 4.11 Kraftstoffversorgungssystem mit relativem Vordruck. Be- und Entlüftungsventil zweiwegig – Audi 100/200, VW Golf, Jetta und Scirocco (Volkswagen AG)

Bei Versorgungssystemen mit Vordruck, vorhanden beispielsweise im Audi 100/200, VW Golf, VW Jetta, Scirocco usw., wird von einem Be- und Entlüftungsventil ein geringer Überdruck im Kraftstoffbehälter gehalten. Diese Systeme fördern mittels der Elektrokraftstoffpumpe mehr Kraftstoff im Fahrbetrieb, als vom Motor verbraucht wird. Zuviel geförderter Kraftstoff wird in den Kraftstoffbehälter zurückgeführt. Er ist mit Dampfblasen angereichert und aufgewärmt, wodurch sich sein Volumen vergrößert. Der so entstehende Überdruck entweicht beim Öffnen des Tankverschlußdeckels mit einem leisen Zischen.

Von der elektrisch angetriebenen Rollenzellenpumpe wird der Kraftstoff aus dem Fahrzeugtank gesaugt und durch den Kraftstoffspeicher und ein Kraftstoff-Feinfilter hindurch in den Kraftstoffmengenverteiler gefördert. Der im Kraftstoffmengenverteiler dosierte Kraftstoff fließt unter Druck zu den Einspritzventilen und gelangt fein zerstäubt in das Saugrohr des Motors. Vom Kraftstoffmengenverteiler führt eine Versorgungsleitung zum Elektrostartventil sowie eine Steuerdruckleitung zum Warmlaufregler. Vom Warmlaufregler wie auch vom Systemdruckventil im Kraft-

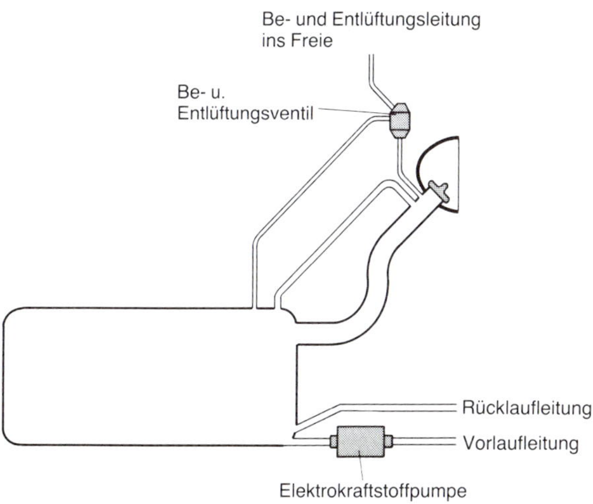

Bild 4.12 Kraftstoffversorgungssystem mit zusätzlichem Kraftstoffrücklauf am Be- und Entlüftungsventil (Volkswagen AG)

stoffmengenverteiler führt eine relativ drucklose Rücklaufleitung zurück in den Fahrzeugtank.
In die Saugleitung zwischen Kraftstofftank und elektrischer Kraftstoffpumpe ist bei verschiedenen Fahrzeugtypen der Fabrikate VW, Daimler-Benz, BMW, Audi und Porsche ein Druckdämpfer zur Verminderung der Übertragung von Pumpenlaufgeräuschen eingebaut.

4.1.2.1 Elektrokraftstoffpumpe

Seit Einsatz der K-Jetronic sind mehrere Elektrokraftstoffpumpen verwendet worden, die jedoch in ihrem Aufbau und in ihrer Funktion weitgehend gleich sind.
Die neueste Pumpenausführung verfügt über ein Aluminiumgehäuse mit zentral angeordnetem Saug- und Druckstutzen mit fest eingebautem Rückschlagventil, das nicht mehr gewechselt werden kann. Im Reparaturfall ist nur noch diese Pumpe erhältlich. Sie muß komplett ausgewechselt werden.

Die Kraftstoffpumpe wird mit dem Startvorgang des Motors in Betrieb gesetzt. Springt der Motor nicht an, so wird durch einen im Luftmengenmesser angeordneten elektrischen Kontakt das Sicherheits-Schaltrelais ausgelöst, das den Lauf des Pumpenmotors unterbricht. Der Schalter im Luftmengenmesser reagiert auf die Auslenkung der Stauscheibe während des Anlaßvorgangs und natürlich bei laufendem Motor.

Als Kraftstoffpumpenantrieb dient ein permanent erregter Elektromotor, der vom Kraftstoff umspült wird. Da sich auch bei leergefahrenem Fahrzeugtank kein zündfähiges Kraftstoff-Luft-Gemisch in der Elektrokraftstoffpumpe bilden kann, besteht keine Explosionsgefahr.

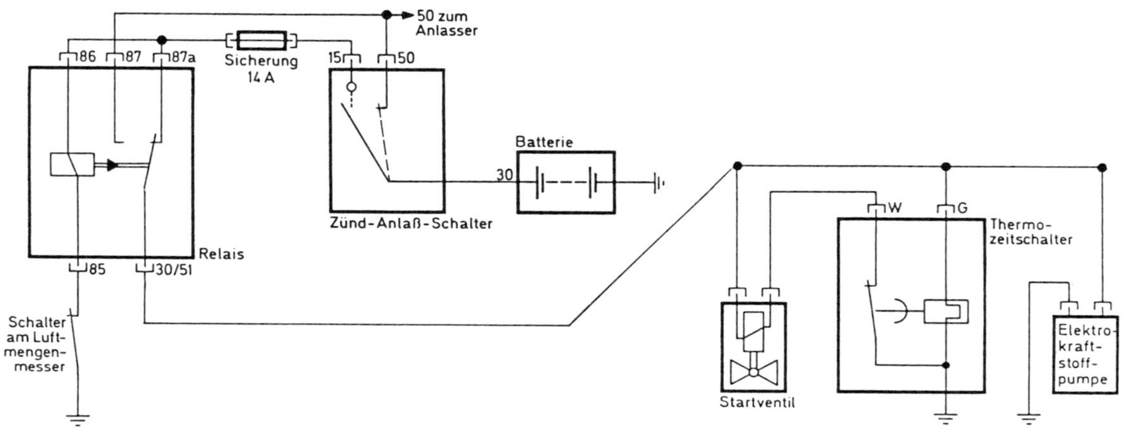

Bild 4.13/1 Sicherheitsschaltung (Vollaufsicherung) der Elektrokraftstoffpumpe (BMW)

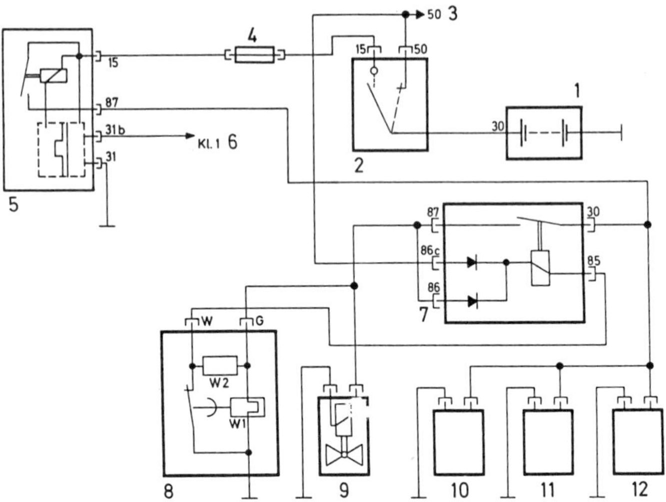

Bild 4.13/2 Sicherheitsschaltung (Vollaufsicherung) der Elektrokraftstoffpumpe beim BMW 323 i. Hier wird die Stromzuführung zur Elektrokraftstoffpumpe vom Sicherheits-Schaltrelais direkt unterbrochen. Der Kontakt im Luftmengenmesser entfällt (BMW)

Es bedeuten:

1 Batterie
2 Zünd-Anlaß-Schalter
3 z. Anlasser Klemme 50
4 Sicherung 14 A
5 Kraftstoffpumpenrelais
6 z. Zündspule Klemme 1
7 Sicherheitsschaltrelais
8 Thermozeitschalter 35 °C
9 Startventil
10 Elektrokraftstoffpumpe
11 Warmlaufregler
12 Zusatzluftschieber

Bild 4.14 Bosch-K-Jetronic. Schematische Darstellung einer Anlage mit Kraftstoffkreislauf (Robert Bosch GmbH) ▶

1 Kraftstoffbehälter
2 Elektrokraftstoffpumpe
3 Kraftstoffspeicher
4 Kraftstoffilter
5 Gemischregler
5a Kraftstoffmengenteiler
5b Luftmengenmesser
5c Systemdruckregler
5d Gemischregulierschraube
5e Luftmengenmesserkontakt
6 Warmlaufregler
7 Einspritzventil
8 Elektrostartventil
9 Sammelsaugrohr
10 Zusatzluftschieber
11 Thermozeitschalter
12 Drosselklappe
13 Leerlaufeinstellschraube

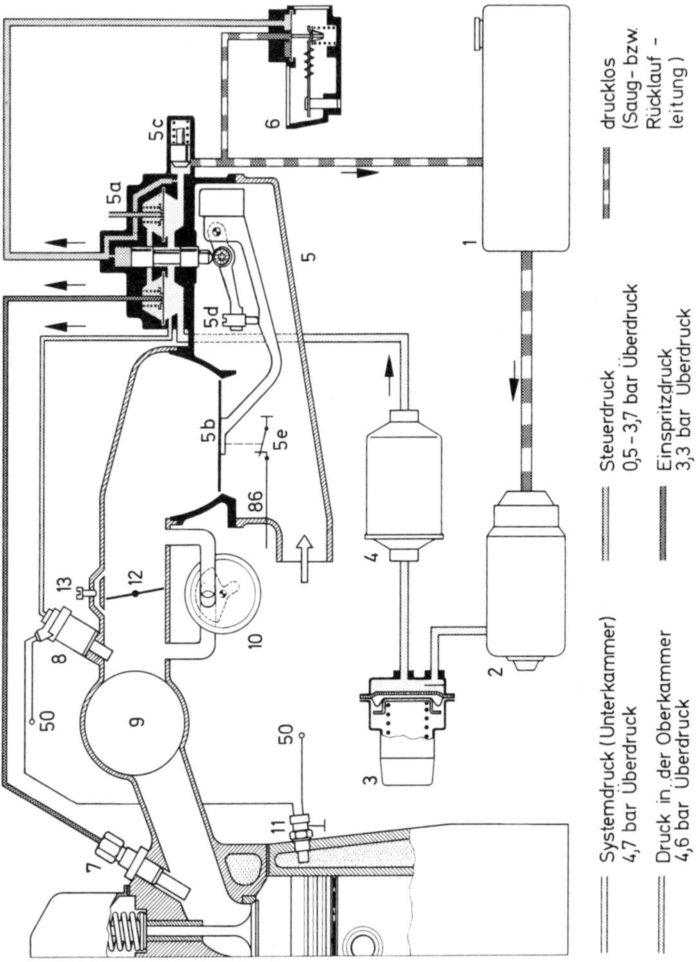
1
2
3
4
5
5a
5b
5c
5d
5e
6
7
8
9
10
11
12
13
50
50
86
Systemdruck (Unterkammer)
4,7 bar Überdruck
Druck in der Oberkammer
4,6 bar Überdruck
Steuerdruck
0,5 - 3,7 bar Überdruck
Einspritzdruck
3,3 bar Überdruck
drucklos
(Saug- bzw.
Rücklauf -
leitung)

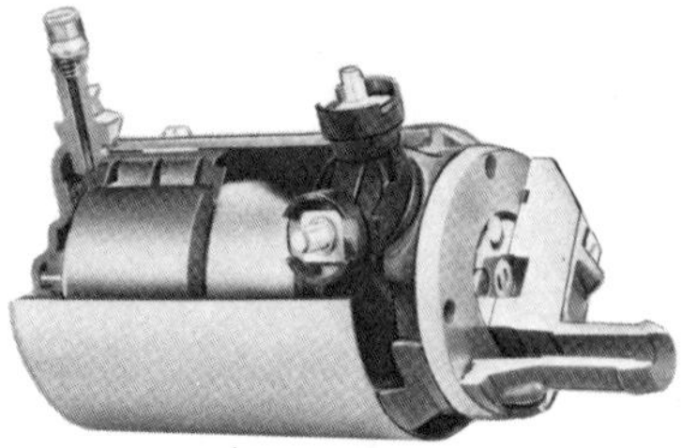

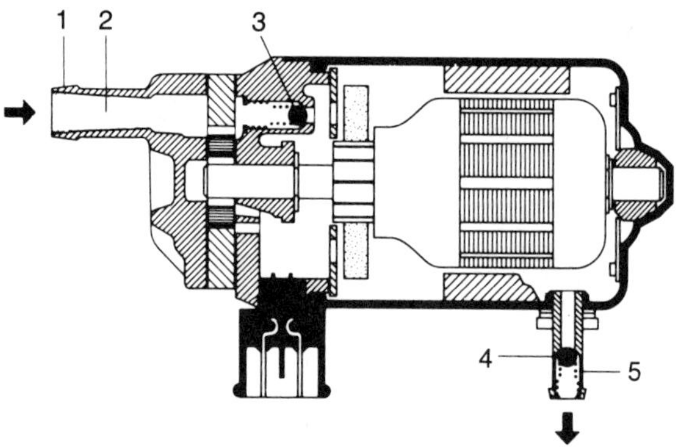

Bild 4.16 Schematische Darstellung der vom Kraftstoff durchflossenen Rollenzellenpumpe mit elektromotorischem Antrieb (BMW)

Es bedeuten:

1 Sauganschluß
2 Feinsieb (nur bei verschiedenen Fahrzeugtypen, bei dieser Pumpe nicht eingesetzt)
3 Überdruckventil
4 Rückschlagventil
5 Druckanschluß

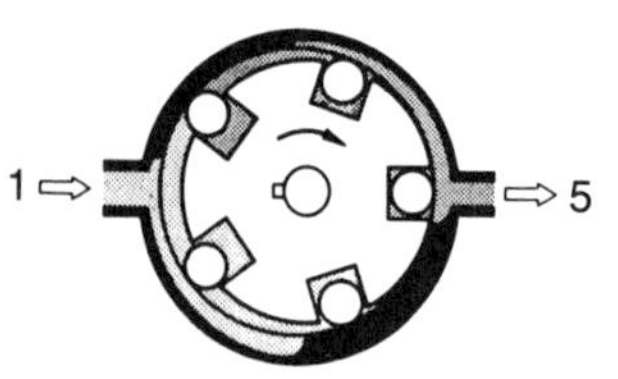

Bild 4.17 Wirkprinzip der Rollenzellenpumpe (BMW)

Es bedeuten:

1 Sauganschluß
5 Druckanschluß

Von der Welle des Elektromotors wird die Läuferscheibe der Rollenzellenpumpe angetrieben. In ihren Aussparungen sind Rollen angeordnet, die durch die Fliehkraft an das exzentrisch ausgeführte Pumpengehäuse im Förderbetrieb gedrückt werden. Die Kraftstoffförderung vollzieht sich in den Kammern zwischen den Rollen, so daß der Kraftstoff unter Druck in das Leitungssystem gepreßt wird.

Die Fördermenge der Einspritzpumpe ist sehr hoch, sie liegt je nach Ausführung zwischen 90 bis 165 l/h. Diese Fördermenge ist erforderlich, weil sich der gesamte Kraftstoffbedarf der Anlage aus folgenden Faktoren zusammensetzt:

- □ spezifischer Kraftstoffverbrauch des Motors
- □ Durchfluß durch den Kraftstoffmengenteiler
- □ Rücklauf über den Warmlaufregler
- □ ca. 20% Zuschlag für thermische Erfordernisse

Der Durchfluß durch den Mengenteiler sowie der Rücklauf vom Warmlaufregler bewirken, daß die in Motornähe liegenden Kraftstoffleitungen sowie der Kraftstoffmengenteiler durch den relativ kühlen Kraftstoff gekühlt werden. Dadurch ist die Gefahr der Bildung von Dampfblasen geringer und das Heißstartverhalten des Motors wird verbessert. Der Durchfluß erfolgt durch die Rücklaufleitung drucklos zum Tank zurück.

Das in der Kraftstoffpumpe integrierte Überdruckventil hat die Aufgabe, eine Kurzschlußleitung zur Saugseite der Pumpe zu öffnen, wenn aufgrund einer abgequetschten Kraftstoffleitung, oder aus anderem Anlaß, gegen einen Widerstand gefördert werden muß.

Das auf der Rückseite angeordnete Rückschlagventil verhindert das Zurückfließen des Kraftstoffs durch die Pumpe in den Kraftstofftank bei abgeschaltetem Motor.

Die Kraftstoffpumpen können bei Defekten nicht repariert werden. Sie sind zu erneuern. Bei einigen Pumpenausführungen ist das Rückschlagventil in der Druckseite auswechselbar ausgeführt.

4.1.2.1.1 Be- und Entlüftungsventile

Be- und Entlüftungsventile können über zwei bzw. drei Anschlüsse verfügen. Der dritte Anschluß dient der Kraftstoffrückführung zum Tank. Wichtig ist, daß Be- und Entlüftungsventile senkrecht eingebaut werden müssen. Das in ihnen enthaltene Schwerkraftventil würde bei Schräglage die Belüftungsbohrung verschließen.

Dadurch entstehender Unterdruck könnte den Kraftstoffbehälter bis zur Zerstörung verformen.

Bei VW und Audi, aber auch bei anderen Fabrikaten, kommen unterschiedliche Ventile zum Einsatz.

Be- und Entlüftungsventil mit integriertem Schwerkraftventil
Bei laufendem Motor erwärmt sich der im Umlauf befindliche Kraftstoff. Er bildet Dampfblasen, und sein Volumen nimmt zu. Durch Gasbildung ensteht ein geringer Überdruck im Kraftstoffbehälter, der bei einem vorgegebenen Wert das Entlüftungsventil öffnet. Der Überdruck, in Form von Gasen, kann entweichen.

Beim Kaltstart des Motors ist die Kraftstoffentnahme aus dem Kraftstoffbehälter groß. Es entsteht ein geringer Unterdruck. Ab einem vorgegebenen Wert öffnet das Belüftungsventil, und es erfolgt Druckausgleich durch nachströmende Luft. Bei undichten Verbindungsschläuchen kann Schmutz und Feuchtigkeit aufgrund der Unterdruckwirkung in den Kraftstoffbehälter eintreten. Deshalb an diesen Bauteilen besonders auf Dichtheit achten!

Wird der Motor abgestellt, kühlt das Kraftstoffsystem ab. Der Druckausgleich im System erfolgt durch das Belüftungsventil.

Gerät ein Fahrzeug infolge Unfalls in eine Schräglage über 37°, wird vom Schwerkraftventil die Be- und Entlüftungsbohrung verschlossen. Damit ist sichergestellt, daß Kraftstoff auch in extremen Lagen nicht ausfließen kann.

Be- und Entlüftungsventil mit Schwerkraftventil und Belüftungsdüse
Dieses Ventil ist bei drucklosen Kraftstoffversorgungssystemen eingesetzt. Es arbeitet mittels einer kalibrierten Belüftungsdüse, die bei Verstopfung von einem Plattenventil ersetzt wird. Verformungen des Kraftstoffbehälters infolge zu hohen Unterdruckes werden sicher vermieden.

Be- und Entlüftungsventil mit Schwerkraftventil und drittem Anschluß
Der dritte, mittlere Ventilanschluß wird mittels eines Schlauches als Leckleitung mit dem Kraftstoffbehälter verbunden. Kraftstoff, der in den Raum des Schwerkraftventils eindringt, kann damit zurück zum Kraftstoffbehälter fließen.

Be- und Entlüftungsventil ohne Schwerkraftventil mit drittem Anschluß
Der Druck im Kraftstoffversorgungssystem wird wie zuvor beschrieben vom Be- und Entlüftungsventil gehalten. Bei extremer Schräglage kann Kraftstoff durch den dritten, mittleren Anschluß in den Kraftstoffbehälter zurückfließen.

Bild 4.18 Be- und Entlüftungsventil in Betriebsphase bei warmer Maschine – Entlüftungsvorgang (Volkswagen AG)

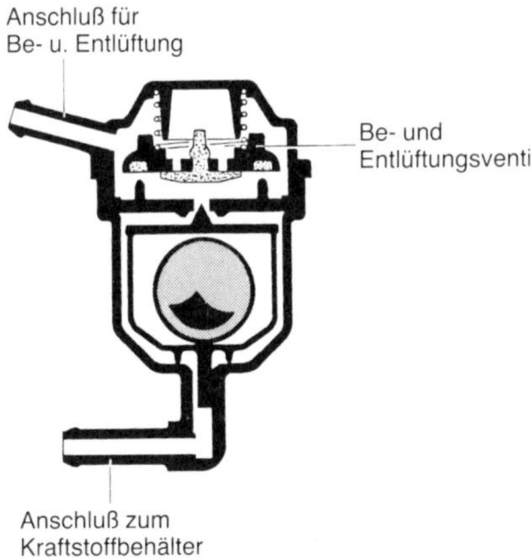

Bild 4.19 Be- und Entlüftungsventil nach dem Kaltstart – Belüftungsvorgang (Volkswagen AG)

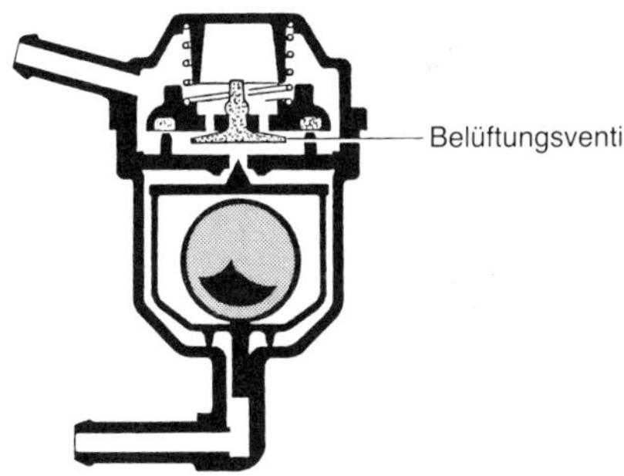

Bild 4.20 Be- und Entlüftungsventil in Schräglage über 37° – Schwerkraftventil als Auslaufsicherung schließt (Volkswagen AG)

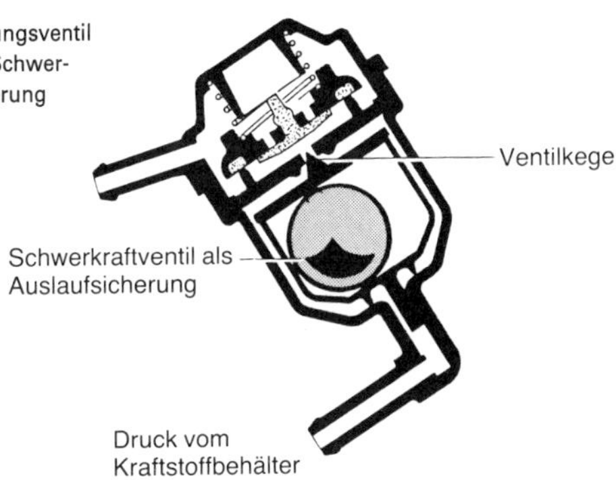

Bild 4.21 Be- und Entlüftungsventil mit Belüftungsdüse (Volkswagen AG)

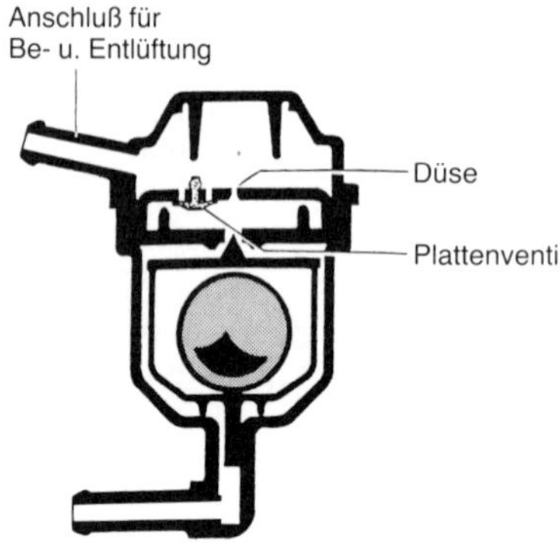

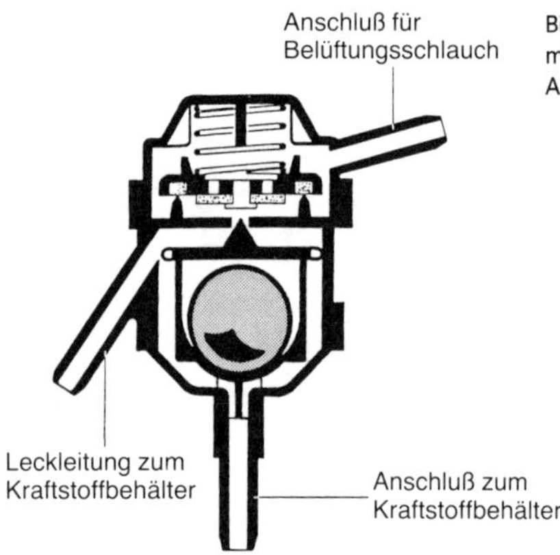

Bild 4.22 Be- und Entlüftungsventil mit Schwerkraftventil und drittem Anschluß (Volkswagen AG)

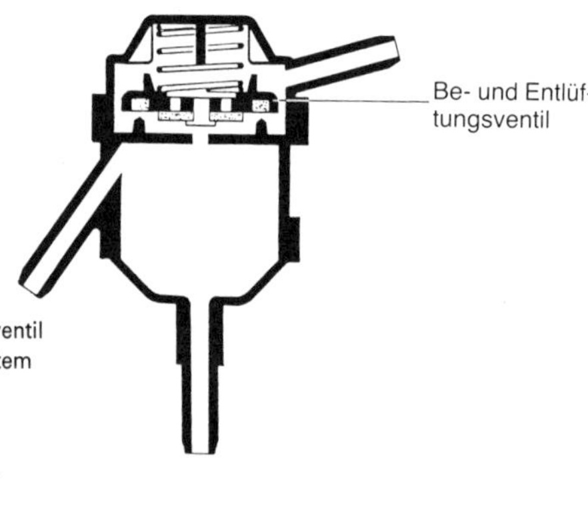

Bild 4.23 Be- und Entlüftungsventil ohne Schwerkraftventil mit drittem Anschluß als Auslaufsicherung (Volkswagen AG)

4.1.2.2 Kraftstoffspeicher

Die Aufgabe des Kraftstoffspeichers besteht in der Erhaltung des Systemdrucks nach Abschalten des Motors für einen begrenzten Zeitraum. Das ist erforderlich, weil sich der umlaufende Kraftstoff während des Fahrbetriebs erwärmt, so daß die nach Abschalten des Motors eintretende Kraftstoffabkühlung zu Luftbildung in den Kraftstoffleitungen führen könnte. Dadurch wäre ein Wiederstart des Motors erschwert. Das Volumen des Kraftstoffspeichers beträgt 20 cm^3, es wird der Volumenminderung entsprechend in das Kraftstoffsystem abgegeben. Fahrzeuge ab Modelljahr 1978 verfügen über Kraftstoffspeicher mit einem Volumen von 40 cm^3.

Bei einem Wiederstart muß zuerst der Druckaufbau im Kraftstoffspeicher erfolgen. Die gewonnene Zeit reicht aus, um den Steuerkolben im Kraftstoffmengenteiler kraftschlüssig auf die Rolle des Zwischenhebels im Luftmengenmesser zu führen.

Eine weitere Funktion des Kraftstoffspeichers ist in der Dämpfung der Fließgeräusche der Elektrokraftstoffpumpe zu erkennen. Dazu ist ein zusätzlicher Drallkanal angeordnet.

Eine Stahlmembrane trennt den Kraftstoffspeicher in Speicher- und in Federraum. Die vor der Membran angeordnete Trennwand ist bei älteren Kraftstoffspeichern mit einem Plattenventil zur Befüllung des Speichers und einer Drosselbohrung für den Kraftstoffrücklauf in das Drucksystem versehen. Beim Füllen des Speichers wölbt sich die Membrane bis zu einem festgelegten Anschlag und verharrt in dieser Stellung. Bei abgeschaltetem Motor steht das Speichervolumen dem Drucksystem des Motors zur Verfügung. Der Rückfluß erfolgt durch die Drosselbohrung, bewirkt von der Kraft der Speicherfeder.

Ein im Zulauf des Kraftstoffspeichers angeordnetes Blech bewirkt die Umlenkung des Kraftstoffstroms. Dadurch werden die Pumpenfließgeräusche gemindert.

In Weiterentwicklung, wie beim BMW 323i, sind die Kraftstoffdruckspeicher zur Schnellbefüllung mit einem Füllventil ausgerüstet. Ferner ist der Federraum auf der Membranrückseite über einen Anschluß zusätzlich mit der Ansaugleitung der Elektrokraftstoffpumpe verbunden. Kraftstoffaustritt ins Freie bei undichter Membrane wird somit vermieden.

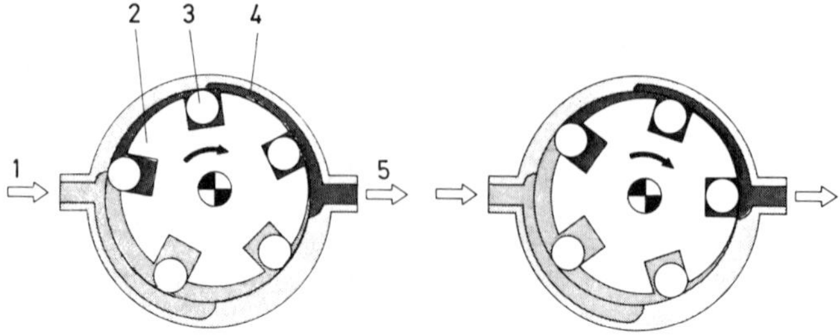

Bild 4.24 Pumpvorgang in der Rollenzellenpumpe (Robert Bosch GmbH)

Es bedeuten:

1 Saugseite
2 Läuferscheibe
3 Rolle
4 Grundplatte
5 Druckseite

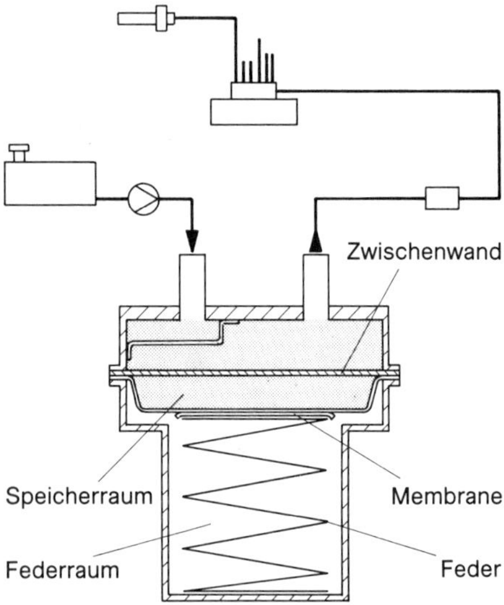

Bild 4.25 Schematische Darstellung des Kraftstoffspeichers der Bosch-K-Jetronic (Porsche)

Bild 4.26 Kraftstoffdruckspeicher des BMW 323 i (BMW)

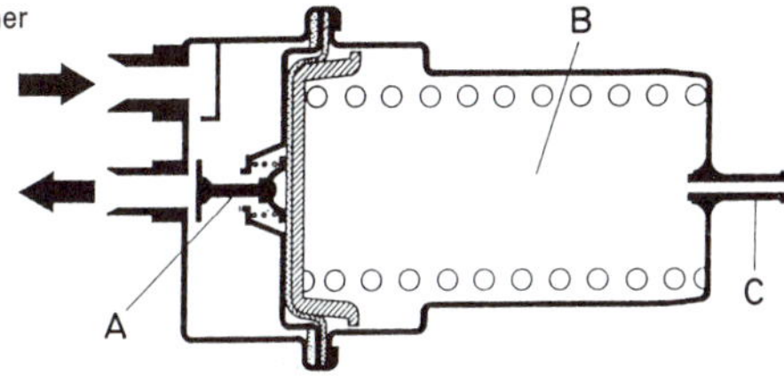

Es bedeuten:
A Füllventil
B Federraum
C Anschluß Ansaugseite der Elektrokraftstoffpumpe

4.1.2.3 Kraftstoff-Feinfilter

Vom Kraftstoffspeicher kommend, durchfließt der Kraftstoff ein Feinfilter mit einer mittleren Porenweite von 4 µm. Es ist ein Papierwegwerffilter mit einer Standzeit von ca. 35 000 bis 40 000 km. Auf der Reinseite des Filters befindet sich ein Fusselsieb mit einer Porenweite von ca. 20 µm. Es soll eventuell gelöste Papierteilchen des Filtermaterials aufhalten. Deshalb darf die Einbaurichtung des Filters nicht verwechselt werden. Sie ist in Durchflußrichtung durch einen Pfeil gekennzeichnet. Außerdem verfügt das Filter über unterschiedliche Anschlußgewinde auf beiden Seiten.

4.1.2.4 Systemdruckregler

Nachdem Restverunreinigungen im Kraftstoff-Feinfilter ausgeschieden worden sind, fließt der Kraftstoff im Kraftstoffmengenverteiler in einen Kanal, der alle Unterkammern der Differenzdruckventile miteinander verbindet. Es herrscht in allen Unterkammern der Ventile der gleiche Druck, der von dem in den Kraftstoffmengenverteiler integrierten Systemdruckregler konstant gehalten wird.

Der Systemdruckregler besteht aus einem Regelkolben, der einseitig vom Kraftstoffdruck beaufschlagt wird. Eine genau eingestellte Feder wirkt von der anderen Kolbenseite der Druckkraft des Kolbens entgegen. Entsprechend dem Kräfteausgleich am Kolben, wird durch dessen Steuerkante der Rücklauf des Kraftstoffs zum Fahrzeugtank teilweise freigegeben. Durch diese Selbstregelfunktion wird der Systemdruck auf etwa 4,7 bar Überdruck konstant gehalten.

In einer anderen Ausführung ist der Systemdruckregler mit einem Aufstoßventil ausgestattet, das eine Absicherung des Systemdrucks bei undichtem Warmlaufregler gewährleistet. Bei diesen Systemdruckreglern, eingebaut seit 1975 bei allen Daimler-Benz-8-Zylinder-Motoren, seit Modelljahr 1978 bei allen Fahrzeugen mit K-Jetronic, wird der Kraftstoffrücklauf des Warmlaufreglers durch das Systemdruckventil geführt. Als zusätzlicher Vorteil entsteht bei dieser Ventilanordnung ein kurzfristig höherer Steuerdruck beim Kaltstart, so daß der Steuerkolben sofort auf dem Zwischenhebel des Luftmengenmessers zur Anlage kommt und sich damit das Kaltstartverhalten verbessert. Auch über diesen Regler wird der Systemdruck auf etwa 4,7 $bar_ü$ konstant gehalten. Äußerlich ist dieser Systemdruckregler durch einen größeren Anguß am Kraftstoffmengenteiler zu erkennen.

Beim Ausschalten des Motors fällt der Systemdruck, gesteuert vom Regelkolben, schlagartig auf etwa 2,4 bis 1,8 $bar_ü$ ab. Dieser Druck liegt unterhalb des Öffnungsdrucks der Einspritzventile, so daß das Nachtropfen der Einspritzventile und damit ein eventuelles Nachdieseln des Motors verhindert wird. Der Haltedruck von ca. 2,4 bis 1,8 $bar_ü$ wird durch den Gummidichtring auf dem Regelkolben des Systemdruckreglers gesichert. Er ist zur Vermeidung von Dampfblasenbildung bei noch warmem, abgestelltem Motor erforderlich.

Bei neueren Anlagen befindet sich oberhalb des Steuerkolbens im Kraftstoffmengenteiler eine genau abgestimmte Feder. Sie sorgt für ständigen Kraftschluß zwischen Steuerkolben und dem Auslenkarm der Stauscheibe im Luftmengenmesser. Wird der Motor abgestellt, nehmen Steuerkolben und Stauscheibe die unterste Stellung ein. Ein sicherer Wiederstart wird somit gewährleistet.

Bild 4.27 Aufgeschnittener Kraftstoff-Feinfilter (Robert Bosch GmbH)

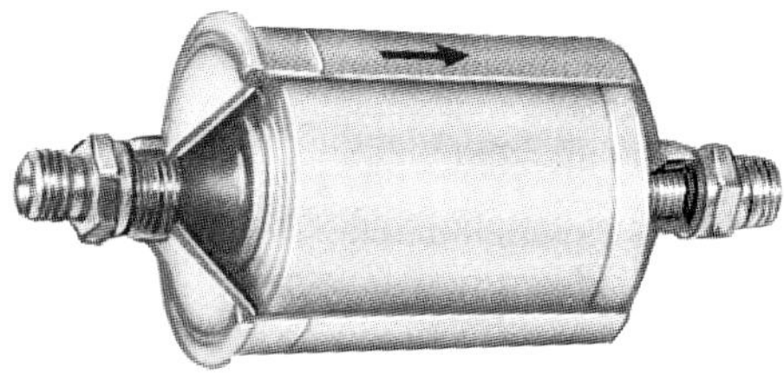

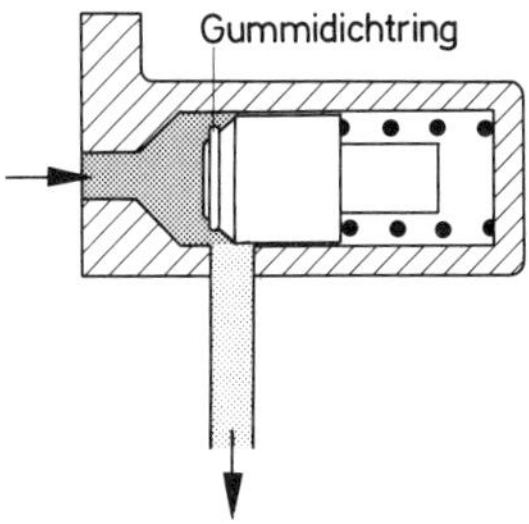

Bild 4.28 Schematische Darstellung des Systemdruckreglers (Robert Bosch GmbH)
Die Steuerkante des Regelkolbens öffnet druckabhängig den Rücklauf

Bild 4.29 Systemdruckregler mit Aufstoßventil (Robert Bosch GmbH)

a Kraftstoffzufluß von den Unterkammern des Mengenteilers
b Kraftstoffrücklauf vom Mengenteiler
c Kraftstoffrücklauf zum Fahrzeugtank

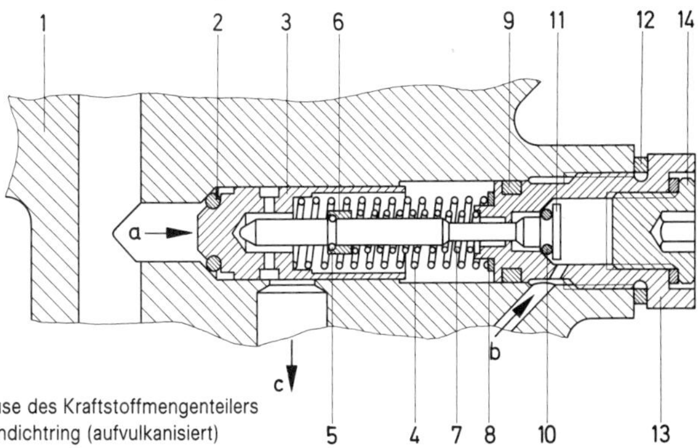

1 Gehäuse des Kraftstoffmengenteilers
2 Kolbendichtring (aufvulkanisiert)
3 Regelkolben
4 Feder
5 Sicherungsring
6 Haltering
7 Feder
8 Ausgleichscheiben zur Systemdruckeinstellung
9 Dichtring
10 Dichtring
11 Aufstoßventilnadel
12 Dichtring
13 Verschlußschraube
14 Verschlußschraube

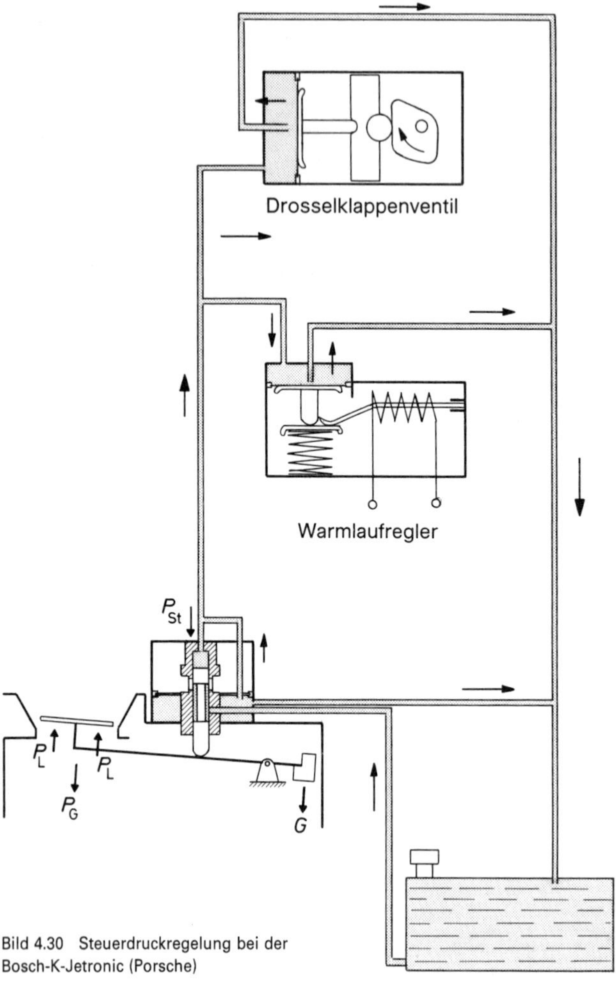

Bild 4.30 Steuerdruckregelung bei der Bosch-K-Jetronic (Porsche)

Der Systemdruck ist einstellbar, im Reparaturfall darf aber der Regelkolben nicht ausgetauscht werden, da Bohrung und Kolben aufeinander abgestimmt sind. Notfalls ist der Kraftstoffmengenteiler zu ersetzen.

4.1.2.5 Steuerdruckkreis

Der Steuerdruckkreis wird durch eine Drosselbohrung auf der Unterseite der Differenzdruckventile vom Systemdruckkreis abgenommen. Eine Verbindungsleitung führt vom Kraftstoffmengenteiler zum Warmlaufregler, der den Kraftstoffdruck im Steuerdruckkreis bestimmt. Bei betriebswarmem Motor wird der Druck im Steuerdruckkreis auf etwa 3,7 bar Überdruck konstant gehalten. Beim Kaltstart beträgt der Steuerdruck, geregelt durch den Warmlaufregler, minimal 0,5 $bar_{ü}$. Er wird in der Warmlaufphase des Motors kontinuierlich durch den Warmlaufregler hochgesteuert, bis er seinen Normalwert bei Betriebstemperatur des Motors erreicht.

Der Steuerdruck wirkt über eine Drosselbohrung auf die Oberseite des Steuerkolbens und stellt die hydraulische Gegenkraft zur Luftkraft dar, die über Stauscheibe, Verstellhebel und Zwischenhebel auf die Unterseite des Steuerkolbens wirkt. Ferner wird durch die Drosselbohrung die Pulsation der Stauscheibe gedämpft, die bei niedriger Drehzahl und hoher Last auftreten kann, so daß eine unerwünschte Gemischanfettung in diesem Betriebsbereich vermieden wird. Der Durchmesser der Drosselbohrung bestimmt außerdem das zusätzliche kurzfristige Auslenken der Stauscheibe bei zunehmender Strömungsgeschwindigkeit im Lufttrichter des Luftmengenmessers. Dadurch ist die für die Beschleunigung des Motors erwünschte momentane Gemischanreicherung genau zu steuern.

Bei den 6-Zylinder-Motoren des Ford Granada sowie bei allen 8-Zylinder-Motoren von Daimler-Benz ist die Drossel über dem Steuerdruckkolben variabel ausgebildet. Das hat den Vorteil des größeren Verdrängungseffektes des Steuerdrucks beim schnellen Gasgeben, wodurch eine größere Gemischanreicherung für die Beschleunigung erzielt wird.

4.1.2.6 Kraftstoffmengenteiler

Aus den Unterkammern der Differenzdruckventile gelangt der Kraftstoff durch die Steuerdrosseln (gebildet von Steuerkolben und Schlitzträger) in die Oberkammern der Differenzdruckventile und von dort über die Einspritzleitungen zu den Einspritzventilen.

Die Mengenverteilung des Kraftstoffs auf die einzelnen Einspritzventile erfolgt durch die Querschnittsteuerung der Steuerdrosseln im Schlitzträger des Kraftstoffmengenverteilers. Entsprechend der Anzahl der Motorzylinder sind rechteckige Steuerschlitze, die 0,2 mm breit und 5 mm hoch sind, in den Schlitzträger eingearbeitet. Entsprechend der vom Motor angesaugten Luftmenge werden die Steuerschlitze durch die Steuerkante des Steuerkolbens mehr oder weniger weit geöffnet. Den Steuerschlitzen ist je ein Differenzdruckventil nachgeschaltet, das den Druckabfall an den Steuerschlitzen konstant hält. Dadurch ist gewährleistet, daß die Durchflußmenge an den Steuerschlitzen nur von deren Öffnungsquerschnitt abhängig ist. Schwankungen im Systemdruck und Abweichungen des Öffnungsdrucks der Einspritzventile bleiben deshalb ohne Auswirkung.

Die vom Steuerkolbenhub abhängige Kraftstoffmengenlieferung zu den Einspritzventilen erfolgt linear. Das Übersetzungsverhältnis der Stauklappe zum Steuerkolben beträgt 7:1.

Die Abstimmung zwischen Luftmengenmesser und Kraftstoffmengenteiler erfolgt über die Gemischregulierschraube am Zwischenhebel im Luftmengenmesser. Sie dient auch zur Regulierung des Leerlauf-Abgaswertes.

Die aus hochwertigem Gußmaterial hergestellten schwarzen Kraftstoffmengenteiler müssen bei Defekten komplett ausgetauscht werden. Lediglich der Ausbau des Steuerkolbens ist zur Reinigung möglich.

Kraftstoffmengenteiler mit einem Aluminiumgehäuse dürfen zerlegt werden, sofern die benötigten Werkzeuge und Fachkenntnisse zur Verfügung stehen. Diese Kraftstoffmengenteiler sind mit einer Gewebemembrane zur Trennung der Ober- und Unterkammern der Differenzdruckventile versehen.

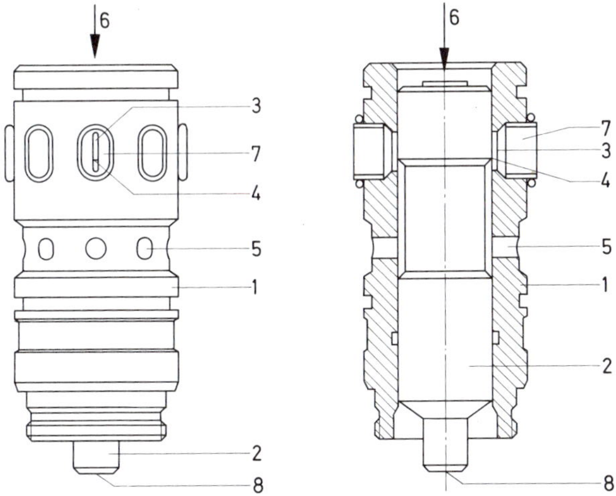

Bild 4.31 Schlitzträger mit Steuerschlitzen und Steuerkolben (Robert Bosch GmbH)
1 Schlitzträger
2 Steuerkolben
3 Steuerschlitz
4 Steuerkante
5 Systemdruckzulauf
6 wirksamer Steuerdruck
7 Zufluß zu den Differenzdruckventilen
8 Auflage des Steuerkolbens auf dem Nadellager des Luftmengenmessers

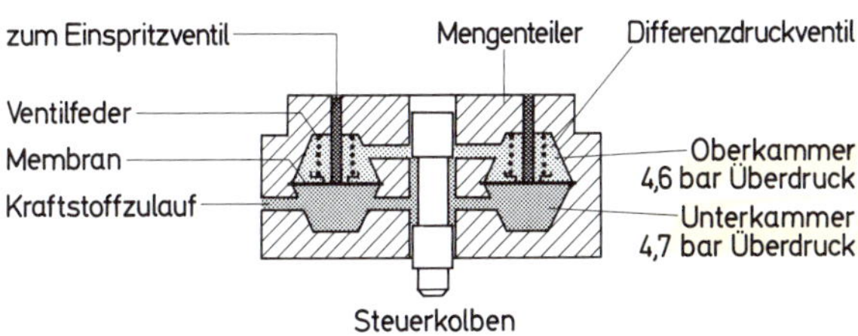

Bild 4.32 Schematische Darstellung des Kraftstoffmengenteilers mit Differenzdruckventilen (Robert Bosch GmbH)

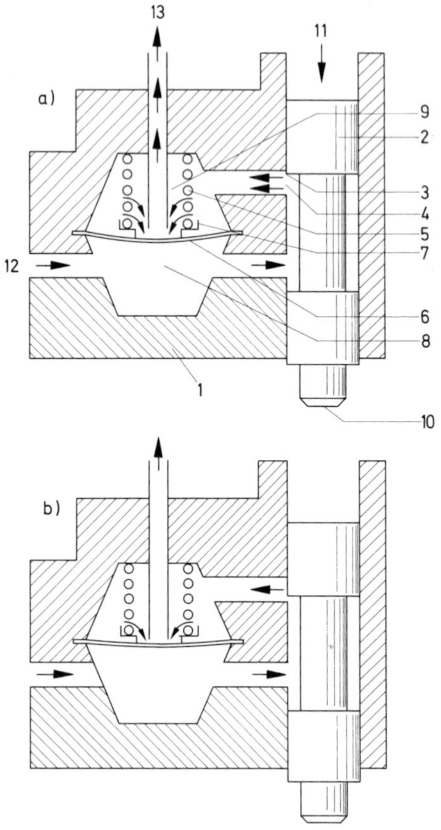

Bild 4.33 Steuerdrossel und Membran bei a) großem Durchfluß, b) kleinem Durchfluß (Robert Bosch GmbH)

1 Kraftstoffmengenteiler
2 Steuerkolben
3 Steuerkante
4 Steuerschlitz
5 Differenzdruckfeder
6 Membrane
7 Federteller
8 Unterkammer
9 Oberkammer
10 Auflage auf dem Nadellager des Luftmengenmessers
11 Steuerdruck
12 Systemdruck
13 zum Einspritzventil

4.1.2.7 Differenzdruckventile

Die den Steuerschlitzen des Schlitzträgers nachgeschalteten Differenzdruckventile werden je nach Ausführung des Kraftstoffmengenteilers durch eine Stahl- oder Gewebemembrane in Ober- oder Unterkammer geteilt. In der Unterkammer herrscht der vom Systemdruckregler eingestellte Systemdruck in Höhe von 4,7 $bar_ü$. Der über die Steuerschlitze der Oberkammer zufließende Kraftstoff wird um den Differenzdruck von 0,1 $bar_ü$ gesenkt, so daß in der Oberkammer ein Druck von 4,6 $bar_ü$ anliegt. Der Differenzdruck ergibt sich aus dem Kräfteverhältnis in beiden Kammern. Während die wirksame Kraft auf der Membranunterseite aus dem Produkt von Systemdruck multipliziert mit der Membranfläche besteht, kommt in der Oberkammer zu dem Produkt aus dort anliegendem Druck, multipliziert mit der Membranfläche, die Kraft der Ventilfeder hinzu. Beide Kräfte befinden sich im Gleichgewicht.

Wird die Auslenkung der Stauscheibe, bedingt durch das Ansteigen der Strömungsgeschwindigkeit im Lufttrichter des Luftmengenmessers, größer, so öffnet die Steuerkante des Steuerkolbens einen größeren Schlitzquerschnitt. Durch den vermehrt in die Oberkammer einfließenden Kraftstoff wird der Druck in der Oberkammer kurzfristig erhöht. Die Membrane weicht nach unten aus und gibt einen größeren Durchflußquerschnitt zu den Einspritzventilen frei, so daß sich der Differenzdruck von 0,1 $bar_ü$ wieder einstellt. Wird die Drosselklappe um einen bestimmten Winkel geschlossen, sinkt die Strömungsgeschwindigkeit im Lufttrichter des Luftmengenmessers. Die Stauscheibe verringert ihre Auslenkung und der Steuerkolben wird durch die hydraulische Gegenkraft auf seiner Oberseite im Schlitzträger heruntergedrückt. Er verringert den Öffnungsquerschnitt der Steuerschlitze, so daß weniger Kraftstoff in die Oberkammern der Differenzdruckventile fließen kann. Dadurch ist kurzfristig der Druck in der Unterkammer höher, so daß die Membrane in Richtung Oberkammer bewegt wird, bis wieder der Differenzdruck von 0,1 $bar_ü$ zwischen beiden Kammern herrscht. Es fließt entsprechend weniger Kraftstoff zu den Einspritzventilen. Der von der Membrane ausgeführte Hub ist sehr klein. Er beträgt je nach Kraftstoffbedarf des Motors 0,06 bis 0,2 mm.

Kraftstoffmengenteiler der neuen Bauserie können mit Einstellschrauben für die Differenzdruckventile auf der Oberseite versehen sein. Die Einstellschrauben tragen eine Kontermutter und sind zusätzlich gesichert. Die Stellung der Einstellschrauben darf keinesfalls verändert werden, da mit Werkstattmitteln eine Justierung der Differenzdruckventile unmöglich ist.

4.1.2.8 Einspritzventile

Jedes Einspritzventil ist über eine Versorgungsleitung mit dem Differenzdruckventil verbunden. Die im Kraftstoffmengenteiler zugeordnete Kraftstoffmenge wird durch das Einspritzventil fein zerstäubt in der Nähe des jeweiligen Einlaßventils des Motors in das Saugrohr eingespritzt. Der Öffnungsdruck der Einspritzventile ist je nach Fahrzeugtyp unterschiedlich, er beträgt in der Regel zwischen 2,8 und 3,5 bar Überdruck. Zu beachten ist, daß Einspritzventile entsprechend ihrem Öffnungsdruck den Kraftstoffdruckspeichern mit unterschiedlichen Volumen zugeordnet sind. Die Einspritzventile unterscheiden sich aber nicht nur durch ihren Öffnungsdruck, sondern auch wesentlich durch ihre Baulänge. Entsprechend den einbautechnischen Gegebenheiten sind die Einspritzventile verschieden lang.

Die Einspritzventile sind entweder in das Saugrohr gesteckt oder mit dem Saugrohr verschraubt. Die Abdichtung erfolgt durch eine Dichtmanschette.

Der Kraftstoff durchfließt den hohlgebohrten Ventilkörper und wird in einem Feinsieb mit einer mittleren Porenweite von ca. 1,5 μm feingefiltert, bevor er über die von ihm ausgeübte Druckkraft auf die Ventilschulter die Ventilnadel entgegen der Schließkraft der Ventilfeder nach außen öffnet. Die Einspritzventile sind nicht reparabel. Bei Defekten ist das Ventil zu tauschen.

4.1.3 Korrektureinrichtungen

Um die für den Kaltstart, Warmlauf- und Vollastbetrieb erforderliche Gemischanreicherung zu bewirken, sind Korrektureinrichtungen vorgesehen. Die für den Betrieb der K-Jetronic unter verschärften Abgasvorschriften erforderlichen Korrekturen können ebenfalls problemlos der Anlage zugeordnet werden.

Exportfahrzeuge für Länder mit verschärften Abgasvorschriften sind mit unterschiedlichen Abgasreinigungsanlagen ausgerüstet. Um die gesetzlichen Bestimmungen in den Einfuhrländern zu erfüllen, werden diese Anlagen einzeln oder in Kombinationen eingebaut. Die nachfolgende Aufstellung gibt eine Übersicht über die am häufigsten verwendeten zusätzlichen Maßnahmen, aufgeschlüsselt nach Bestimmungsländern:

Abgasreinigungssysteme, überwiegend eingesetzt in:

	Schweden	Australien	Kanada	USA	Japan
Abgasrückführung	ja	ja	ja	ja	ja
Sekundärlufteinsaugung	ja	ja	ja	ja	ja
Sekundärlufteinblasung	ja	ja	ja	ja	ja
Abgaskatalysator	nein	nein	nein	ja	ja
Lambda-Regelung	nein	nein	nein	ja	ja

4.1.3.1 Elektrostartventil/Kaltstartventil

Das Elektrostartventil wird durch eine Kraftstoffversorgungsleitung vom Kraftstoffmengenteiler mit Systemdruck beaufschlagt. Der Kraftstoff durchfließt den hohlgebohrten Ventilkörper, nochmals gefiltert durch ein integriertes Sieb, und liegt am Ankerventil an. Dieses wird bei eingeschaltetem Magnetventil durchflossen, so daß der Kraftstoff mit dem hohen Systemdruck von 4,7 $bar_{ü}$ fein zerstäubt durch die Dralldüse in das Sammelsaugrohr eingespritzt wird.

Das Elektrostartventil wird über Klemme 50 des Anlasser-Magnetschalters angesteuert. Der Ventilanker kann aber von der Magnetwicklung des Ventils nur dann angezogen werden, wenn ein ebenfalls über den Anlasser-Magnetschalter angesteuerter Thermozeitschalter den Stromkreis zum Elektrostartventil schließt. Der Thermozeitschalter arbeitet in Abhängigkeit von der Motortemperatur.

Bild 4.34 Einspritzventil (Robert Bosch GmbH)

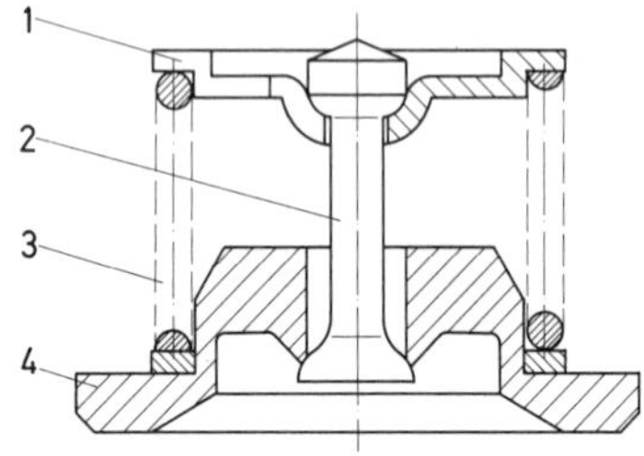

Bild 4.35 Ventileinheit (Robert Bosch GmbH)

1 Federteller
2 Ventilnadel
3 Ventilfeder
4 Ventilplatte

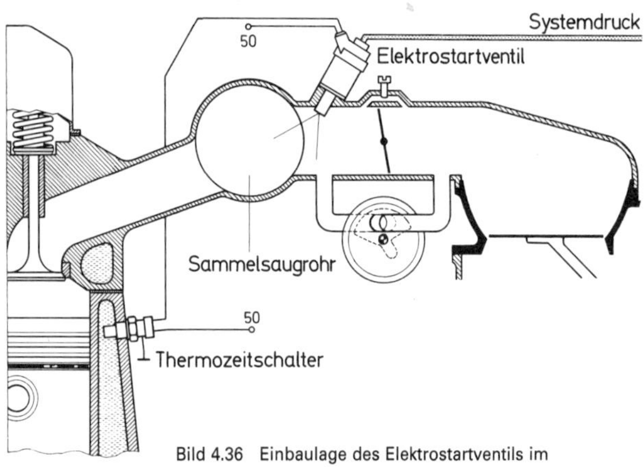

Bild 4.36 Einbaulage des Elektrostartventils im Sammelsaugrohr (Robert Bosch GmbH)

Bild 4.37 Schematisches Schnittbild des Elektrostartventils (Robert Bosch GmbH)

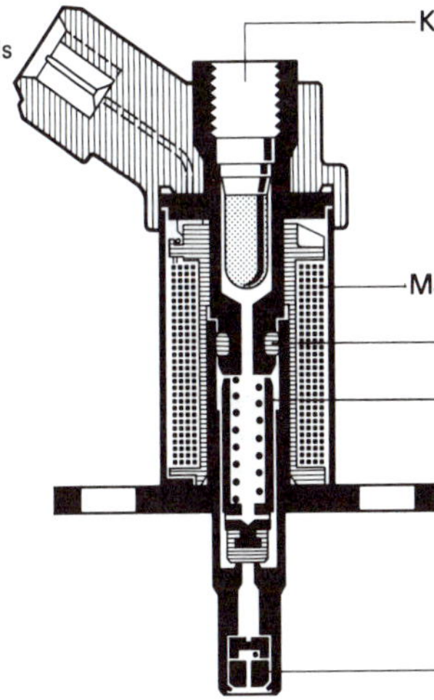

4.1.3.1.1 Kaltbeschleunigungsanreicherung

Bei einigen Fahrzeugtypen, so zum Beispiel beim Audi 80, Audi Coupé, Audi 80 Quattro, VW Passat und Santana mit 2,0-l-5-Zylinder-Einspritzmotor (85 kW), wird durch das Kaltstartventil gleichzeitig eine Kaltbeschleunigungsanreicherung gesteuert, also zur Verbesserung des Übergangs kurzfristig vom Kaltstartventil Kraftstoff abgespritzt.

Der Kontakt im Leerlaufschalter, er ist mit der Drosselklappenwelle verbunden, wird beim Gasgeben geschlossen. Durch Öffnen der Drosselklappe verändert sich der Saugrohrdruck. Er beaufschlagt die Membrane im Drucksprungschalter, die ihrerseits den darin befindlichen Kontakt schließt. Von Klemme 15 fließt nun Strom über den Leerlaufschalter und den Kontakt im Drucksprungschalter zum Kaltstartventil. Es spritzt ca. 0,4 s lang Kraftstoff ab.

Der Druckausgleich im Drucksprungschalter erfolgt durch die eingebaute Drossel. Die Federkraft drückt dann die Membrane in die Ruhestellung zurück, der Kontakt öffnet. Da nun der Stromkreis unterbrochen ist, ist der Abspritzvorgang beendet.

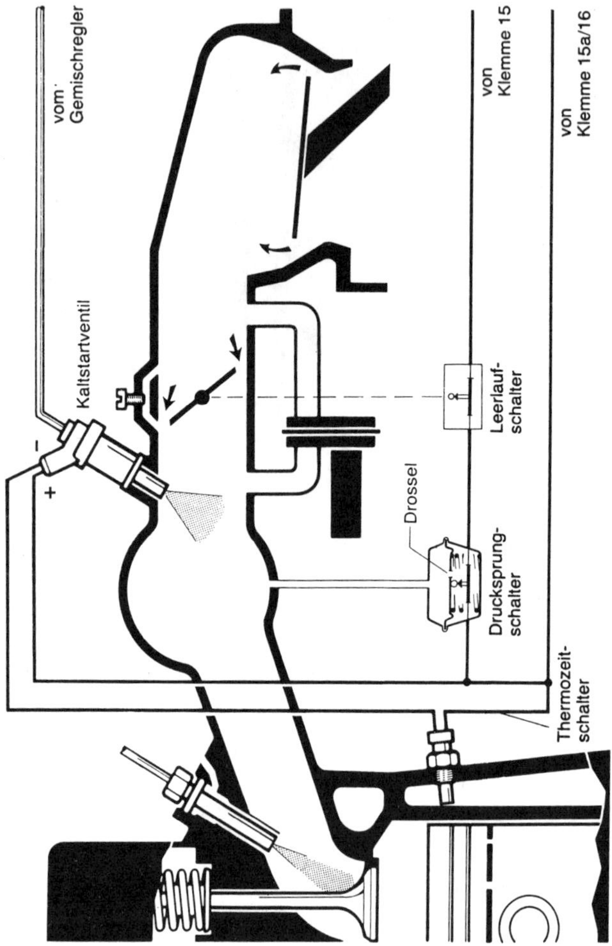

Bild 4.38 Schemabild der Kaltbeschleunigungsanreicherung (Volkswagen AG)

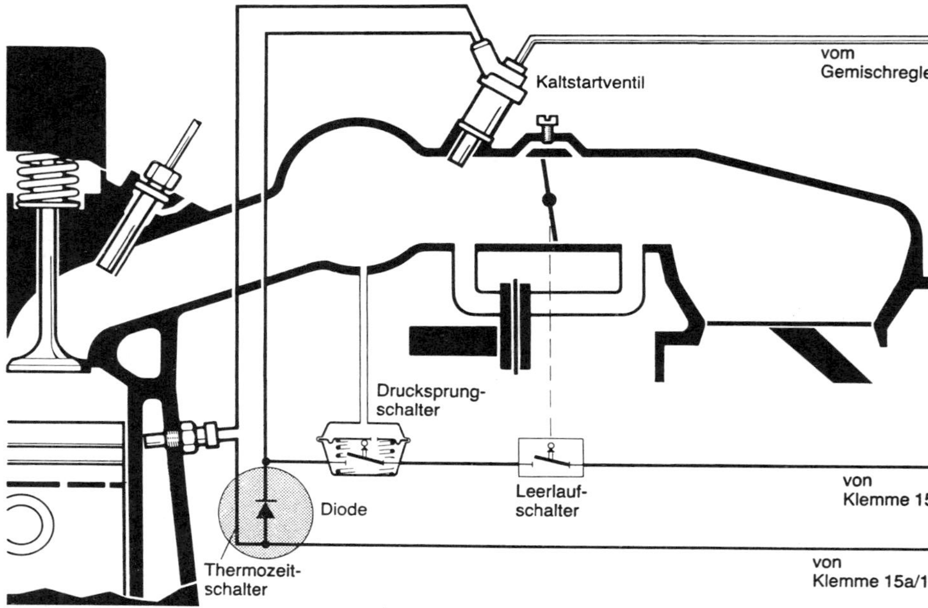

Bild 4.39 Kaltbeschleunigungsanreicherung mit Sperrdiode (Volkswagen AG)

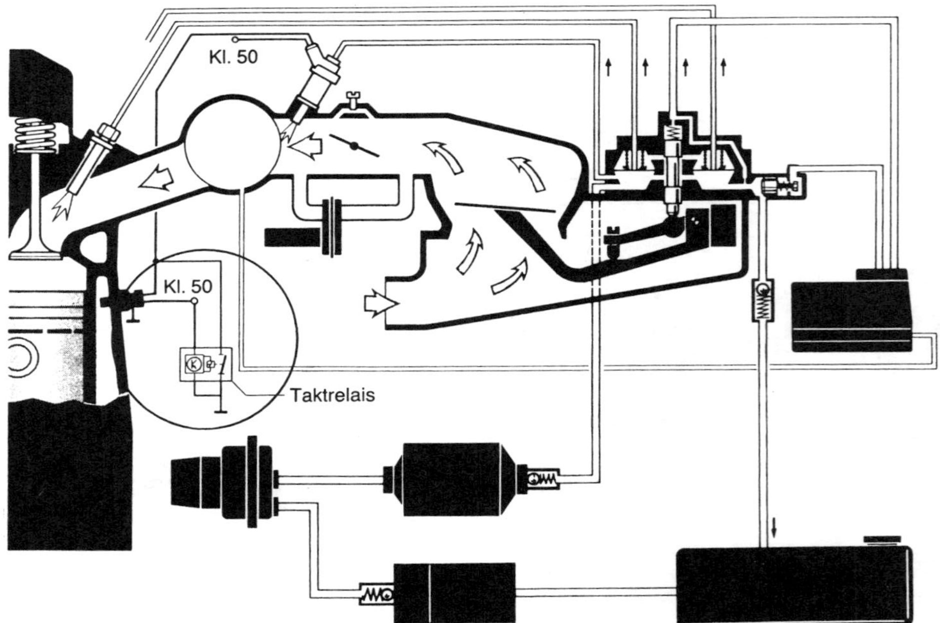

Bild 4.40 Heißstarteinrichtung mittels Taktrelais (Volkswagen AG)

Bei Kühlmitteltemperaturen über +35 °C wird die Masseverbindung zum Kaltstartventil unterbrochen. Eine Anreicherung kann nicht mehr abgegeben werden. Ebenso unterbricht der Leerlaufschalter den Stromkreis und damit einen Anreicherungsvorgang, wenn die Drosselklappe auf 2,5° bis 1° vor der Ruhestellung zurückgenommen wird.

Ab November 1983 erhalten die genannten Fahrzeuge bei Audi und VW eine zusätzliche Diode im Leitungsstrang zum Kaltstartventil. Sie sperrt bei geschlossenem Leerlaufschalter und geschlossenem Kontakt im Drucksprungschalter den Stromfluß zum Thermozeitschalter. Dieser kann sich, auch bei mehrmaligem Gasgeben, dadurch nicht aufheizen und die Kaltbeschleunigungsanreicherung vor Erreichen von 35 °C Kühlmitteltemperatur außer Funktion setzen.

Damit die Funktion des Kaltstartventils während des Startvorganges sichergestellt ist, wird das Kaltstartventil in dieser Funktionsphase von der Klemme 15a/16 des Anlassers mit Spannung versorgt. In dieser Richtung ist die Diode auf Durchlaß geschaltet.

4.1.3.1.2 Taktrelais für Heißstartunterstützung über das Kaltstartventil

Bei Audi wurde für die 5-Zylinder-Turbomotoren vorübergehend ein Taktrelais zur Verbesserung der Heißstarteigenschaften verwendet. Der beim Abstellen nach längerer Fahrt mit höchster Leistung bei Turbomotoren entstehende Wärmestau kann dazu führen, daß aufgrund von Dampfblasenbildung beim Wiederstart von den Einspritzventilen kein Kraftstoff abgegeben wird. Das elektronische Taktventil gibt nun bei einem Heißstart, bei dem bekanntlich das Thermozeitventil geöffnet ist, im kurzen Ein- und Ausschalttakt Spannung auf das Kaltstartventil, das Kraftstoff in der nötigen Menge abspritzt, um den Motor anlaufen zu lassen. Dadurch steigt der Luftbedarf, und die Stauklappe lenkt den Steuerkolben im Kraftstoffmengenteiler nach oben aus. Die Einspritzleitungen werden mit Kraftstoff gefüllt, und der Motor läuft mit dem von den Einspritzventilen abgegebenen Kraftstoff weiter.

In Abhängigkeit von der Anlaßzeit öffnet und schließt das Taktrelais (Bild 4.41) die Masseverbindung für das Kaltstartventil. Das Kaltstartventil ist dazu so geschaltet, daß es im Normalbetrieb über den Thermozeitschalter, beim Heißstart über das Taktrelais an Masse anliegt. Der Thermozeitschalter gibt bis zu einer Kühlmitteltemperatur von +35 °C in Abhängigkeit von der Anlaßzeit den

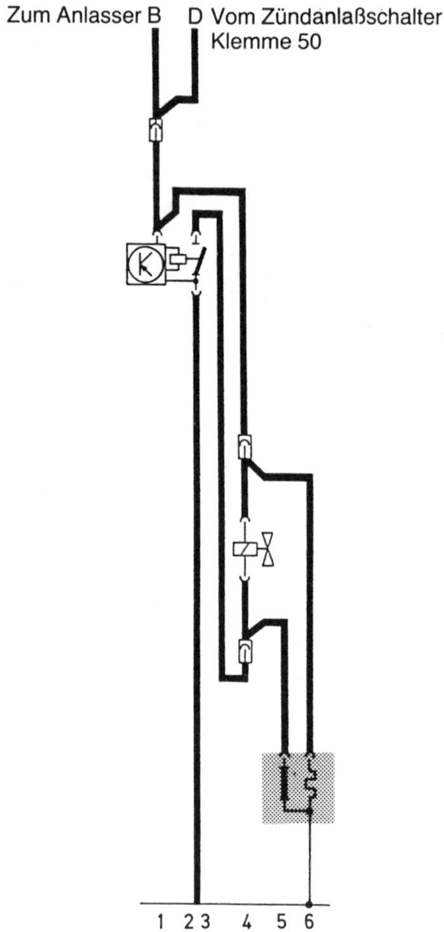

Bild 4.41 Schaltplan des Taktrelais zur Heißstartanreicherung (Volkswagen AG)

Massekontakt zum Kaltstartventil frei. Bei mehr als +35 °C Kühlmitteltemperatur ist der Bimetallkontakt im Thermozeitschalter geöffnet. Die Masseverbindung zum Kaltstartventil ist unterbrochen.

Im Kaltstart (Bild 4.42) fließt der Strom von (D) zur Klemme 50 des Taktrelais und von dort durch das Kaltstartventil und den geschlossenen Kontakt im Thermozeitschalter an Masse. Das Kaltstartventil gibt Kraftstoff ab. Über eine zweite Leitung wird die Heizwicklung im Thermozeitschalter zeitidentisch mit Strom versorgt, bis sie den Unterbrecherkontakt öffnet. Der Anreicherungsvorgang ist beendet, so daß Überfetten während des Startvorgangs vermieden wird.

Während des Kaltstarts wird das Taktrelais vom Thermozeitschalter abgeschaltet.

Während eines Heißstartes (Bild 4.43) ist der Bimetallkontakt im Thermozeitschalter geöffnet. Beim Startvorgang fließt der Strom von (D) zu Klemme 50 des Taktrelais und von dort über Klemme 50 und Klemme 31 im Strompfad 3 an Masse. Nach ca. 2 s Startzeit wird der Kontakt 31 b–31 vom Taktrelais wechselseitig geöffnet und geschlossen. Das Kaltstartventil wird «getaktet» an Masse gelegt und im gleichen Rhythmus Kraftstoff in das Saugrohr eingespritzt. Der Motor kann mit dieser Kraftstoffmenge sicher anspringen. Durch die Veränderung des Druckes im Saugrohr werden die Stauscheibe und der Steuerkolben noch oben ausgelenkt und die Einspritzleitungen entlüftet. Die Einspritzventile geben Kraftstoff ab, und der Motor läuft über die Einspritzventile weiter.

Um Probleme bei der Fehlersuche zu vermeiden, muß bei diesen Anlagen immer der Schaltplan zu Rate gezogen werden. Auch ist zu bedenken, daß Heißstartschwierigkeiten ihre Ursache nicht alleine in Dampfblasenbildung haben müssen. Es empfiehlt sich daher auch immer eine Kontrolle des Luftsystems der K-Jetronic und des Zündsystems des Motors.

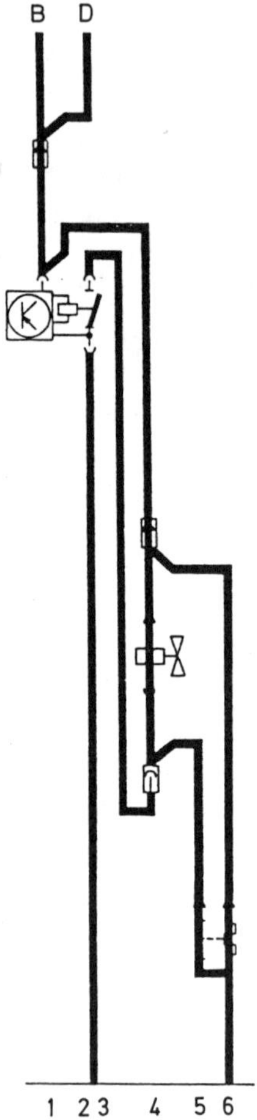

Bild 4.42 Ansteuerung des Kaltstartventils beim Kaltstart (Volkswagen AG)

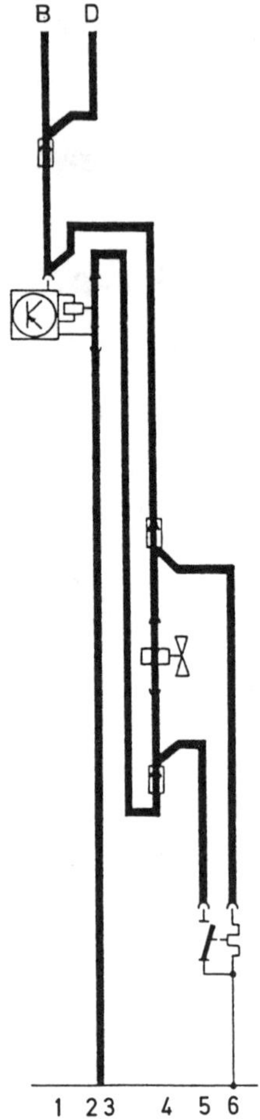

Bild 4.43 Ansteuerung des Kaltstartventils über das Taktrelais beim Heißstart (Volkswagen AG)

4.1.3.2 Thermozeitschalter

Die Öffnung des Elektrostartventils wird durch den Thermozeitschalter zeitabhängig gesteuert bzw. bei höheren Motortemperaturen ganz unterbunden. Wegen seiner Abhängigkeit von der Motortemperatur wird der Thermozeitschalter bei wassergekühlten Motoren in den Kühlwasserkreislauf des Motors im Motorblock gebaut, während er bei luftgekühlten Motoren in den Zylinderkopf geschraubt ist.

Wesentliches Bauteil des Thermozeitschalters ist ein Thermobimetallstreifen, der durch seine Verformung bei zunehmender Temperatur einen Massekontakt öffnet, über den der Stromkreis des Elektrostartventils gesteuert wird. Zur schnelleren Erwärmung des Bimetalls ist der Thermozeitschalter je nach Ausführung mit ein oder zwei Heizwicklungen versehen. Während des Kaltstarts wird durch Aufheizen des Bimetalls die Schalttemperatur sehr rasch erreicht und der Stromkreis zum Elektrostartventil unterbrochen. Es wird dann kein zusätzlicher Kraftstoff mehr in das Sammelrohr eingespritzt. Bei einem Thermozeitschalter mit zwei Heizwicklungen wird gleichzeitig eine Heizwicklung abgeschaltet, während die andere das Schaltkontaktpaar bis zum Abschluß des Schaltvorgangs geöffnet hält.

Bild 4.44 Schematisches Schnittbild des Thermozeitschalters, hier mit zwei Heizwicklungen (Robert Bosch GmbH)

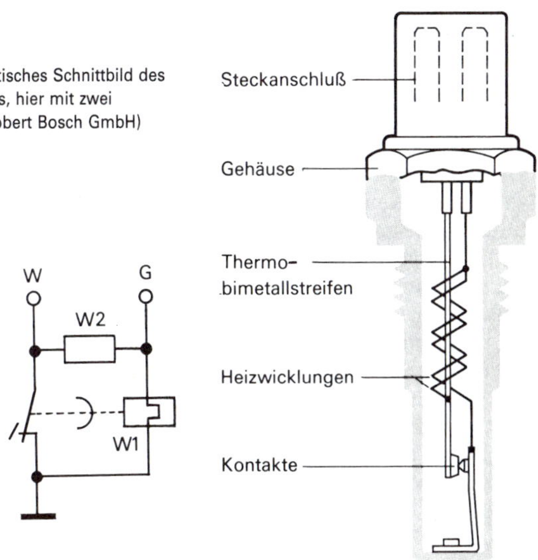

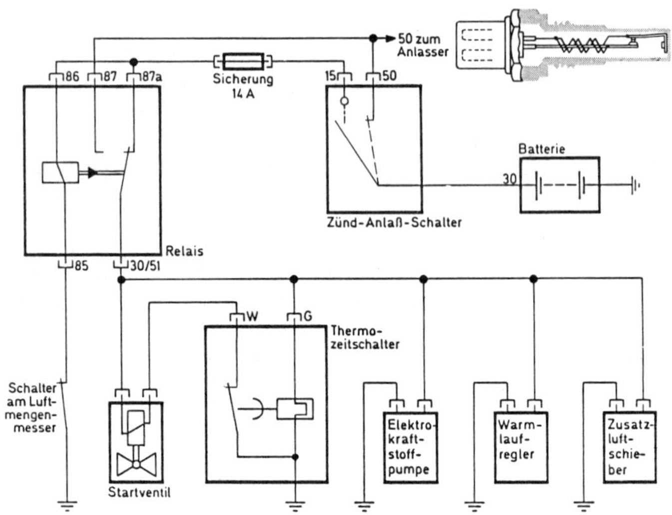

Bild 4.45 Der Thermozeitschalter steuert mittels des Kaltstartrelais in Abhängigkeit von der Kühlmitteltemperatur die Schaltung des Kaltstartventils. Als Basistemperatur werden −20 °C angenommen. Bei diesem Wert muß das Kaltstartventil für einen 8 s dauernden Abspritzvorgang angesteuert werden. Die Einspritzzeit der Kaltstarteinrichtung fällt je nach Fahrzeugtyp linear bis +15 °C (BMW) bzw. + 35 °C (Audi/VW) ab. Darüber hinaus wird, ausgenommen Sondereinrichtungen (Taktrelais), nicht mehr durch das Kaltstartventil eingespritzt (BMW)

4.1.3.3 Warmlaufregler

Nach dem Anspringen des kalten Motors benötigt dieser ein kraftstoffreicheres Brenngemisch, um die Kondensationsverluste an den Saugrohrwänden und im Motorbrennraum auszugleichen. Die Steuerung der Kraftstoffmehrmenge während der Warmlaufphase erfolgt durch den Warmlaufregler.

Der Warmlaufregler besteht aus einem Gußgehäuse, auf dessen Oberseite der elektrische Anschluß sowie der Kraftstoffanschluß zum Mengenteiler und zum Fahrzeugtank (Rücklaufleitung) angeordnet sind. Die kraftstoffseitigen Anschlüsse haben unterschiedliche Durchmesser, um Verwechslungen zu vermeiden.

Im Warmlaufregler befindet sich ein Thermobimetall, das über eine Heizwicklung erwärmt wird. Eine Ventileinheit, die auf die

Kraftstoffrücklaufbohrung wirkt, wird über einen Stößel durch eine Feder belastet.

Bei kaltem Motor übt der Bimetallstreifen eine Druckkraft auf die Ventilfeder aus. Dadurch wird die zur Ventileinheit gehörende Membrane entlastet und der Rücklauf zum Kraftstofftank weiter geöffnet. Der durch eine Drosselbohrung vom Systemdruck abgenommene Steuerdruck wird durch die größere Kraftstoffrückführung in den Kraftstoffbehälter des Fahrzeugs gemindert. Er beträgt bei extrem kaltem Motor in dieser Phase nur noch 0,5 $bar_ü$, wodurch der Steuerkolben im Kraftstoffmengenteiler von der Stauscheibe des Luftmengenmessers weiter angehoben werden kann. Es fließt mehr Kraftstoff durch die Steuerschlitze zu den Einspritzventilen, das Brenngemisch wird insgesamt fetter. Mit dem Anlassen des Motors wird gleichzeitig die Beheizung des Bimetalls geschaltet. Durch die Beheizung und die Auswirkung der zunehmenden Motortemperatur erwärmt sich das Thermobimetall und entlastet kontinuierlich zunehmend die Ventilfeder, bis ab einer bestimmten Temperatur das Thermobimetall völlig von der Feder abhebt. Die Entlastung der Feder durch das erwärmte Thermobimetall bedeutet eine Verstärkung der Federwirkkraft auf die den Rücklauf steuernde Ventileinheit. Mit zunehmender Federkraft muß somit auch der Steuerdruck ansteigen, bis er bei betriebswarmem Motor seinen Normalwert von 3,7 $bar_ü$ erreicht hat. Gleichzeitig nimmt dadurch die hydraulische Gegenkraft auf den Steuerkolben zu, und die Stauscheibe kann von der Luftströmung der Ansaugluft des Motors nicht mehr so weit wie vorher ausgelenkt werden, die Kraftstoffanreicherung nimmt also kontinuierlich bis zum Erreichen der Motorbetriebstemperatur ab.

Die Beheizung des Bimetalls erfolgt sowohl elektrisch als auch durch die Motorwärme. Deshalb ist der Wärmeregler an einer für die Motortemperatur repräsentativen Stelle am Motor angebracht. Ein Ausfall der elektrischen Bimetallheizung würde in jedem Fall eine starke Anfettung des Brenngemisches zur Folge haben, da die zum Abheben des Bimetalls vom Ventilfederteller erforderliche Wärme von ca. 513 K (240 °C) nur durch die Heizwicklung erreicht werden kann.

Die 4-Zylinder-Motoren von BMW sowie alle 6- und 8-Zylinder-Motoren mit K-Jetronic verfügen über einen Warmlaufregler mit Vollastanhebung. Die Vollastanhebung wird über den Saugrohrunterdruck gesteuert und wirkt sich bei Vollast und niedriger Motordrehzahl, wie auch beim Beschleunigen aus. Bei diesen Warmlauf-

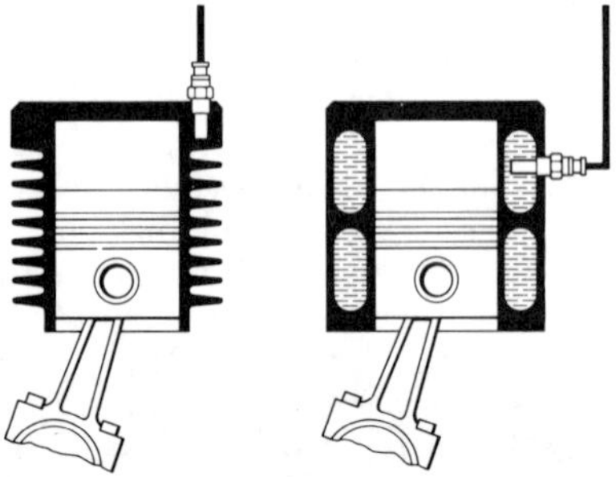

Bild 4.46 Einbaulagen des Thermozeitschalters (Robert Bosch GmbH)

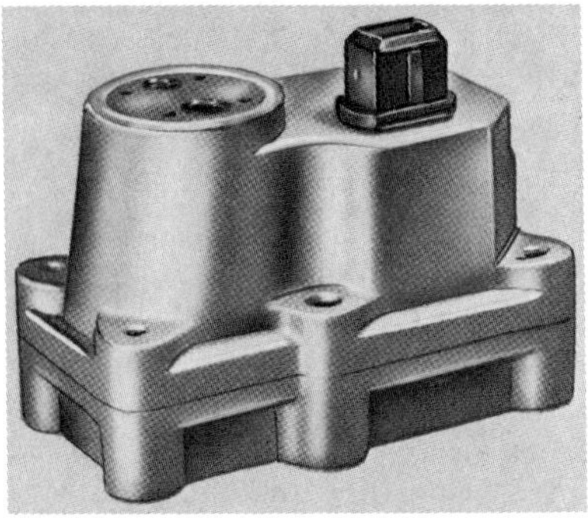

Bild 4.47 Warmlaufregler (Robert Bosch GmbH)

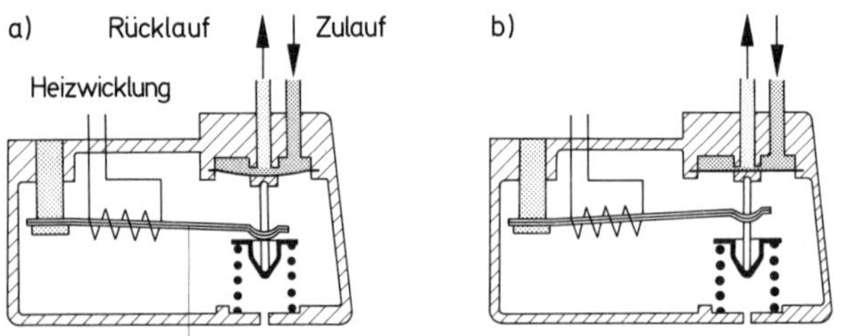

Bild 4.48 Schematische Darstellung des Warmlaufreglers (Robert Bosch GmbH)

a) Stellung der Ventilmembrane bei kaltem Motor, folglich geringem Steuerdruck (min. 0,5 $bar_ü$)

b) Stellung der Ventilmembrane bei warmem Motor, folglich normalem Steuerdruck (3,7 $bar_ü$)

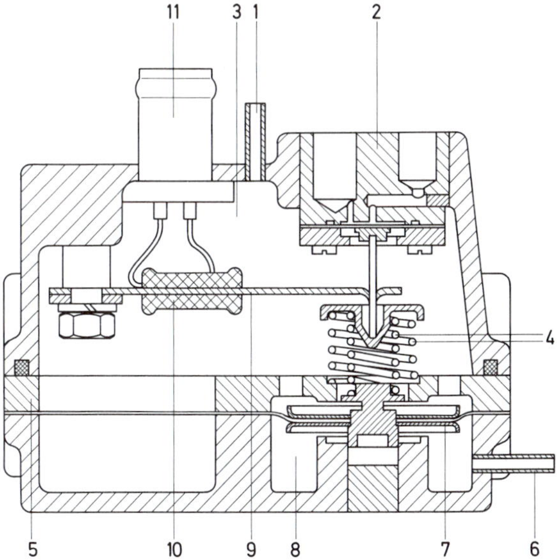

Bild 4.49 Warmlaufregler mit Vollastanhebung (Robert Bosch GmbH)
1 Unterdruckanschluß zum Saugrohr
2 Steuerdruckregelventil mit Membrane
3 Oberkammer
4 Ventilfedern
5 Zwischenplatte
6 Belüftungsanschluß (Atmosphäre)
7 Vollastmembrane
8 Unterkammer
9 Bimetall
10 Heizwicklung
11 Elektroanschluß für Heizwicklung

reglern wird der Saugrohrunterdruck durch einen Anschluß auf der Oberseite in das Reglergehäuse geführt. An den Warmlaufregler ist eine Unterkammer angeschraubt, die mit einem Atmosphärenanschluß versehen ist, dessen Luftzuführung vor dem Luftfilter entnommen wird. Dadurch werden eventuelle Auswirkungen auf das Vollastanhebungssystem bei verschmutztem Luftfilter ausgeschlossen. Ober- und Unterkammer sind durch die Vollastmembrane voneinander getrennt, die durch eine Feder beaufschlagt wird. Die Regelkräfte beider Federn bewirken die Steuerung des normal anliegenden Steuerdrucks von 3,7 $bar_{ü}$. Durch weiteres Öffnen der Drosselklappe bei niedriger Motordrehzahl wird der Saugrohrdruck an der Entnahmestelle geringer, so daß die Vollastmembrane entgegen der Wirkung der Federkraft abwärts bewegt wird. Das bewirkt eine Entlastung des Rücklaufventils im Warmlaufregler, mithin eine Senkung des Steuerdrucks, so daß der Steuerkolben die Steuerschlitze um ein bestimmtes Maß weiter öffnet.

Der Warmlaufregler wird in einer anderen Ausführung als entkoppeltes System gebaut. Bei dieser Auslegung wirken Saugrohrunterdruck und Atmosphärendruck genau umgekehrt. Dementsprechend ist der Anschluß für den Saugrohrunterdruck bei diesen Warmlaufreglern an der Unterkammer angeordnet, während der Anschluß der Atmosphärenleitung auf der Oberseite des Warmlaufreglers erfolgt.

Bei den 5-Zylinder-Saug- und Turbomotoren von Audi und VW wird von dem Warmlaufregler im Betriebszustand «kalt abfahren» und «Vollast» wie nachfolgend beschrieben angereichert.

Betriebszustand «kalt abfahren»
Um Beschleunigungslöcher bei kaltem Motor sicher zu vermeiden, muß bei plötzlichem Gasgeben bereits ab mittlerer Teillast angereichert werden. Die Laufeigenschaften bei mittlerer Teillast werden somit spürbar verbessert.

Beträgt die Kühlmitteltemperatur weniger als +58 °C, wird der Saugrohrdruck durch ein zwischen dem Sammelsaugrohr und dem Warmlaufregler angeordnetes thermopneumatisches Ventil auf die Unterseite der Anreicherungskammer im Warmlaufregler gesteuert. Erreicht der Saugrohrdruck den Wert von ca. 1 bar, wird die Membran der Anreicherungsvorrichtung, unterstützt von der inneren Feder, nach unten bewegt. Eine Entlastung der Ventilmembrane ist die Folge, wodurch der Steuerdruck abgebaut und das Gemisch angereichert wird. Fällt der Saugrohrdruck ab, bewegt sich die Anreicherungsmembrane proportional zum Druckabfall nach oben und belastet die Ventilmembrane. Der Steuerdruck steigt, und das Gemisch wird abgemagert.

Betriebszustand «Vollast»
Bei voll geöffneten Drosselklappen unterbricht der mit der Welle der 2. Stufe verbundene Drosselklappenschalter den Stromkreis der Magnetspule im Zweiwegeventil. Das Zweiwegeventil schaltet um und leitet den Überdruck vom Saugrohr zum Anreicherungssystem des Warmlaufreglers. Die Anreicherungsmembrane wird, unterstützt von der inneren Feder, nach unten bewegt und entlastet die Ventilmembrane. Der Steuerdruck sinkt, und das Gemisch wird angereichert.

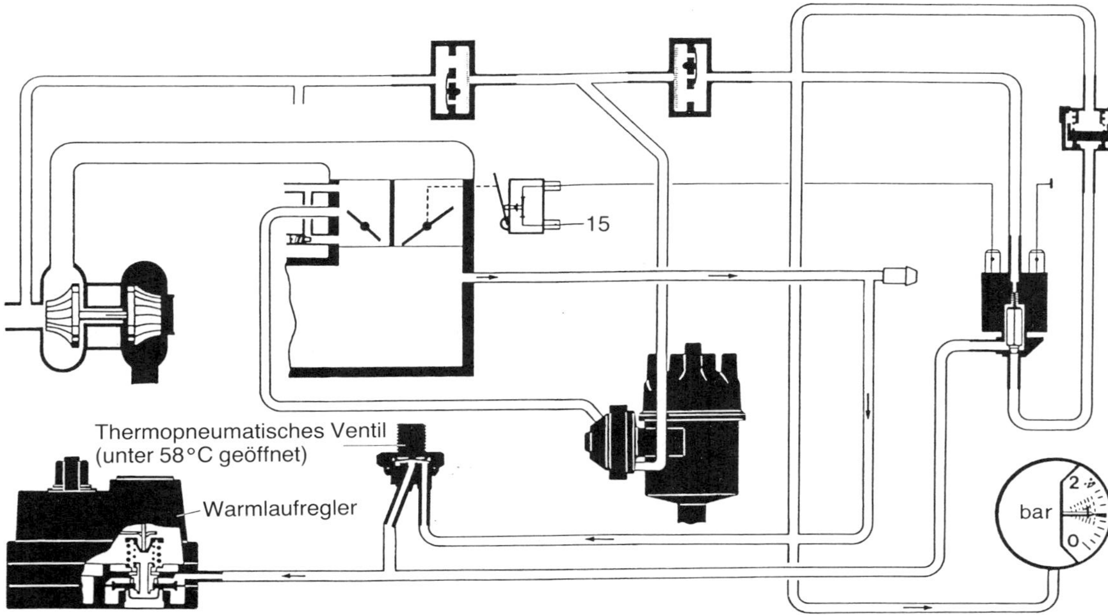

Bild 4.50 Anreicherung in der Betriebsphase „kalt abfahren“ (Volkswagen AG)

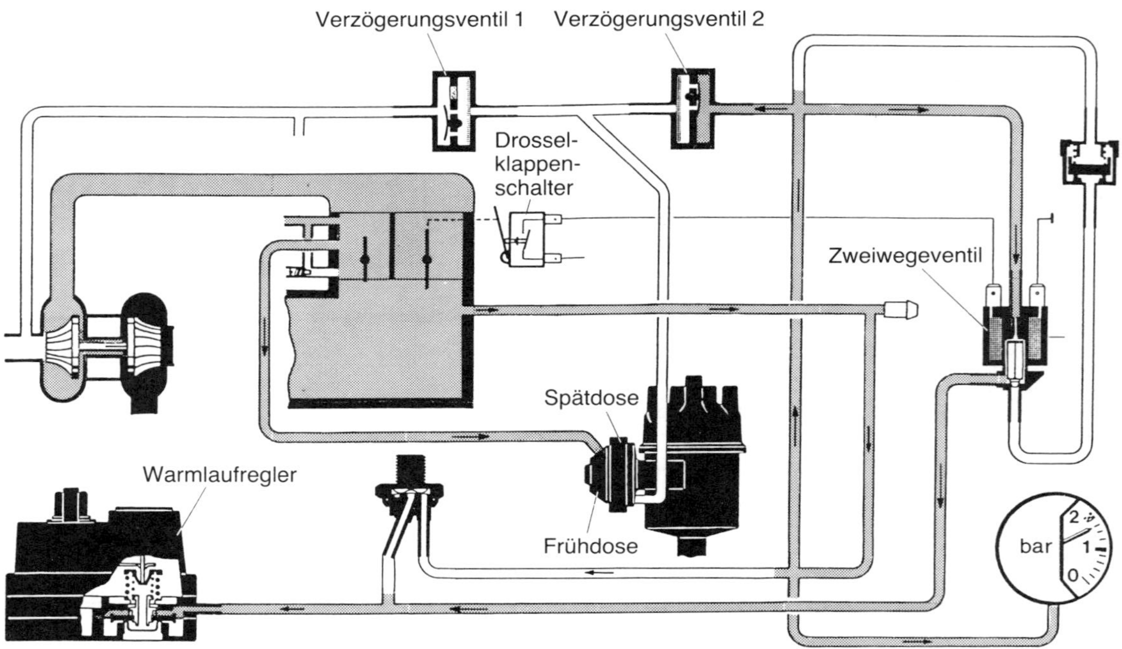

Bild 4.51 Vollastanreicherung über den Warmlaufregler (Volkswagen AG)

Für den Einsatz in Ländern mit stark unterschiedlichen geographischen Höhenlagen werden außerdem Warmlaufregler mit Höhenkorrektur gebaut, die ebenfalls mit oder ohne Vollastanhebung geliefert werden.

Zur besseren Unterscheidung der Warmlaufregler sollen folgende Hinweise dienen:

a) Warmlaufregler ohne Korrektureinrichtungen sind ohne Zwischenplatte ausgeführt und besitzen keine zusätzlichen Luftanschlüsse.
b) Warmlaufregler mit Höhenkorrektur sind ohne Zwischenplatte ausgeführt und besitzen einen Atmosphärenanschluß auf der Oberseite.
c) Warmlaufregler mit Vollastanhebung sind mit einer Zwischenplatte ausgerüstet. Der Saugrohrunterdruckanschluß befindet sich auf der Oberseite des Warmlaufreglers, der Atmosphärenanschluß erfolgt in älterer Ausführung durch Luftbohrungen in der Unterseite, sonst durch einen Anschlußstutzen in der Unterkammer.
d) Warmlaufregler mit entkoppelter Vollastanhebung verfügen über eine Zwischenplatte. Der Saugrohrunterdruckanschluß befindet sich in dieser Zwischenplatte, der Atmosphärenanschluß auf der Oberseite des Warmlaufreglers.
e) Warmlaufregler mit Vollastanhebung und Höhenkorrektur sind mit einer Zwischenplatte versehen. Die Anschlüsse erfolgen wie unter d) beschrieben.

Alle Atmosphärenanschlüsse müssen vor dem Luftfilter in Saugrichtung gesehen angeschlossen werden, damit Einflüsse eines verschmutzten Luftfilters auf die Korrektureinrichtungen ohne Auswirkung bleiben.

4.1.3.4 Zusatzluftschieber

Um die höheren Reibungsverluste des kalten Motors im Warmlauf auszugleichen, wird dem Motor in dieser Betriebsphase ein Kraftstoff-Luft-Gemisch zugeführt, das ein sicheres Durchlaufen des Motors bei möglichst leerlaufnaher Drehzahl garantiert. Die benötigte Kraftstoffmenge wird durch den Warmlaufregler gesteuert, die zusätzlich erforderliche Luftmenge erhält der Motor bei geschlossener Drosselklappe durch den Zusatzluftschieber.

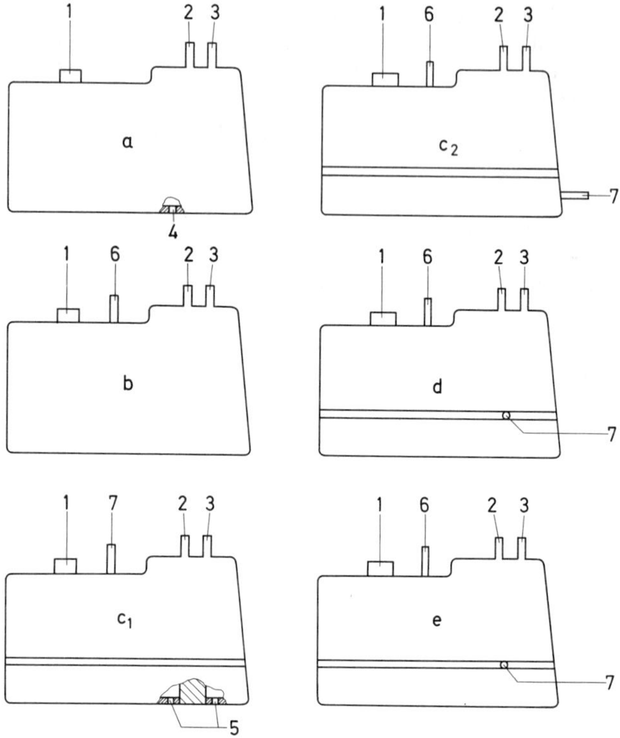

Bild 4.52 Ausführungen des Warmlaufreglers für die Bosch-K-Jetronic
a Warmlaufregler ohne Korrektureinrichtungen
b Warmlaufregler mit Höhenkorrektur
c1 Warmlaufregler mit Vollastanhebung (alte Ausführung)
c2 Warmlaufregler mit Vollastanhebung (neue Ausführung)
d Warmlaufregler mit entkoppelter Vollastanhebung
e Warmlaufregler mit Vollastanhebung und Höhenkorrektur
Es bedeuten:
1 Elektrostecker
2 Kraftstoffrücklauf
3 Steuerdruckanschluß
4 Belüftungsbohrung
5 Belüftungsbohrungen statt Atmosphärenanschluß
6 Atmosphärenanschluß
7 Saugrohrdruckanschluß

Bild 4.53 Zusatzluftschieber mit elektrischer Beheizung eines Thermo-Bimetallelementes, teilweise aufgeschnitten (Robert Bosch GmbH)

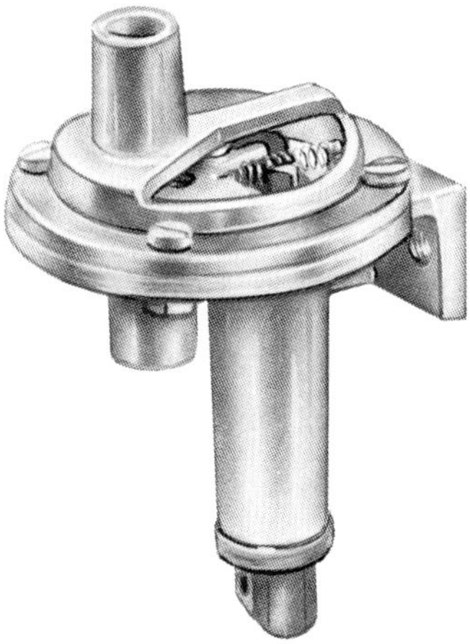

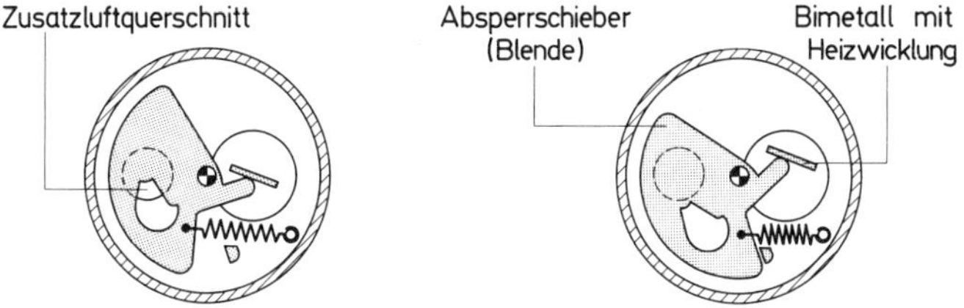

Bild 4.54 Schematische Darstellung der Blendenstellungen des Zusatzluftschiebers
a) teilweise geöffnet
b) geschlossen
(Robert Bosch GmbH)

Ein die Drosselklappe umgehender Luftbypass wird in Abhängigkeit von der Motortemperatur durch den Zusatzluftschieber gesteuert. Bei kaltem Motor ist die Steuerklappe des Zusatzluftschiebers geöffnet. Mit zunehmender Motorerwärmung schließt die Blende den Luftdurchlaß kontinuierlich, bis bei betriebswarmem Motor keine Zusatzluft mehr benötigt wird.

Die temperaturabhängige Steuerung des Zusatzluftschiebers erfolgt in einer Ausführung durch ein Thermobimetall, das von einer Heizwicklung erwärmt wird. In einer anderen Ausführung wird die Blende durch ein Dehnstoffelement gesteuert, das in den Kühlwasserkreislauf des Motors eintaucht. Beide Ausführungen sind an einer Stelle montiert, die repräsentativ für den thermischen Zustand des Motors ist.

4.1.4 Elektrischer Schaltplan

Mit dem Einschalten der Zündung wird auch das Relais I geschaltet. Das Relais II verharrt in Ruhelage, es besteht keine Verbindung zu den Verbrauchern der Einspritzanlage. Beim Anlassen wird durch die Saugwirkung im Lufttrichter des Mengenteilers die Stauscheibe geringfügig angehoben. Dadurch wird die Masseleitung zum Relais I unterbrochen, weil der Schalter im Luftmengenmesser öffnet. Es fließt von Klemme 50 des Anlasser-Magnetschalters über den Arbeitskontakt im Relais I der Steuerstrom für das Relais II, das die Elektrokraftstoffpumpe und die Beheizung des Warmlaufreglers sowie des Zusatzluftschiebers einschaltet. Gleichzeitig wird das Elektrostartventil angesteuert. Es spritzt entsprechend der Wirkung des Thermozeitschalters Kraftstoff ein. Springt der Motor an, so bleibt durch die Auslenkung der Stauscheibe der Schalter im Luftmengenmesser geöffnet, an der zuvor beschriebenen Funktion ändert sich nichts. Springt der Motor nicht an oder bleibt er im Fahrbetrieb stehen, werden auch die Elektrokraftstoffpumpe und die Beheizung der Korrektureinrichtung unterbrochen. Durch die in Ruhelage gelangende Stauscheibe wird in dieser Situation der Schalter am Luftmengenmesser geschlossen, so daß das Relais I in Arbeitsstellung geschaltet wird. Es unterbricht die Steuerleitung zum Relais II, so daß dieses in Ruhelage gelangt.

Bild 4.55 Wasserbeheizter Zusatzluftschieber (Robert Bosch GmbH)
1 Dehnstoffelement
2 Steuerkolben
3 Rückstellfeder
4 Gehäuse

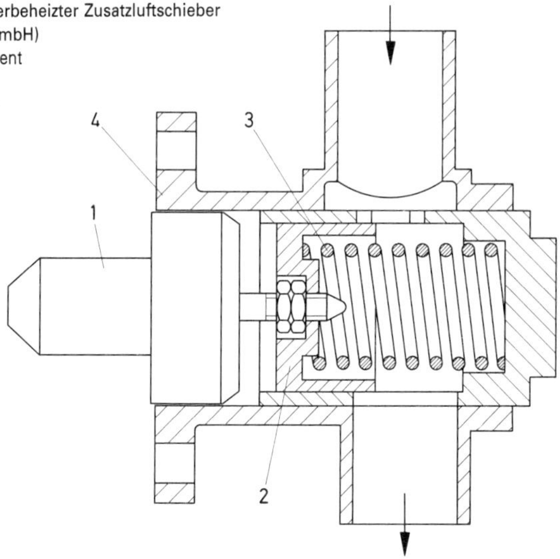

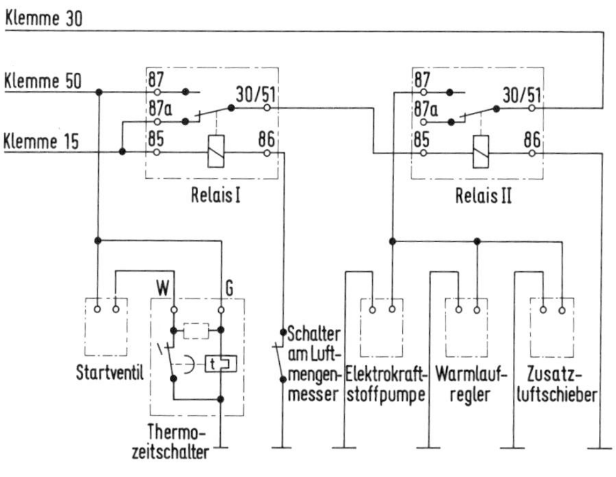

Bild 4.56 Normalschaltplan der Bosch-K-Jetronic. Die Schaltpläne für Audi- und Porsche-Fahrzeuge weichen vom Normalschaltplan ab (Robert Bosch GmbH)

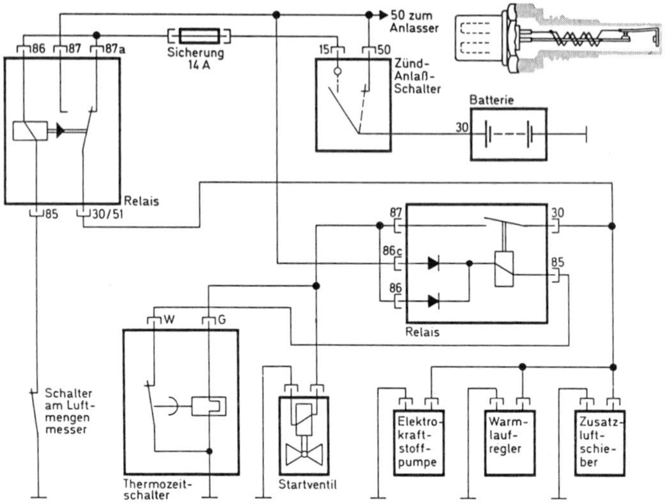

Bild 4.57 Bei neueren Modellen wird zusätzlich ein Kaltstartrelais (Diodenrelais) eingebaut. Vorteil: Der Thermozeitschalter muß nicht während des gesamten Fahrbetriebs beheizt werden (BMW)

4.1.5 Besondere, fahrzeugtypgebundene Hinweise

4.1.5.1 Druckdämpfer

Bei einigen Fahrzeugtypen von Volkswagen, Audi und Porsche befindet sich in der Saugleitung zwischen dem Kraftstoffbehälter und der Elektrokraftstoffpumpe ein zusätzlicher Druckdämpfer.

Bei Daimler-Benz sind diese Druckelemente wie folgt angeordnet: Kraftstoffbehälter, Filter, Pumpe, Druckdämpfer, Kraftstoffspeicher.

4.1.5.2 Vorförderpumpe

Bei extrem hohen Außentemperaturen, die meist nur im südlichen Ausland auftreten, kann unter Umständen der Kraftstoff bereits in der Saugleitung zwischen Kraftstoffbehälter und Elektrokraftstoffpumpe verdampfen.

Als Kundendienstlösung bietet sich die Möglichkeit, eine kleine Vorförderpumpe sowie einen Druckregler unmittelbar hinter dem Kraftstoffbehälter einzubauen oder eine Vorförderpumpe im Tank anzuordnen.

Bei Fahrzeugen des Fabrikats Volvo wird seit Mitte 1977 eine kleine Flügelzellenpumpe als Vorförderpumpe, Druckleistung ca. 0,2 $bar_{ü}$, serienmäßig in den Tank eingebaut.

4.1.5.3 Tankentlüftungsventil

Zur Vermeidung von Dampfblasenbildung bei extremen thermischen Belastungen wird bei verschiedenen Volkswagen- und Auditypen ein Tankentlüftungsventil eingebaut, das erst ab 0,3 bar Überdruck die Entlüftungsleitung öffnet. Der unter ständigem Überdruck gehaltene Kraftstoff neigt nicht zur Verdampfung.

4.1.5.4 Kraftstoffspeicher

BMW-Fahrzeuge der Modelljahre 1975 bis Anfang 1976 verfügen über einen zweiten Kraftstoffspeicher, der im Rücklauf zum Kraftstoffbehälter eingebaut ist. Mit Einsatz des Systemdruckventils mit Aufstoßeinrichtung ist dieser zusätzliche Speicher entfallen.

4.1.6 Prüf- und Einstellarbeiten an der K-Jetronic

Die K-Jetronic ist, abgesehen von der turnusmäßigen Erneuerung des Kraftstoff-Feinfilters, wartungsfrei.

Die erforderlichen Einstellarbeiten sind, mit Ausnahme von Störungsfällen, auf die Korrektur der Leerlaufdrehzahl und des Leerlaufabgaswertes beschränkt. Die Korrektur des Leerlaufabgaswertes kann bei Fahrzeugen ab 10.76 nur von autorisierten Fachwerkstätten vorgenommen werden, da die Einstellschraube aufgrund der ECE-Bestimmungen gegen willkürliche Verstellung gesichert ist.

Einstellarbeiten an der K-Jetronic können nur dann erfolgreich sein, wenn motorseitig alle Voraussetzungen erfüllt sind. Besonders ist darauf zu achten, daß:

- ☐ Schließwinkel und Zündzeitpunkt der Motorherstellervorschrift entsprechen
- ☐ die Kompression aller Motorzylinder gleichmäßig und innerhalb der vorgeschriebenen Toleranz ist
- ☐ das Ventilspiel korrekt nach Werksvorschrift eingestellt ist
- ☐ der Elektrodenabstand der Zündkerzen den Vorschriften entspricht

Ferner ist besonders auf die Dichtheit der Rohr- und Schlauchanschlüsse auf der Saugseite des Motors zu achten. Jede Luftundichtigkeit hinter dem Luftmengenmesser verfälscht die gemessene Luftmenge und führt zu Störungen in der Kraftstoffzumessung.

Außerdem ist bei allen Arbeiten an den Kraftstoffanschlüssen auf größte Sauberkeit zu achten.

Gesicherte Justierschrauben der Einspritzanlage dürfen nicht verstellt werden, da sonst die Gesamtfunktion der Anlage nicht mehr gewährleistet ist.

4.1.6.1 Sonderwerkzeuge

Für verschiedene Prüf- und Einstellarbeiten an der K-Jetronic werden folgende Sonderwerkzeuge benötigt, die durch die Bosch-Organisation bezogen werden können:

1 Druckmeßvorrichtung KDEP 1034 für
a) Systemdruckmessung
b) Steuerdruckmessung
c) Haltedruckmessung (Prüfung auf hydraulische Dichtheit)
Diverse Verbindungsteilsätze zum Anschließen der Druckmeßvorrichtung.

Die Druckmeßvorrichtung KDEP 1034 wurde 1979 durch KJE-P 100 ersetzt.
Das hier verwendete Wegeventil besitzt nur eine Ventilschraube, so daß Montage und Prüfung vereinfacht wurden.

1 Mengenvergleichsgerät KDJE 7451 für:
Vergleichsmessung der Kraftstoffördermenge zu den einzelnen Einspritzventilen

1 Zubehörsatz KDJE-P 200/16/20 für
Anschluß des Mengenvergleichmeßgeräts bei Fahrzeugen mit Einspritzventilleitungen aus Stahl

1 Ventilprüfgerät KDJE 7452 oder 0 681 200 700 zur Einspritzventilprüfung

1 Satz Führungsringe KDEP 104010/14 zur Zentrierung der Stauscheibe im Luftmengenmesser

1 Einstellschlüssel KDEP 1035 zur Leerlaufabgaseinstellung an der Gemischregulierschraube im Luftmengenmesser

Ferner sind folgende handelsüblichen Werkzeuge und Meßgeräte erforderlich:

1 Drehmomentschlüssel (5 bis 45 Nm)
1 Voltmeter
1 Ohmmeter
1 Drehzahlmeßgerät
1 Abgastester
1 Meßglas 1,5 l
1 Mityvac-Vakuum-Handpumpe

4.1.6.2 Korrektur der Leerlaufdrehzahl

Drehzahlmesser anschließen.
Betriebswarmen Motor starten und Leerlaufdrehzahl ablesen.
** Sollwert (allgemein): 950 ± 50/min.
Falls erforderlich, Leerlaufdrehzahl durch Einstellung der Luftbypass-Schraube am Drosselklappenstutzen auf Sollwert regulieren.
Schraube hineindrehen: Leerlaufdrehzahl wird gemindert
Schraube herausdrehen: Leerlaufdrehzahl wird erhöht

4.1.6.3 Korrektur des Leerlaufabgaswertes

Drehzahlmesser und Abgastester anschließen.
Betriebswarmen Motor starten und Leerlaufdrehzahl sowie Leerlaufabgaswert ablesen.
** Sollwert (allgemein): 1,5 ± 0,5 Vol.-% CO
Falls erforderlich, bei sollwertgleicher Leerlaufdrehzahl den Leerlaufabgaswert durch Einstellung der Gemischregulierschraube auf Sollwert bringen.
Dabei ist folgendes zu beachten:
Die Montageöffnung im Gemischregler war bei Steigstrom-Luftmengenmessern bis 10.76 mit einem Gummistopfen, bei Fallstrom-Luftmengenmessern mit einer Verschlußschraube geschlossen. Ab 10.76 sind gemäß den ECE-Bestimmungen diese Bohrungen gesichert. Die Leerlaufabgaseinstellung darf nur von autorisierten Werkstätten durchgeführt werden, da nur diese die Sicherungskappen als Ersatzteil erhalten. Die TÜV-Prüfstellen sind angewiesen, die Unversehrtheit der Sicherungen bei Regeluntersuchungen zu überprüfen.

Nach Entfernen der Sicherung wird mit dem Einstellschlüssel, siehe Sonderwerkzeuge, die Gemischregulierschraube eingestellt. Dabei soll immer von der Magerseite aus gestellt werden. Nach der Einstellung kurz Gas geben (Einstellschlüssel aus der Bohrung ziehen, da durch Auslenkung der Stauscheibe sonst mechanische Schäden auftreten können) und Einstellergebnis abwarten. Gegebenenfalls den Vorgang wiederholen.

Bei Fahrzeugen mit Luftmengenmessern in Fallstromtechnik die Verschlußschraube wieder einschrauben.

Bei Fahrzeugen ab 10.76 Sicherungskappe einpressen.
Falls erforderlich, nach Regulierung des Leerlaufabgaswertes nochmals die Leerlaufdrehzahl regulieren.

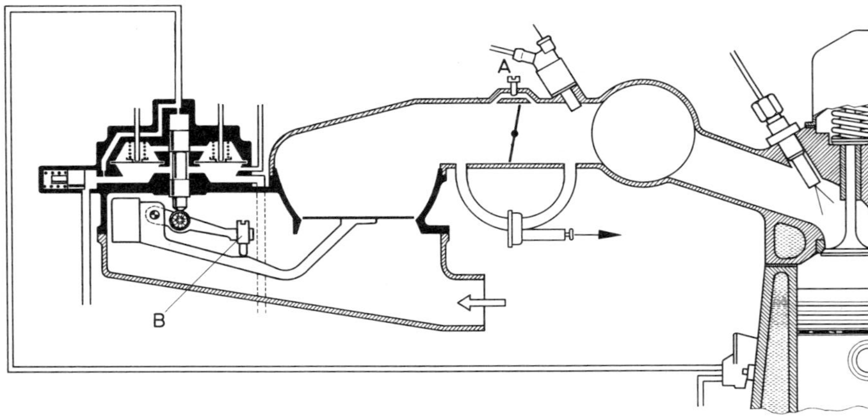

Bild 4.58 Die Einstellung der Leerlaufdrehzahl erfolgt bei der K-Jetronic an der Luftmengen-Regulierschraube (A) im Bypass der Drosselklappe. Der CO-Gehalt im Leerlaufabgas wird an der Gemischregulierschraube (B) im Luftmengenmesser des Gemischreglers eingestellt (Robert Bosch GmbH)

4.1.6.4 Dichtheitsprüfung des Saugsystems

Läßt sich der Leerlauf nicht einwandfrei regulieren, kann eine Undichtigkeit im Saugsystem die Ursache sein. Folgende Anschlüsse sind einer sorgfältigen Prüfung zu unterziehen:

- ☐ Anschluß der Ansaughutze am Luftmengenmesser
- ☐ Verschluß der Bohrung zur Einstellung des Leerlaufabgaswertes (nur bei Fahrzeugen mit Luftmengenmesser in Fallstromtechnik)
- ☐ Anschlußschläuche am Zusatzluftschieber sowie am Saugsammelrohr
- ☐ Unterdruckanschluß am Warmlaufregler sowie am Saugsammelrohr
- ☐ Dichtsitz des Elektrostartventils am Saugsammelrohr
- ☐ Dichtsitz der Einspritzventile am Saugrohr
- ☐ Dichtsitz der Saugrohre am Zylinderkopf des Motors

Bringt die Sicht- oder Hörprobe (leichtes Zischen an undichter Stelle) keinen Erfolg, so können die kritischen Stellen mit Seifenwasser eingepinselt werden. Bei geöffneter Drosselklappe kann durch den Luftaustrittsschlauch des Zusatzluftschiebers Preßluft in die Anlage eingeblasen werden. An der undichten Stelle bilden sich Seifenblasen.

4.1.6.5 Prüfung des Steuerkolbens und Verstellhebels auf Leichtgängigkeit

Diese Prüfung wird bei ausgebautem Luftfilter (Fallstromtechnik) oder abgebauter Luftführungshutze (Steigstromtechnik) sowie mindestens handwarmem Motor durchgeführt.

Der Stecker am Luftmengenmesser (Sicherheitsschalter für Pumpenlauf) ist abzuziehen, so daß die Elektrokraftstoffpumpe durch Einschalten der Zündung in Betrieb gesetzt werden kann.

Stauscheibe prüfen: a) sie darf nicht verbogen sein
b) sie muß ohne Berührung des Lufttrichters in den Entlastungstrichter einlaufen.

Stauscheibe je nach Technik des Luftmengenmessers anheben oder herunterdrücken und dann loslassen. Die Stauscheibe federt nach Erreichen der Ruhelage zwei- bis dreimal zurück.

Kurzfristig für 10–15 s die Zündung einschalten, damit sich die Drücke im Kraftstoffsystem aufbauen können und der Steuerkolben durch den Steuerdruck kraftschlüssig auf dem Nadellager des Zwischenhebels zur Anlage kommt.

Stauscheibe nun, je nach System, gleichmäßig anheben oder herunterdrücken. Es dürfen keine schwergängigen Druckstellen auftreten.

Anschließend ist die Stauscheibe schnell in die Ruhelage zurückzuführen. Der Steuerkolben eilt dieser Bewegung nach, er muß spürbar auf den Verstellhebel des Luftmengenmessers auftreffen.

4.1.6.6 Steuerkolben gängig machen

Kraftstoffmengenteiler sorgfältig von äußerem Schmutz reinigen und vom Luftmengenmesser abschrauben. Kraftstoffmengenteiler so in die Hand nehmen, daß der Steuerkolben nicht herausfallen kann. Bei klemmendem Kolben vorsichtig mit Preßluft in die Steuerdruckbohrung blasen.

Steuerkolben sorgfältig mit Waschbenzin reinigen. Das Läppen oder Schmirgeln des Kolbens ist unzulässig.

Wird die geforderte Leichtgängigkeit nicht erreicht, so ist der Kraftstoffmengenteiler zu erneuern.

4.1.6.7 Verstellhebel gängig machen

Klemmt der Verstellhebel im Luftmengenmesser, so kann eine Verspannung des Gehäuses die Ursache sein. Alle Gehäusebefestigungsschrauben lösen und gleichmäßig wieder befestigen, gegebenenfalls die Dichtung unter dem Luftmengenmesser erneuern.

Führen diese Maßnahmen nicht zum Erfolg, so ist die Aufhängung des Verstellhebels in einer Fachwerkstatt (Bosch-Dienst o.ä.) instand zu setzen.

4.1.6.8 Einstellung der Stauscheibe

Zur Einstellung sind als Sonderwerkzeug Führungsringe erforderlich, deshalb wird diese Arbeit den entsprechend ausgestatteten Fachwerkstätten vorbehalten bleiben.

Die Stauscheibe ist bei Steigstromtechnik bündig mit dem Lufttrichterbeginn einzustellen, bei Fallstromtechnik bündig mit dem Beginn des Entlastungstrichters.

Eine Abweichung der Einstellung um 0,5 mm in Richtung des Entlastungstrichters ist in beiden Ausführungen zulässig.

Eine an die Stauscheibe angedrehte Fase muß immer in Einbaulage nach unten zeigen.

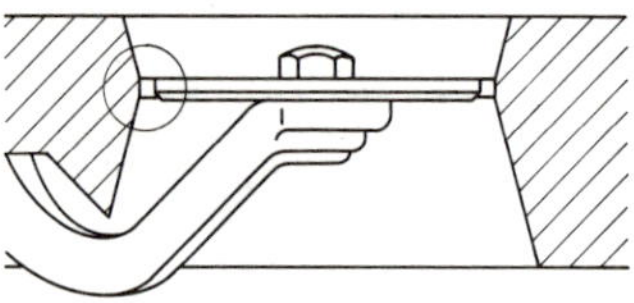

Bild 4.59 Die Stauscheibe ist bei Steigstromtechnik bündig mit dem Lufttrichterbeginn einzustellen, bei Fallstromtechnik bündig mit dem Beginn des Entlastungstrichters. Eine Abweichung der Einstellung um 0,5 mm in Richtung des Entlastungstrichters ist bei beiden Ausführungen zulässig (Robert Bosch GmbH)

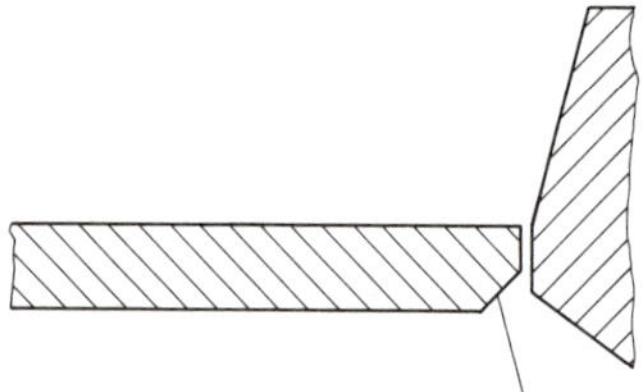

Bild 4.60
Eine an die Stauscheibe angedrehte Fase muß immer in Einbaulage nach unten zeigen (Robert Bosch GmbH)

Die Lage der Stauscheibe im Lufttrichter kann durch eine Veränderung der Formfeder auf der Anschlagfeder korrigiert werden.

Die Zentrierung der Stauscheibe erfolgt durch Führungsringe. Dazu ist die Stauscheibenbefestigungsschraube zu lösen, der Führungsring vorsichtig einzubringen und die Stauscheibenbefestigungsschraube leicht anzuziehen.

Die Stauscheibe muß ohne Berührung des Lufttrichters dessen engsten Querschnitt passieren.

4.1.6.9 Prüfung des Zusatz-Luftschiebers

Die Prüfung des Zusatz-Luftschiebers muß bei kaltem Motor erfolgen.

Beide Schläuche des Zusatz-Luftschiebers abziehen und durch den Schieber hindurchsehen.

Wo das nicht möglich ist, kann man sich mit der Lichtspaltmethode behelfen. Dazu wird auf der einen Seite in den Zusatz-Luftschieber mit einer Hand- oder Taschenlampe hineingeleuchtet und auf der anderen Seite mit einem Spiegel der durch den Öffnungsspalt hindurchdringende Lichtstrahl reflektiert.

Bei kaltem Motor muß die Blende, zumindest teilweise, geöffnet sein. Ist das nicht der Fall, so ist der Zusatz-Luftschieber zu erneuern.

Stecker vom Schalter am Luftmengenmesser abziehen und Zündung einschalten. Nach spätestens 10 min muß die Blende des Zusatz-Luftschiebers geschlossen sein.

Bei wasserbeheizten Zusatz-Luftschiebern empfiehlt es sich, nach der »Kalt-Prüfung« die Luftschläuche aufzustecken und den Motor warmzufahren. Bei Betriebstemperatur des Motors sind die Luftschläuche nochmals abzuziehen. Auch hier muß die Blende völlig geschlossen sein.

4.1.6.10 Prüfung der Elektrokraftstoffpumpe

Die Leistung der Elektrokraftstoffpumpe sollte gegen den Systemdruck geprüft werden.

Zwei Anschlußmöglichkeiten sind gegeben:

a) bei Anlagen mit getrennter Kraftstoffrückführung vom Systemdruck- und Warmlaufregler muß im Rücklauf hinter der Zusammenführung beider Leitungen gemessen werden,
b) Anlagen, die über einen Systemdruckregler mit Aufstoßventil verfügen, werden im Kraftstoffrücklauf unmittelbar am Kraftstoffmengenteiler gemessen.

An einer der vorbezeichneten Stellen einen Kraftstoffschlauch anschließen und in ein genügend großes Meßglas (ca. 1,5 l Inhalt) führen.

Stecker am Luftmengenmesser, Warmlaufregler und ggf.

Zusatz-Luftschieber abziehen und für die Prüfzeit von exakt 30 s die Zündung einschalten.
Aufgefangene Kraftstoffmenge mit Sollwert vergleichen.
** Sollwert (allgemein): 750 cm^3/30 s (jedoch pumpentypabhängig)

Zur Druckprüfung der Elektrokraftstoffpumpe bei stehendem Motor ist das Pumpenrelais (schwarzes Gehäuse) zu entfernen, und die Klemmen 15 und 87 (Bild 5.61) sind zu überbrücken.

Jedoch Achtung:
Werden versehentlich die Klemmen 15 und 31 b überbrückt, entsteht ein Kurzschluß im Steuergerät der TSZ-Anlage, der die Zerstörung der Anlage zur Folge hat.

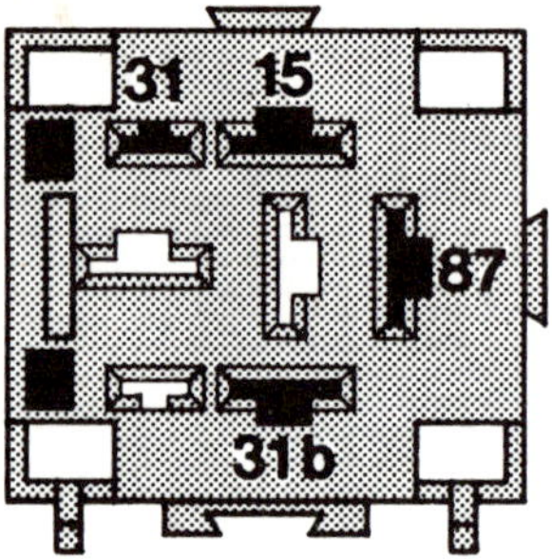

Bild 4.61 Klemmenanordnung am Pumpenrelais (BMW)

4.1.6.11 Prüfung des Elektrostartventils

Stecker am Elektrostartventil abziehen und Startventil ausbauen.
Stecker am Luftmengenmesser abziehen.
Anschlußklemmen des Elektrostartventils mit Plus- und Minusklemme der Batterie verbinden.
Zündung einschalten.
Das Elektrostartventil muß mit gleichmäßigem Kegel kontinuierlich abspritzen (Kraftstoff in geeignetem Behälter auffangen).
Anschlußklemmen des Startventils von Plus- und Minusklemme der Batterie lösen.
Das Startventil muß dicht abschließen.
Erfüllt das Elektrostartventil die Anforderungen nicht, ist es durch ein neues zu ersetzen.

4.1.6.12 Prüfung des Thermozeitschalters

Am Sechskant des Thermozeitschalters sind die Schalttemperatur und die Schaltzeit bei einer Temperatur von –20 °C eingeprägt. In der Regel reicht eine einfache Prüfung, die eine Aussage darüber gibt, ob der Thermozeitschalter funktioniert. Dazu ist der Kabelstecker vom Elektrostartventil abzuziehen und eine Prüflampe an den Kabelstecker anzuschließen. Kalten Motor starten. Die Prüflampe muß leuchten und nach kurzer Zeit erlöschen.

Eine genauere Prüfung kann mit einem Ohmmeter erfolgen. Dabei wird zwischen den Klemmen «G» und Masse sowie «W» und Masse und zwischen beiden Klemmen gemessen.

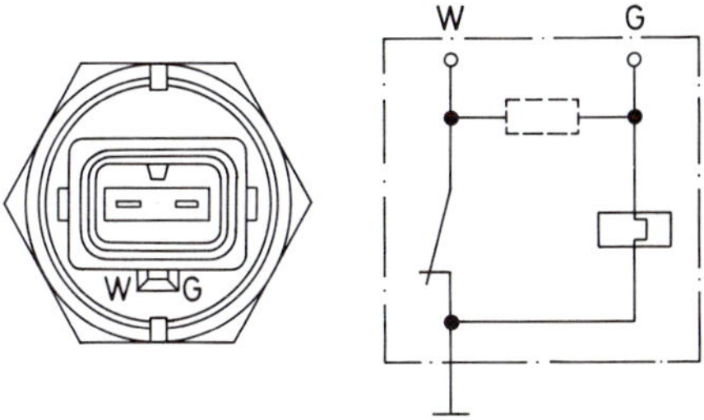

Bild 4.62 Der Thermozeitschalter wird mit einem Ohmmeter geprüft. Wichtig ist dabei die Angabe der Temperatur und der Schaltzeit auf dem Schaltergehäuse. Entsprechend diesen Angaben müssen sich Meßwerte gemäß nachstehender Tabelle ergeben (Robert Bosch GmbH)

Ausführung	bei Temperatur unter °C	bei Temperatur über °C	Widerstandsmessung in Ω zwischen Kl. »G« und »Masse« (Gehäuse)	Kl. »W« und »Masse« (Gehäuse)	Kl. »G« und Kl. »W«
45 °C/9,5 s	+40		30 bis 40	0	30 bis 40
		+50	55 bis 85	120 bis 160	55 bis 85
35 °C/8 s	+30		25 bis 40	0	25 bis 40
		+40	50 bis 80	100 bis 160	50 bis 80
18 °C/8 s	+13		50 bis 70	0	50 bis 70
		+23	50 bis 70	∞	∞
15 °C/8 s	+10		50 bis 70	0	50 bis 70
		+20	50 bis 70	∞	∞

Dabei ist auf die Schalterausführung wegen der unterschiedlichen Schaltzeitpunkte zu achten. Sie ist auf dem Gehäuse beschrieben, z.B. 35 °C/8 s. Entsprechend dieser Angabe kann dann gemäß Tabelle die Funktionstüchtigkeit des Thermozeitschalters mittels Widerstandsmessung geprüft werden.

4.1.6.13 Prüfung des Warmlaufreglers

Diese Prüfung ist von einer autorisierten Werkstatt vorzunehmen, die über die benötigte Druckmeßvorrichtung sowie die verschiedenen Verbindungsteilesätze verfügt.

Zuerst wird der Steuerdruck bei kaltem Motor geprüft.

Die Druckmeßvorrichtung KDEP 1034 ist zwischen Kraftstoffmengenteiler und Warmlaufregler anzuschließen und zu entlüften. Dazu wird bei eingeschalteter Zündung der Stecker am Luftmengenmesser und Warmlaufregler abgezogen, das an der Druckmeßvorrichtung montierte Manometer nach unten gehalten und die am Warmlaufregler liegende Ventilschraube hintereinander mehrfach geöffnet und geschlossen. Nun kann das Manometer an einer geeigneten Stelle aufgehängt werden, so daß es bei den Messungen den höchsten Punkt der Meßeinrichtung bildet.

Wenn beide Ventilschrauben geöffnet sind, wird über das Manometer der Steuerdruck «kalt» angezeigt. Er muß mit dem Prüfwertblatt des jeweiligen Mengenreglertyps verglichen werden.

Zur weiteren Prüfung erfolgt die Bestimmung des jeweiligen Warmlaufreglers über die Bosch-Bestellnummer. Der Soll-Steuerdruck, der mit dem gemessenen zu vergleichen ist, ergibt sich entsprechend der Umgebungstemperatur nach der Tabelle in Bild 5.63. Wenn keine besonderen Hinweise gegeben sind, erfolgt – wie bereits erwähnt – die Prüfung des Steuerdrucks immer «kalt» bei abgeschaltetem Motor und ohne Unterdruck. Der Leitungsstecker ist dabei vom Warmlaufregler abzuziehen.

Es gibt aber auch Warmlaufregler, die mittles Unterdruckhandpumpe entsprechend einem genau definierten Saugrohrunterdruck geprüft werden müssen. Dazu wird am Saugrohrdruckanschluß des Warmluftreglers eine Unterdruckhandpumpe montiert und gemäß Bosch-Prüfwerttabelle der Unterdruck aufgebaut.

Bei Warmlaufreglern mit Höhenkorrektur – sie werden in Fahrzeuge für bestimmte Exportländer eingebaut – ist es wichtig, den genauen Tagesluftdruck zu kennen, weil nur so der tatsächlich richtige Steuerdruck in der Messung ermittelt werden kann. Zulässige Toleranz bei Steuerdruck mit Höhenkorrektur: +0,25 bar.

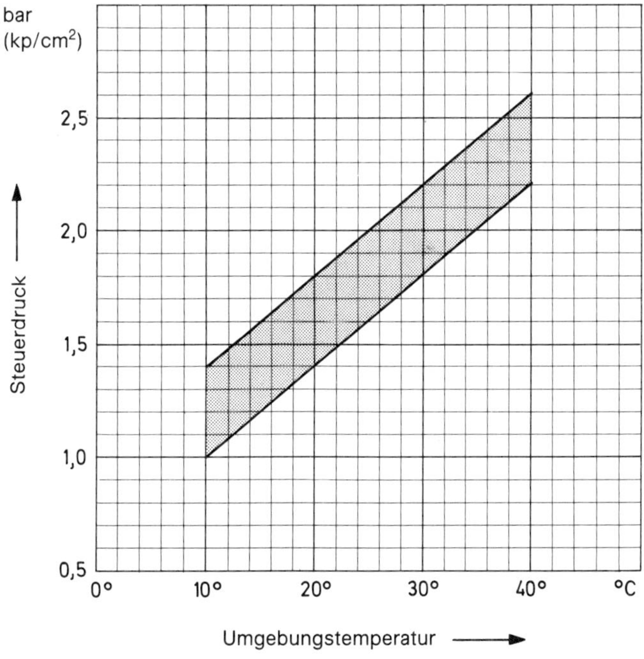

Bild 4.63 Der Steuerdruck wird in Abhängigkeit von der Umgebungstemperatur gemäß Diagramm ermittelt (Robert Bosch GmbH)

4.1.6.14 Prüfung des Systemdrucks

Auch diese Prüfung wird den entsprechend ausgerüsteten Fachwerkstätten vorbehalten bleiben.

Druckmeßvorrichtung wie in Abschnitt 4.1.6.13 beschrieben, anschließen und entlüften.

Stecker am Luftmengenmesser abziehen.

Mengenreglerseitiges Ventil öffnen, warmlaufreglerseitiges Ventil schließen.

Bei eingeschalteter Zündung zeigt das Manometer nun den Systemdruck an. Der Systemdruck ist durch Veränderung der Scheibenstärke an der Regelfeder einstellbar, bei Systemdruckreglern mit Aufstoßventil darf dazu nur die große Verschlußschraube herausgeschraubt werden.

4.1.6.15 Dichtheitsprüfung des Kraftstoffsystems

Auch für diese Prüfung ist das Druckmeßgerät erforderlich. Es wird angeschlossen und entlüftet, wie bereits im Abschnitt 4.1.6.13 beschrieben.

Die Prüfung erfolgt bei warmem Motor.

Bei abgezogenem Stecker am Luftmengenmesser ist die Zündung einzuschalten, bis sich der Steuerdruck «warm» am Manometer eingestellt hat. Beide Durchflußventile der Druckmeßvorrichtung sind dabei geöffnet.

Nach Ausschalten der Zündung darf der Druckabfall am Manometer die im Prüfblatt angegebenen Werte nicht unterschreiten. Ist der Druckabfall zu groß, so ist die Prüfung zu wiederholen. Dazu ist der Steuerdruckkreis durch Schließen des Ventils am Ausgang zum Warmlaufregler abzutrennen. Tritt wiederum zu hoher Druckabfall auf, so liegt der Fehler im Systemdruckkreis. Entspricht der Druckabfall den Normalwerten, dann ist die Undichtigkeit im Steuerdruckkreis zu suchen.

4.1.6.16 Vergleichsprüfung der geförderten Kraftstoffmenge

Für diese Prüfung wird das Mengenvergleichsmeßgerät KDJE 7451 benötigt.

Das Gerät ist mit 8 Schlauchleitungen mit Automatikkupplungen versehen, in die die am Mengenverteiler angeschlossenen Einspritzventile gesteckt werden. Dadurch gelangt der zu den Einspritzventilen geförderte Kraftstoff in die Rotaröhre des Meßgerätes und von dort über eine lange Rücklaufleitung in den Fahrzeugtank. Es findet eine Messung in einem geschlossenen System statt.

Das Meßgerät wird nach einer Wasserwaage (eingebaute Libelle) zur Messung ausgerichtet.

Nach Abbau des Lufttrichters oder der Luftführungshutze, je nach Ausführung des Luftmengenmessers, und nach dem Abziehen des Steckers am Luftmengenmesser wird bei eingeschalteter Zündung die Meßgeräteeinheit entlüftet. Dazu ist die Stauscheibe bis zum Vollanschlag auszulenken und unter ständigem Umschalten des Dreiwegehahns am Meßgerät die Bedienungstasten des Meßgeräts so lange zu betätigen, bis der Kraftstoff blasenfrei die Rotaröhren durchfließt.

Nun wird mit der Vergleichsmessung für den Leerlaufbereich begonnen. Dazu wird die Stauscheibe so weit ausgelenkt, daß bei betätigter Ventiltaste 1 in der kleinen Rotaröhre eine Durchflußmenge von ca. 8 cm^3 angezeigt wird. In dieser Stellung wird die Stauscheibe durch ein geeignetes Werkzeug blockiert und der Reihe nach bei allen Ventilen durch Betätigen der Ventiltasten die Durchflußmenge gemessen und notiert.

Danach wird die Stauscheibe weiter ausgelenkt, bis in der großen Rotaröhre eine Durchflußmenge von ca. 45 cm^3 bei gedrückter Ventiltaste 1 gemessen wird. In dieser Stellung wird wiederum die Stauscheibe blockiert und durch Betätigen der einzelnen Ventiltasten der Durchflußwert aller Ventile gemessen und notiert. Zur Messung der Vollastmenge wird die Stauscheibe auf maximalen Durchfluß in der großen Rotaröhre blockiert. Auch hier sind für alle Ventile die Werte zu messen und zu notieren.

Der Mengenteiler ist als in Ordnung zu bewerten, wenn die Streuung im Leerlaufbereich 14% und bei Teil- und Vollast 9% bei 4- und 6-Zylinder-Motoren nicht überschreitet. Die Streuungsprozentzahl wird dadurch ermittelt, daß von der maximalen Durchflußmenge je Lastbereich der minimalste Durchfluß abgezogen, das Ergebnis mit 100 multipliziert und dann durch die minimalste Durchflußmenge dividiert wird.

Da bei zu großer Abweichung der Mengenteiler getauscht werden muß, ist es ratsam, bei Meßergebnissen, die außerhalb der zulässigen Toleranz liegen, den gesamten Meßvorgang zu wiederholen, um Fehldiagnosen möglichst auszuschließen.

4.1.6.17 Prüfung der Einspritzventile

Zur einwandfreien Prüfung der Einspritzventile ist ein Ventilprüfgerät erforderlich.

Das ausgebaute Einspritzventil wird an das Prüfgerät angeschlossen und bei noch nicht festgezogener Überwurfmutter durch mehrere Pumphübe entlüftet.

Überwurfmutter festziehen und Einspritzventil durch mehrere kräftige Hübe mit dem Pumpenhebel spülen.

Absperrhahn des Ventilprüfgerätes öffnen und bei gleichmäßiger ruhiger Pumpbewegung den Öffnungsdruck des Einspritzventils ermitteln.

Anschließend durch schnelle Pumpenhübe eine Schnarrprüfung vornehmen. Das Schnarrgeräusch muß deutlich zu hören sein. Der Kraftstoff muß das Ventil gleichmäßig zerstäubt unter Bildung eines Kegels von mindestens 35° verlassen. Ventile mit Tropfenbildung, Schnurstrahl oder strähnigem Strahl sind durch neue zu ersetzen.

Es dürfen einzelne Ventile einer Gesamtanlage erneuert werden.

Bild 4.64 Sonderwerkzeuge für die Prüfung und Einstellung der Bosch-K-Jetronic (Robert Bosch GmbH) ▶

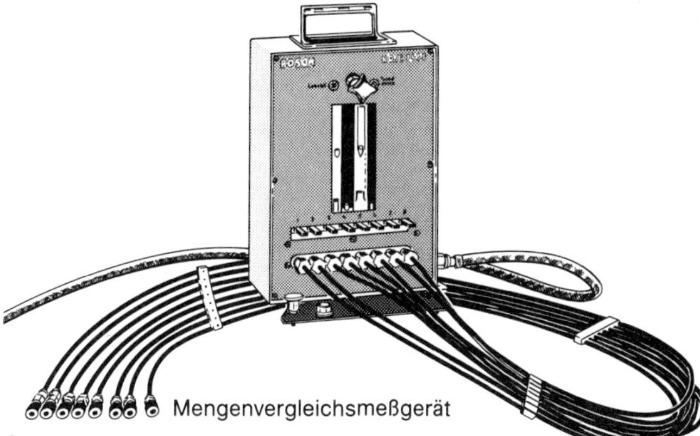

Mengenvergleichsmeßgerät

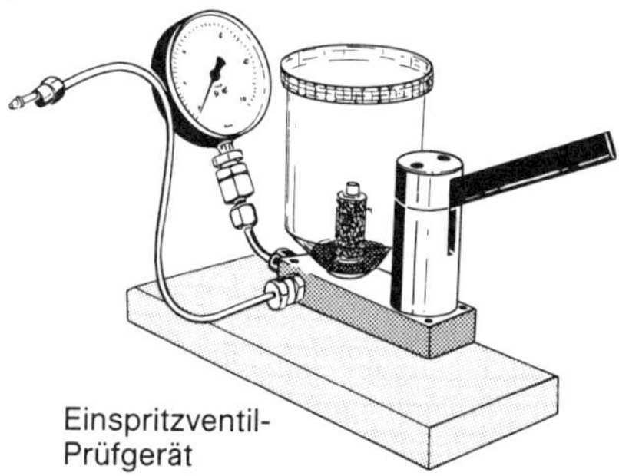

Einspritzventil-
Prüfgerät

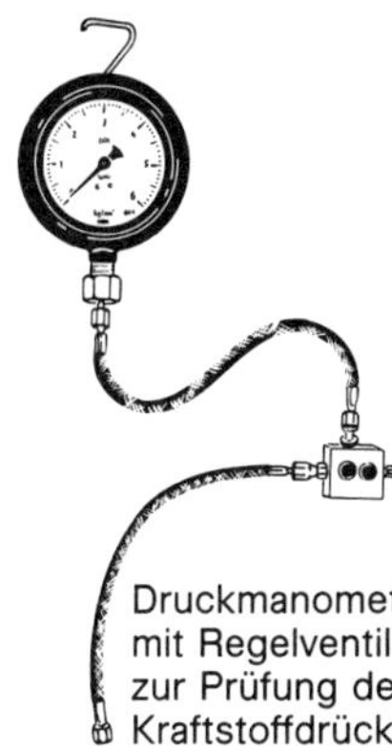

Druckmanometer
mit Regelventil
zur Prüfung der
Kraftstoffdrücke

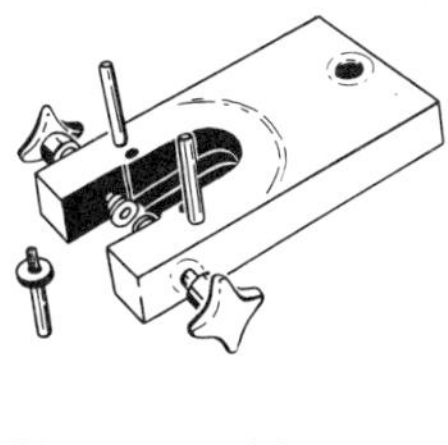

Montagevorrichtung
für Luftmengenmesser
und Gemischregler

Schlüssel zur
Einstellung der
Gemischregulier-
schraube im
Gemischregler

Zentriervorrichtung
für die Stauscheibe
im Luftmengen-
messer

4.1.7 Fehlersuchtabelle K-Jetronic am Beispiel BMW 323i (BMW)

1. Motor startet in kaltem Zustand nicht
2. Motor startet in warmem Zustand nicht
3. Motor startet in kaltem Zustand schlecht
4. Motor startet in warmem Zustand schlecht
5. Unrunder Leerlauf in der Warmlaufphase (Schütteln)
6. Unrunder Leerlauf bei warmem Motor (Schütteln)
7. Motor patscht ins Saugrohr
8. Motor patscht in den Auspuff
9. Motoraussetzer im Fahrbetrieb
10. Fahrleistung unbefriedigend
11. Motor dieselt nach
12. Kraftstoffverbrauch zu hoch
13. CO-Wert im Leerlauf zu hoch
14. CO-Wert im Leerlauf zu niedrig
15. Leerlaufdrehzahl läßt sich nicht einstellen (zu hoch)

Zur Beachtung:
Bei Anwendung dieser Fehlersuchtabelle wird vorausgesetzt, daß Motor und Zündung (Zündkerzen und Kontakte in einwandfreiem Zustand) richtig eingestellt sind und Kraftstoff im Tank ist. Weiter wird vorausgesetzt, daß die elektrische Anlage, einschließlich der Sicherheitsschaltung für die K-Jetronic, überprüft und erforderlichenfalls instand gesetzt wurde.

1	2	3	4	5	6	7	8	9	10	11	12	13	14	15	Ursache	Abhilfe siehe Abschnitt:
●	●														1. Elektrische Kraftstoffpumpe läuft nicht	2.1 (Geräuschprüfung)
●	●	●	●	●	●			●							2. Elektrische Kraftstoffpumpe hat Wackelkontakt	2.1
●		●		●											3. Steuerdruck «kalt» außer Toleranz	3.2
					●	●		●	●				●		4. Steuerdruck «warm» (ausgeregelt) zu hoch	3.3
			●		●		●		●		●	●			5. Steuerdruck «warm» (ausgeregelt) zu niedrig	3.3
														●	6. Zusatzluftschieber schließt nicht	1.5
●		●		●											7. Zusatzluftschieber öffnet nicht	1.5
●		●													8. Startventil öffnet nicht (unter 35 °C)	2.3

●	●	●	●	●	●		●		●		●	●			9. Startventil undicht	2.3
					●	●	●	●			●	●	●		10. Systemdruck außer Toleranz	3.1
				●	●									●	11. Anschlag der Stauscheibe falsch eingestellt	1.4
●	●	●	●	●	●			●	●	●		●			12. Stauscheibe bzw. Steuerkolben schwergängig	1.3
				●	●	●						●	●		13. Unterdrucksystem undicht	1.2
●	●	●	●	●	●		●	●			●	●	●		14. Kraftstoff-Gesamtsystem undicht	1.1 und 3.4
	●	●	●	●	●					●					15. Einspritzventil(e) undicht, Öffnungsdruck zu niedrig	Einspritzventil(e) wechseln
					●		●				●	●			16. Grundeinstellung (Leerlaufeinstellung) zu fett	4 (Abgastest)
					●	●							●		17. Grundeinstellung (Leerlaufeinstellung) zu mager	4 (Abgastest)
									●						18. Drosselklappe öffnet nicht ganz	Drosselklappenstutzen ersetzen
●	●	●	●								●				19. Temperaturzeitschalter schließt nicht	2.4
	●	●	●								●				20. Temperaturzeitschalter zu lange geschlossen	Schaltung überprüfen
●		●													21. Kolben in Vollaststellung	Kraftstoffspeicher/ Mengenteiler ersetzen
●	●	●	●					●							22. Sicherheitsschaltrelais defekt	Sicherheitsschaltrelais erneuern

Prüffolge	geprüft wird: benötigte BMW-Spezialwerkzeuge und Prüfgeräte:
1 Sichtprüfungen Bevor Eingriffe vorgenommen werden, ist das gesamte System einer Sichtprüfung zu unterziehen. Um das System nur bei eingeschalteter Zündung in Betrieb setzen zu können, muß das Kraftstoffpumpenrelais abgezogen und am Stecker die entsprechenden Klemmen 15 und 87 überbrückt werden. Die Klemmenbezeichnungen sind an der Relaisunterseite angegeben. Durch diese Maßnahmen sind die el. Kraftstoffpumpe, der Warmlaufregler, der Zusatzluftschieber und der Temperaturzeitschalter mit Startventil in Funktion. Dabei sind die aufgeführten Punkte zu beachten. Stromanschlüsse am Warmlaufregler und Zusatzluftschieber abziehen, damit sich bei den entsprechenden Prüfgängen die Heizelemente nicht unkontrolliert aufheizen.	1.1 Dichtheit sämtlicher Kraftstoffanschlüsse im Bereich des Motors, der elektrischen Kraftstoffpumpe und des Kraftstoffspeichers. Für alle Anschlüsse am Mengenteiler ist die Verwendung von Ringschlüsseln (Einspritzleitungen) bzw. offenen Ringschlüsseln (Steuerdruckanschlußleitung) empfehlenswert. Bei Verwendung von Gabelschlüsseln werden oft benachbarte Leitungen beschädigt.
	1.2 Dichtheit des Luftansaugsystems zwischen Gemischregler und Motor.
	1.3 Leichtgängigkeit des Verstellhebels im Luftmengenmesser und des Steuerkolbens im Mengenteiler.
	1.4 Einstellung des federnden Anschlages des Verstellhebels im Luftmengenmesser (Ruhe der Stauscheibe).

Durchführung, Einstellung, Prüfwerte

Besonderes Augenmerk ist auf die Anschlüsse im Bereich der elektrischen Kraftstoffpumpe und des Kraftstoffspeichers zu legen, da durch starke Verschmutzung am Einbauort Undichtheiten nicht sofort erkannt werden. Undichte Anschlüsse sind mit neuen Dichtringen zu versehen, schadhafte Schlauchleitungen sind auszuwechseln.
Die Polyamid-Schlauchleitungen sind mit Schraubanschlüssen versehen und dürfen nur komplett ausgewechselt werden.

Undichtigkeiten am Unterdrucksystem (Luftansaugsystem) führen zu unbefriedigendem Motorlauf, da hier angesaugte Falschluft vom Luftmengenmesser nicht mitgemessen wird und dadurch das Gemisch abmagert. Undichtigkeiten können an folgenden Stellen auftreten: Faltenbalg zwischen Gemischregler und Drosselklappenstutzen, Dichtung am Flansch des Startventils, sämtliche Schlauchanschlüsse an Drosselklappenstutzen und Zusatzluftschieber, Dichtringe der Einspritzventile, Befestigung der Saugrohre am Zylinderkopf, Schlauch zwischen Bremskraftverstärker und Luftsammler, Schlauch für Motorentlüftung, Dichtung für Zylinderkopfhaube und Deckel des Ölfüllstutzens.
Der Ölmeßstab muß fest in das Führungsrohr geschoben sein (Falschluft über Motorentlüftung). Schlechte Dichtungen, Schläuche usw. sind in jedem Fall auszuwechseln.

Zu dieser Prüfung ist der Luftfiltereinsatz zu entfernen, damit der Verstellhebel zugänglich wird. Zündung ca. 5 Sekunden lang ein-, dann wieder ausschalten. Durch den verbleibenden Restdruck im Kraftstoffsystem wird der Steuerkolben auf den federnden Anschlag unter der Stauscheibe zurückgedrückt.
Verstellhebel mit Stauscheibe von Hand anheben. Es muß über den ganzen Weg gleicher Widerstand spürbar sein. Bei schneller Abwärtsbewegung hebt der träge folgende Steuerkolben vom Verstellhebel ab, es darf nun kein Widerstand mehr spürbar sein. Bei langsamer Abwärtsbewegung muß der Steuerkolben kraftschlüssig folgen.
Bei Schwergängigkeit des Verstellhebels oder des Steuerkolbens ist der Luftmengenmesser bzw. der Kraftstoff-Mengenteiler zu wechseln.

Bei ausgeschalteter Zündung (elektrische Kraftstoffpumpe darf nicht laufen) muß die Oberkante der Stauscheibe an der im Bild gezeigten Stelle bündig mit dem Kegelanfang sein (Kreis). Höhere Einstellung ist unzulässig, tiefere Lage bis max. 0,5 mm ist zulässig.
Falls erforderlich, kann die Einstellung des federnden Anschlages durch Nachbiegen der Formfeder (Pfeil) korrigiert werden.

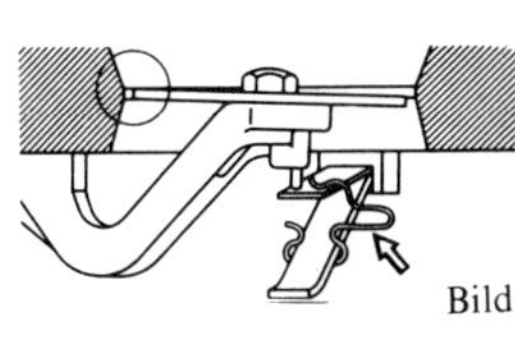

Bild 1

Prüffolge	geprüft wird: benötigte BMW-Spezialwerkzeuge und Prüfgeräte:
1 Sichtprüfungen (Fortsetzung)	1.5 Funktion des Zusatzluftschiebers (kann nur bei kaltem Motor durchgeführt werden). Evtl. Handlampe, kleiner Spiegel
2 Vorprüfungen Die folgenden Prüfungen sind Teilprüfungen. Eine endgültige Beurteilung der Bauteile ist erst nach Durchführung der Druckmessungen (Abschnitt 3) möglich. Der Leitungsstecker am Warmlaufregler bleibt während dieser Prüfungen abgezogen, damit das Heizelement nicht unkontrolliert aufheizt.	2.1 Fördermenge der elektrischen Kraftstoffpumpe. Voraussetzung für diese Prüfung ist, daß der Kraftstoff-Filter nicht verstopft ist bzw. nach der vorgeschriebenen Laufleistung erneuert und die Durchflußrichtung beachtet wurde. Kraftstoffschlauch ca. 700 mm lang, Innendurchmesser 7 mm, Meßglas ca. 2,0 l Inhalt
	2.2 Warmlaufregler Spannung am Anschlußstecker, Heizwicklung auf Unterbrechung Voltmeter und Ohmmeter
	2.3 Startventil Funktion und Dichtheit Meßglas ca. 2,0 l Inhalt für abspritzenden Kraftstoff, 2poliger Stecker für Startventil mit Leitungen und Klipps (Selbstanfertigung)
	2.4 Temperaturzeitschalter Prüflampe oder Voltmeter

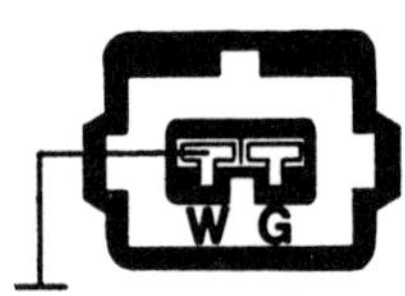

	Durchführung, Einstellung, Prüfwerte
	Prüfen, ob Leitungsstecker am Warmlaufregler abgezogen ist. Beide Schläuche am Zusatzluftschieber abziehen. Da beide Schlauchstutzen genau gegenüberliegen, muß die Öffnung der Blende im Zusatzluftschieber sichtbar sein. Bei Verwendung einer Handlampe und eines Spiegels ist die Durchsicht leichter möglich. Zündung einschalten, Leitungsstecker anschließen. Nach ca. 5 Minuten muß die Öffnung durch die Blende ganz verschlossen sein. Ist dies nicht der Fall, Stromversorgung prüfen und ggf. Zusatzluftschieber auswechseln.
	Prüfung der Fördermenge gegen Druck, d.h. bei Systemdruck. Als Meßstelle empfiehlt sich der Rücklauf am Kraftstoffmengenteiler. Am Rücklauf einen Kraftstoffschlauch (Hilfswerkzeug) anschließen und in das Meßglas halten. Prüfwerte siehe Prüfblatt Abschnitt 6.1. Während der vorgeschriebenen Prüfzeit Zündung einschalten. Wird die vorgeschriebene Mindestfördermenge nicht erreicht, Stromversorgung der elektrischen Kraftstoffpumpe überprüfen bzw. elektrische Kraftstoffpumpe auswechseln.
	Prüfung der anliegenden Spannung am abgezogenen Leitungsstecker. Mindestspannung 11,5 V. Prüfung der Heizwicklung auf Unterbrechung mit Ohmmeter. Bei Unterbrechung der Heizwicklung ist der Warmlaufregler zu erneuern.
	Startventil ausbauen. Leitungsstecker abziehen. Die Kraftstoffleitung bleibt angeschlossen. Startventil unter Verwendung der Hilfsleitung mit Masse und der Startersteuerleitung verbinden und in Meßglas halten. Zündung einschalten und Starter max. 30 Sekunden betätigen. Dabei muß das Startventil abspritzen. Zündung eingeschaltet lassen und nach ca. 10 Sekunden Startventil an der Düse abtrocknen. Innerhalb einer Minute darf nun an der Düse kein Tropfen abfallen. Nicht öffnendes bzw. undichtes Startventil erneuern.
	Der Temperaturzeitschalter steuert die Öffnungszeit des Startventils temperatur- und zeitabhängig bei jedem Kaltstartvorgang bis zur Ausschalttemperatur (am Sechskant des Schalters eingeschlagen). Kaltstartventil vom Luftsammler abbauen, jedoch an Kraftstoffleitung angeschlossen lassen. Startsteuerleitung (Klemme 50) am Starter abziehen, damit der Motor nicht startet. Elektrische Anschlußstecker am Startventil und Thermozeitschalter bleiben aufgesteckt. Startventil in das Meßglas halten (Achtung: Brandgefahr). **a) Prüfung unter 35 °C Kühlmitteltemperatur** Zündanlaßschalter Klemme 50 betätigen und dabei Kraftstoffaustritt beobachten. Die Einspritzdauer muß in Abhängigkeit der Kühlmitteltemperatur dem Zeitdiagramm entsprechen. Sprüht dabei Kraftstoff ab, ist die Prüfung «b» durchzuführen. Sprüht dabei kein Kraftstoff ab, ist der Thermozeitschalter zu erneuern. Sprüht immer noch kein Kraftstoff ab, ist die Stromversorgung der Kaltstarteinrichtung zu überprüfen. **b) Prüfung über 35 °C Kühlmitteltemperatur** Stecker vom Thermozeitschalter abziehen und Kontakt «W» im Stecker mit Masse verbinden. Sprüht kein Kraftstoff ab, ist die Stromversorgung der Kaltstarteinrichtung zu überprüfen. Die Funktion des Thermozeitschalters wird bei dieser Prüfung nicht berücksichtigt.

Prüffolge	geprüft wird: benötigte BMW-Spezialwerkzeuge und Prüfgeräte
3 Druckmessungen	3.1 Systemdruck Motor warm oder kalt Druckmeßvorrichtung
	3.2 Steuerdruck «kalt» Diese Prüfung kann nur bei kaltem Motor durchgeführt werden. Bei Start- oder Warmlaufschwierigkeiten ist diese Prüfung unbedingt erforderlich. Druckmeßvorrichtung
	3.3 Steuerdruck «warm» Motor warm oder kalt Druckmeßvorrichtung
	3.4 Dichtheit des Gesamtsystems Motor muß mindestens 30 Minuten bei geöffneter Motorhaube abgekühlt sein. Diese Prüfung ist eine Langzeitprüfung, da die Entleerungszeit des Kraftstoffspeichers berücksichtigt werden muß. Es sollen damit leichte Undichtheiten erfaßt werden, die in der Praxis zu Heißstartschwierigkeiten führen können. Die Dichtheitsprüfung ist also nur bei Heißstartschwierigkeiten durchzuführen!

Durchführung, Einstellung, Prüfwerte

Die Beurteilung des Systemdruckes und eine Neueinstellung setzen einwandfreie Kraftstoffversorgung voraus, d.h. einwandfreier Zustand von Förderpumpe und Filter. Umschalthahn des Wegeventils schließen. Zündung einschalten. Überprüfwert siehe Prüfblatt Abschnitt 6.4.1. Bei Abweichung vom Sollwert Einstellung durch Einstellscheiben (Pos. 4) in Bild 2 korrigieren. Einstellwert siehe Prüfblatt Abschnitt 6.4.2

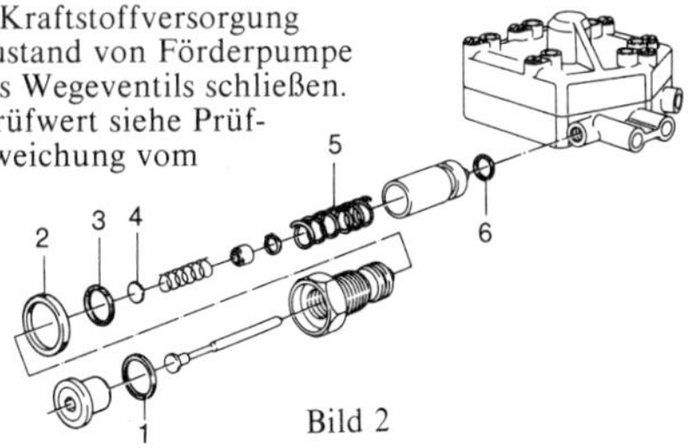

Bild 2

Umschalthahn des Wegeventils öffnen. Prüfen, ob Leitungsstecker am Warmlaufregler abgezogen ist, wie unter 1 Pumpenrelais abziehen, Klemmen 15 und 87 überbrücken. Zündung einschalten. Der nun am Manometer angezeigte Druck muß dem Solldruck für die momentane Außentemperatur entsprechen.
Solldruck siehe Prüfblatt Abschnitt 6.2 (Kurve). Bei zu niedrigem Steuerdruck «kalt» ist der Warmlaufregler zu wechseln. Bei zu hohem Steuerdruck ist die Rücklaufleitung vom Warmlaufregler am Kraftstoffmengenteiler zu öffnen und Druck zu prüfen. Ist der Steuerdruck noch zu hoch, ist der Warmlaufregler defekt. Ist jetzt der Steuerdruck in Ordnung, so ist die Kraftstoffrücklaufleitung zu überprüfen.

Umschalthahn des Wegeventils öffnen. Leitungsstecker am Warmlaufregler anschließen. Zündung einschalten, bis Enddruck erreicht ist. Dieser muß dem Wert im Prüfblatt Abschnitt 6.3.1 entsprechen.
Anschließend Motor starten und bei Leerlaufdrehzahl den Steuerdruck prüfen. Dieser muß dem Wert im Prüfblatt Abschnitt 6.3.2 entsprechen. Die erhöhte Leerlaufdrehzahl bei kaltem Motor hat auf den Meßwert keinen Einfluß.
Werden die geforderten Prüfwerte nicht erreicht, Warmlaufregler auswechseln. Weicht nur der Wert nach Prüfblatt Abschnitt 6.3.2 ab (zu niedrig), so ist auch der Zustand des Unterdruckschlauches zwischen Saugrohr und Warmlaufregler zu prüfen. Ggf. Unterdruckschlauch erneuern.

Prüfwert siehe Prüfblatt Abschnitt 6.5
Leitungsstecker am Warmlaufregler abziehen und Warmlaufregler direkt mit B+ und Masse verbinden. Umschalthahn des Wegeventils öffnen. Zündung einschalten.
Nach Erreichen des Steuerdruckes «warm» ist der Druckabfall an dem Manometer zu beobachten. Fällt der Druck zu schnell ab, Prüfung zur Eingrenzung der Fehlermöglichkeiten bei geschlossenem Umschalthahn wiederholen. Ist das Ergebnis gleich, kommen folgende Ursachen in Betracht: Rückschlagventil im Stutzen der elektrischen Kraftstoffpumpe undicht. Dichtring im Kolbendruckregler des Mengenteilers undicht. Einspritzventil(e), Startventil undicht.

Prüffolge	geprüft wird benötigte BMW-Spezialwerkzeuge und Prüfgeräte
3 Druckmessungen (Fortsetzung)	3.4 Dichtheit des Gesamtsystems (Fortsetzung) Druckmeßvorrichtung 2poliger Stecker für Warmlaufregler mit Leitungen und Klipps (Selbstanfertigung)
4 Leerlaufeinstellung Vor der Leerlaufeinstellung ist die Druckmeßvorrichtung abzubauen, da diese u.U. die Einstellung verfälscht.	4.1 Leerlaufdrehzahl und CO-Gehalt Drehzahlmesser, CO-Meßgerät und Einstellschlüssel
5 Endkontrolle	

	Durchführung, Einstellung, Prüfwerte
	Auswechseln des O-Ringes im Systemdruckregler (siehe auch Pos. 2 in Bild 2): Mengenteiler außen gründlich reinigen. Verschlußschraube herausschrauben, dabei auf die Einstellscheiben in der Verschlußschraube achten! Feder und Kolben aus dem Mengenteiler entnehmen (Hilfswerkzeug: kegeliger Holzstift). O-Ring am kegeligen Teil des Kolbens auswechseln, dabei den Kolben und neuen Ring nicht beschädigen! Kolben und Feder einbauen. Verschlußschraube mit Einstellscheiben und neuem Dichtring einschrauben und mit 13 bis 15 Nm (1,3 bis 1,5 mkp) festziehen. Systemdruck messen und erforderlichenfalls einstellen (siehe Abschnitt 3.1). Achtung! Mit Ausnahme des Kolbens können alle Teile des Systemdruckreglers gewechselt werden. Der Kolben ist ein Paßteil, bei dessen Verlust oder Beschädigung der komplette Gemischregler gewechselt werden muß! Auswechseln des Rückschlagventils: Kraftstoffpumpe ausbauen, außen gründlich reinigen und nur an der Klemmschelle in Schraubstock einspannen. Ventil herausschrauben, neues Ventil einschrauben und festziehen (Spezialwerkzeug BMW Nr. 13 30 30). Achtung! Nur vorgeschriebenen Dichtring verwenden, bei Montage Pumpe vor Schmutzeintritt schützen!
	Prüfwerte siehe Prüfblatt Abschnitt 6.7 Motor warmfahren. Wichtig: Wurden Einspritzleitungen oder -Ventile gelöst oder ausgebaut, Motor unter Belastung warmfahren, sonst keine einwandfreie Entlüftung der Anlage! Einstellung der Leerlaufdrehzahl mit der Bypass-Schraube am Drosselklappenstutzen, des CO-Gehaltes mit der Gemischregulierschraube im Gemischregler. Diese wird zugänglich nach Entfernen der Verschlußkappe des Sicherungsrohres zwischen Mengenteiler und Luftmengenmesser. Einstellung mit Einstellschlüssel. Dabei ist Rechtsdrehung – Gemischanreicherung, Linksdrehung – Gemischabmagerung. Achtung! Einstellschlüssel nach jeder Verstellung sofort entfernen und kurz Gas geben! Läßt sich der vorgeschriebene CO-Wert bei aussetzerfreiem Motorlauf nicht einstellen, liegt ein Fehler am Mengenteiler vor. Dann Gemischregler komplett wechseln.
	Abschließend sind alle Anschlüsse (Kraftstoff- und Unterdrucksystem) durch Sichtprüfung auf Dichtheit zu kontrollieren. Nach einem Probelauf ist diese Kontrolle zu wiederholen.

Prüfgang	Prüfwerte
1. Elektrische Kraftstoffpumpe Fördermenge	mindestens 750 cm^3 innerhalb 30 Sekunden
2. Steuerdruck «kalt» bei Motorstillstand	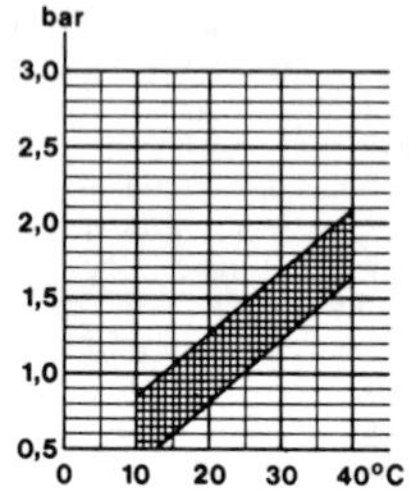
3. Steuerdruck «warm» 3.1 bei Motorstillstand 3.2 bei Leerlaufdrehzahl	 2,7 bis 3,1 bar (2,8 bis 3,2 kp/cm^2) 3,4 bis 3,8 bar (3,5 bis 3,9 kp/cm^2)
4. Systemdruck 4.1 Überprüfwert 4.2 Einstellwert	 4,5 bis 5,2 bar (4,6 bis 5,3 kp/cm^2) 4,7 bis 4,9 bar (4,8 bis 5,0 kp/cm^2)
5. Dichtheitsprüfung Mindestdruck nach 20 Minuten	 1,5 bar (1,6 kp/cm^2)
6. Einspritzventile Öffnungsdruck Max. Streuung innerhalb eines Satzes	 2,5 bis 3,5 bar (2,6 bis 3,6 kp/cm^2) 0,6 bar (0,7 kp/cm^2)
7. Leerlaufeinstellung Leerlaufdrehzahl CO-Gehalt	 900 ± 50/min 1,5 ± 0,5 Vol.-% (Europa)

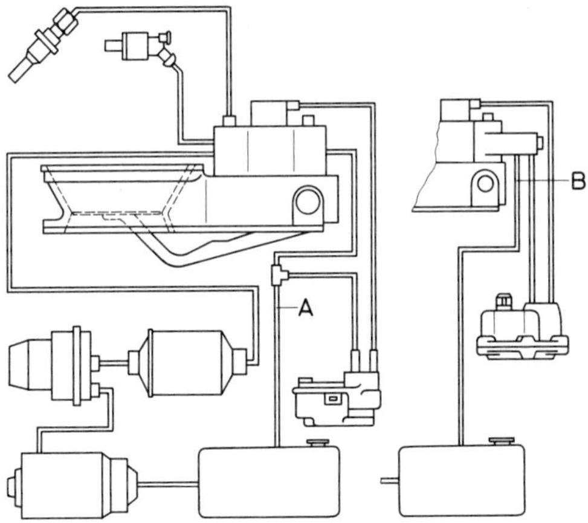

Bild 4.65 Meßstellen zur Prüfung der Fördermenge der Elektrokraftstoffpumpe (Robert Bosch GmbH)
Meßstelle A: Messung bei Fahrzeugen mit einfachem Systemdruckregler
Meßstelle B: Messung bei Fahrzeugen mit Systemdruckregler und Aufstoßventil

Bild 4.66 Anschluß der Druckmeßvorrichtung zur Prüfung der Steuerdrücke, des Systemdrucks sowie der Dichtheit des Gesamt-Kraftstoffsystems (Robert Bosch GmbH)

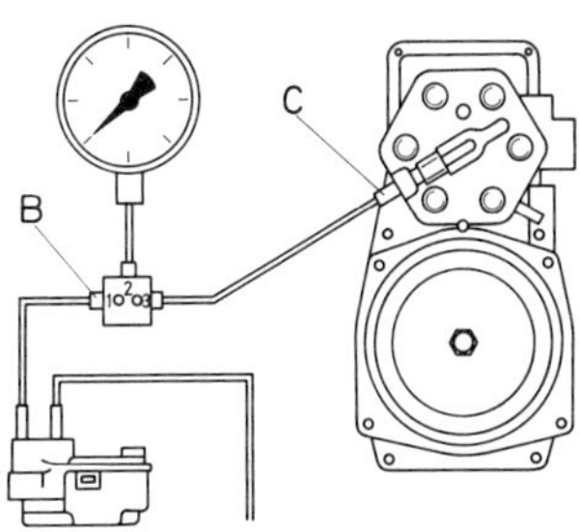

4.2 Bosch-KE-Jetronic

Im Zuge der Weiterentwicklung, Vereinfachung, aber auch Verbesserung der vorhandenen K-Jetronic ist die Bosch-KE-Jetronic entstanden. Sie ist bei Daimler-Benz in den Modellen mit Benzineinspritzung der Typen W 201 und W 124 eingebaut und soll im Rahmen der Modellerneuerung auch in weiteren Modellen des Hauses Daimler-Benz Verwendung finden.

Das Grundprinzip der KE-Jetronic ist von der K-Jetronic bekannt. Es handelt sich also um ein mechanisch-hydraulisches Einspritzsystem, das den Kraftstoff in Abhängigkeit von der angesaugten Luftmenge zumißt und in die Saugkanäle des Motors vor die Einlaßventile kontinuierlich den Kraftstoff abspritzt. Im Gegensatz zur K-Jetronic werden bei der KE-Jetronic jedoch die unterschiedlichen Betriebsbedingungen des Motors, ähnlich wie bei der L-Jetronic, von elektrisch-elektronischen Gebern (Sensoren) erfaßt, deren analoge Ausgangssignale von einem elektronischen Steuergerät erfaßt und digital verarbeitet werden. Neu ist ein elektrohydraulischer Drucksteller am Gemischregler, der direkten Einfluß auf die abgegebene Einspritzmenge ausübt. Er ersetzt u.a. den von der K-Jetronic bekannten Warmlaufregler.

Bild 4.67 Systemdarstellung: Bosch-KE-Jetronic (Robert Bosch GmbH) ▶

Es bedeuten:

1 Kraftstoffbehälter
2 Elektrokraftstoffpumpe
3 Feinfilter
4 Kraftstoffspeicher
5 Systemdruckregler
6 Luftmengenmesser mit Stauscheibe (6a) und Potentiometer (6b)
7 Kraftstoffmengenteiler mit Steuerkolben (7a) und dessen Steuerkante (7b), Oberkammern (7c) und Unterkammern (7d) der Differenzdruckventile
8 Drucksteller
9 Einspritzventil
10 Sammelsaugrohr
11 Kaltstartventil
12 Drosselklappe
13 Drosselklappenschalter
14 Zusatzluftschieber
15 Thermozeitschalter
16 Motortemperaturfühler
17 Zündverteiler
18 Steuerrelais
19 Steuergerät
20 Zünd-Startschalter
21 Batterie

Der Ausbau der mechanischen K-Jetronic mittels elektronischer Systeme zur KE-Jetronic wurde nötig, um auch dieses Einspritzsystem an die vorgeschriebenen Abgasgrenzwerte anzupassen. Nur mit Hilfe elektronischer Regelungen ist der im Serienbau ab 1988 für Fahrzeuge über 2,0 Liter Hubraum in Deutschland geforderte Einsatz geregelter Dreiwegekatalysatoren möglich.

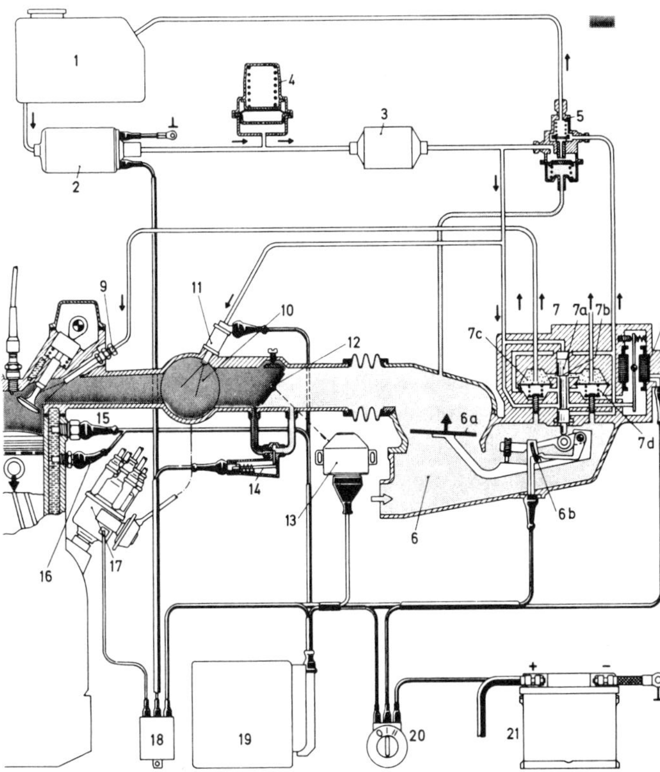

Fünf Funktionsbereiche sind bei der KE-Jetronic zu unterscheiden:

- ☐ Luftmengenmessung sowie Erfassen der Betriebsdaten wie Drehzahl, Motortemperatur und Lastzustand, hier: Leerlauf und Vollast.
- ☐ Mechanisch-hydraulische Steuerung der Kraftstoffmenge für die Grundfunktionen (prinzipiell vergleichbar mit der K-Jetronic).
- ☐ Kontinuierliche Benzineinspritzung (identisch mit der K-Jetronic).
- ☐ Elektronische Steuerung der Gemischanreicherung für Start, Nachstart, Warmlauf, Beschleunigung und Vollast.
- ☐ Ergänzungs-Sonderfunktionen, wie Schubabschaltung, Drehzahlbegrenzung, Lambda-Regelung usw.

Die **Luftmengenmessung** ist identisch mit der der K-Jetronic (Abschnitt 4.1). Die Ansaugluft strömt während des Motorbetriebs durch den Luftmengenmesser (6) an der Drosselklappe (12) vorbei in das Sammelsaugrohr (10). Von dort gelangt die Ansaugluft durch die einzelnen Saugkanäle zum jeweiligen Motorzylinder. Vom Ansaugluftstrom wird die an einem Hebel befestigte Stauscheibe (6a) ausgelenkt. Sie betätigt den Steuerkolben (7a) im Gemischregler (7), da dieser durch den auf seiner Stirnfläche anliegenden hydraulischen Druck (Steuerdruck) bündig mit dem Hebel der Stauscheibe verbunden ist. Gleichzeitig erfolgt ein Ausgangssignal von dem mit der Hebelwelle der Stauklappe verbundenen Drehpotentiometer an das Steuergerät. Die Auslenkung der Stauscheibe ist ein Maß für den Luftdurchsatz.

Die **Kraftstoffversorgung** erfolgt mittels Elektrokraftstoffpumpe (2). Sie ist im Prinzip vergleichbar mit der der K-Jetronic (Kap. 5.1). Die Pumpe fördert den Kraftstoff aus dem Kraftstoffbehälter (1) in einen Kraftstoffspeicher (4), durch einen Feinfilter (3) hindurch zum Gemischregler (7) und zum Systemdruckregler (5). Der Systemdruckregler sorgt für konstanten Kraftstoffversorgungsdruck im Einspritzsystem. Überschüssiger Kraftstoff wird drucklos zum Tank zurückgeleitet. Der Gemischregler (7) teilt die genau dosierte Kraftstoffmenge den einzelnen Einspritzventilen (9) zu.

Die Rollenzellenpumpe arbeitet mit einem Förderdruck von 5,4 bar, in einigen Anwendungsfällen jedoch auch mit 5,5 bar bzw. bis 6,5 bar Förderdruck. Hier sind die jeweiligen Anweisungen der Fahrzeughersteller zu beachten.

Während bei der K-Jetronic ein Warmlaufregler den hydraulischen Gegendruck auf den Steuerkolben des Kraftstoffmengenteilers regelt, wird diese Funktion bei der KE-Jetronic vom **Systemdruckregler** übernommen. Der eingeregelte Steuerdruck muß unabhängig von Druckschwankungen im System, die durch Veränderung des Förderdrucks oder größere Kraftstoffabgaben an den Motor aufgrund extremer Betriebsbedingungen entstehen können, stets genau eingehalten werden, da jede Steuerdruckschwankung direkten Einfluß auf das Kraftstoff-Luft-Verhältnis hat.

Der **Steuerkolben** ist verschiebbar im Schlitzträger gelagert. Die Anzahl der Schlitze im Schlitzträger entspricht der Anzahl der Motorzylinder. Je nach Auslenkung der Stauscheibe im Luftmengenmesser wird der Steuerkolben von seiner Ruhelage aus aufwärts im Schlitzträger bewegt und regelt mit seiner Steuerkante (7b) dadurch einen mehr oder weniger großen Durchflußquerschnitt an den Steuerschlitzen zur Oberkammer der Differenzdruckventile. Der Hubbewegung der Stauscheibe wirkt eine hydraulische Gegenkraft, der Systemdruck, entgegen. Diese Gegenkraft wird in verschiedenen Ausführungen mittels einer oberhalb des Steuerkolbens angeordneten Spiralfeder unterstützt. Der Kraftschluß zwischen Stauscheibe, Hebel und Steuerkolben wird somit sichergestellt und das Hochsaugen des Steuerkolbens bei abgeschaltetem Motor und Abkühlen der Anlage sicher vermieden.

Oberhalb des Steuerkolbens ist in den Kraftstoffzulauf eine Drossel gesetzt, die von der Stauscheibe ausgelöste und auf den Steuerkolben übertragene Schwingkräfte dämpft. Bei abgeschaltetem Motor senkt sich der Steuerkolben, anders als bei der K-Jetronic, auf einen in der Höhe einstellbaren Axialdichtring ab. Druckverlust durch Leckmengen an der Steuerkolbenführung, der zum Entleeren des Kraftstoffspeichers führen könnte, wird dadurch sicher vermieden.

Die Grundfunktion der **Differenzdruckventile** ist identisch mit der der K-Jetronic, jedoch mit folgenden Abweichungen: Die Unterkammern der Differenzdruckventile (Bild 4.68) sind mit einer Ringleitung untereinander und mit dem elektrohydraulischen Drucksteller verbunden. Der Druckabfall an den Steuerschlitzen wird von der Kraft der Ventilfeder, dem wirksamen Durchmesser der Membrane und dem elektrohydraulischen Drucksteller bestimmt. Auch bei der KE-Jetronic beträgt der Differenzdruck 0,2 bar. Ein Abscheider für ferromagnetische Verunreinigungen ist in die Zuleitung zum elektrohydraulischen Drucksteller eingebaut.

Die KE-Jetronic verfügt über ein **elektronisches Steuergerät,** das die von den Sensoren gelieferten aktuellen Motorbetriebsdaten

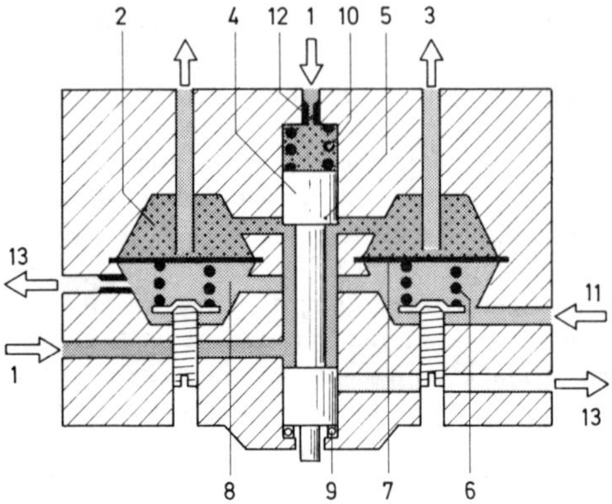

Bild 4.68 Schnittdarstellung des Kraftstoffmengenteilers (Robert Bosch GmbH)
Es bedeuten:
1 Kraftstoffzulauf (Systemdruck)
2 Oberkammer des Differenzdruckventils
3 Leitung zum Einspritzventil
4 Steuerkolben
5 Steuerkante und Steuerschlitz
6 Ventilfeder
7 Ventilmembran
8 Unterkammer des Differenzdruckventils
9 axialer Dichtring
10 Druckfeder
11 Kraftstoff vom elektrohydraulischen Drucksteller
12 Drossel
13 Rücklaufleitung

auswertet und daraus für den elektrohydraulischen Drucksteller den Steuerstrom bildet.

Je nach gefordertem Funktionsumfang ist das Steuergerät in Analogietechnik, in einer Analog-Digital-Mischtechnik bzw. Digitaltechnik aufgebaut. Zusätzlich können die Module für die Leerlauf-Füllungsregelung und die Lambda-Regelung hinzukommen. Das Gehäuse kann mit einem Druckausgleich versehen werden. Die Leiterplatten sind in das Gehäuse eingeschoben. Die Verbindung zwischen Steuergerät, Batterie und Gebern sowie dem Stellglied erfolgt mittels 25poligem Stecker und gesondertem Kabelbaum.

Wie die Steuergeräte aller Jetronic-Anlagen benötigt auch das KE-Steuergerät eine stabile Spannung, die mittels integrierter Schaltung erreicht wird. Vorhandene Störungen in den von den Sensoren aufgenommenen Eingangssignalen werden in einem Eingangsfilter im Steuergerät eliminiert. Sodann werden die Signale in einem Summierer zusammengefaßt, mittels einer Operationsschaltung weiterverarbeitet und dem Stromregler zugeführt (Bild 4.69).

Die Ansteuerung des elektrohydraulischen Druckstellers erfolgt von der Endstufe mittels entgegengesetzt gerichteter Ströme, um den gewünschten Druckabfall zu vergrößern oder zu vermeiden. Ein permanent angesteuerter Transistor kann die Stromstärke im Drucksteller dabei in positiver Richtung beliebig einstellen, während im Schiebebetrieb der Strom in negativer Richtung fließt. Ist das der Fall, schließen die Differenzdruckventile, so daß die Kraftstoffzufuhr zu den Einspritzventilen im Schiebebetrieb unterbrochen ist. Bei Bedarf kann das Steuergerät mittels weiterer Endstufen ausgebaut werden.

Es bedeuten:
VK Vollastkorrektur
SAS Schubabschaltung
BA Beschleunigungsanreicherung
NA Nachstartanhebung
SA Startanhebung
WA Warmlaufanreicherung
SU Summierer
ES Endstufe

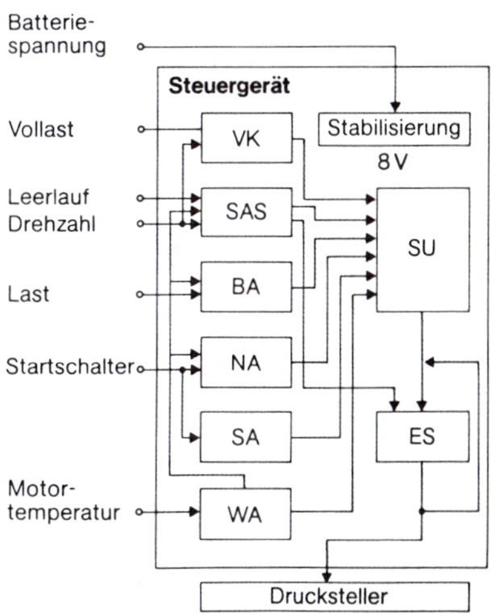

Bild 4.69 Blockschaltbild eines KE-Jetronic-Steuergerätes in Analogietechnik (Robert Bosch GmbH)

Das Steuergerät erhält über folgende Sensoren Informationen über die aktuellen Motorbetriebsdaten:

Start	= Zündanlaßschalter
Drehzahl	= Zündimpulsgeber (überwiegend dem Zündverteiler zugeordnet)
Motortemperatur	= Motortemperaturfühler
Luftdruck	= Barometerdosensensor
Gemischzusammensetzung	= Lambda-Sonde
Leerlauf/Vollast	= Drosselklappenschalter

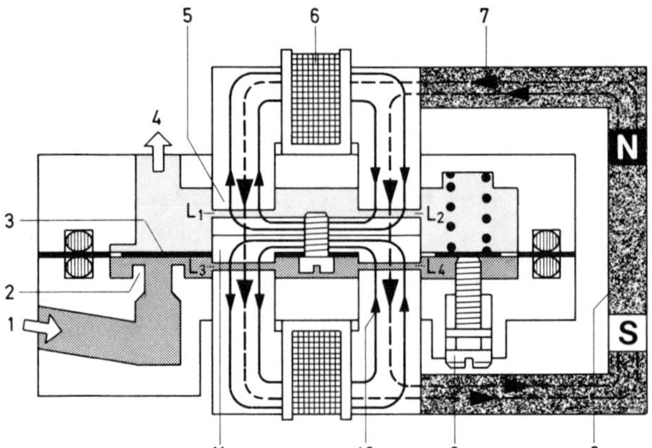

Bild 4.70 Querschnitt des elektrohydraulischen Druckstellers (Robert Bosch GmbH)
Es bedeuten:

1 Kraftstoffzufluß
2 Düse
3 Prallplatte
4 Kraftstoffabfluß
5 Magnetpol
6 Magnetspule
7 Dauermagnetfluß
8 Permanentmagnet (um 90 Grad in die Zeichenebene gerückt)
9 Einstellschraube für Grundmoment
10 Elektromagnetfluß
11 Anker (L_1 bis L_4 Luftspalte)

Je ein **Einspritzventil** ist einem Motorzylinder zugeordnet. Die Einspritzventile öffnen selbsttätig, wenn der Einspritzdruck ca. 3,5 bar beträgt. Sie spritzen fein vernebelt kontinuierlich den Kraftstoff ab. Dieser wird vom Ansaugluftstrom mitgerissen und intensiv vernebelt. Eine zusätzliche Verbesserung der Vermischung von Kraftstoff und Luft erfolgt dadurch, daß beim Öffnen der Einspritzventile die Ventilnadel mit hoher Frequenz schwach hörbar schwingt. Eine gute Zerstäubung selbst bei kleinsten Einspritzmengen wird somit gewährleistet.

Eine weitere Verbesserung der Gemischaufbereitung wird durch den Einsatz luftumfaßter Einspritzventile erreicht. Oberhalb der Drosselklappe wird dabei ein Teil der Ansaugluft des Motors abgezweigt und ummantelnd den Einspritzventilen zugeführt (Bild 4.71). Besonders bei kleinen Kraftstoffmengen und niedriger Leerlaufdrehzahl wird somit eine hervorragende Zerstäubung erreicht. Geringerer Kraftstoffverbrauch und Senkung der Schadstoffe im Abgas sind die positiven Auswirkungen.

Motoren, die mit der KE-Jetronic bestückt sind, werden von Haus aus im Teillastbereich besonders mager ausgelegt. Da bei einigen Betriebszuständen der momentane Kraftstoffbedarf stark von dieser Grundauslegung abweichen kann, sind Sensoren zur Messung der akuten Motorzustände sowie darauf reagierende Anreicherungsvorrichtungen erforderlich. Bei der KE-Jetronic werden Sensoren zur Erkennung der Drosselklappenstellung und der Motortemperatur verwendet. Als Anreicherungsvorrichtung dient der Drucksteller (8 in Bild 4.67).

Beim **Kaltstart** wird der zusätzliche Kraftstoffbedarf durch das Kaltstartventil (11), angesteuert vom elektronischen Steuergerät (19), gedeckt. Es spritzt eine zusätzliche Kraftstoffmenge in das Sammelsaugrohr ab. Die Einschaltzeit des Kaltstartventils wird vom Thermozeitschalter (15) in Abhängigkeit von der Motortemperatur bestimmt. Die Funktion ist vergleichbar mit der der K-Jetronic (Abschnitt 4.1).

Die erforderliche Anreicherung beim **Nachstart und Warmlauf** hängt ebenfalls von der aktuellen Motortemperatur ab. Die Motortemperatur wird durch einen weiteren Temperaturfühler (16) erfaßt, der ein Ausgangssignal auf das Steuergerät (19) leitet. Das Steuergerät verarbeitet dieses Signal und verändert mittels einer elektromagnetischen Prallplatte im Drucksteller (8) den Druck in den Unterkammern (7d) der Differenzdruckventile im Gemischregler (7). Bei abgesenktem Druck in den Unterkammern (7d) der

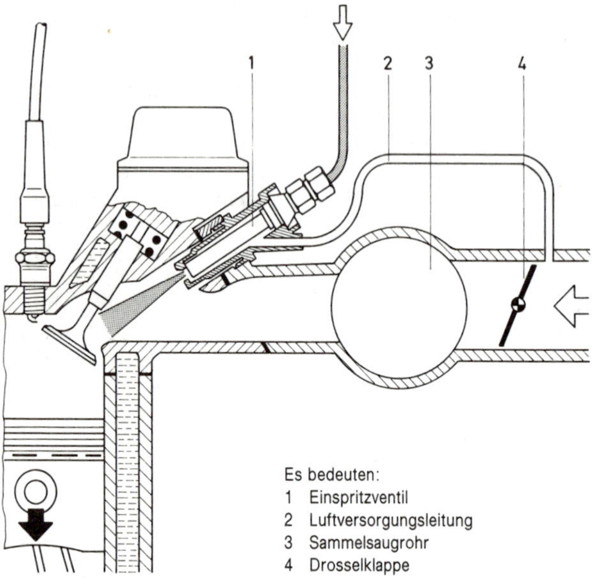

Bild 4.71 Luftumfaßtes Einspritzventil (Robert Bosch GmbH)

Differenzdruckventile öffnen deren Membranen den Zufluß zu den Einspritzventilen (9) entsprechend weiter. Es wird mehr Kraftstoff abgegeben.

Der **Drucksteller** (8) ist eine der wesentlichen Neuerungen an der KE-Jetronic. Er ersetzt den von der K-Jetronic bekannten Warmlaufregler. Im Prinzip handelt es sich bei dem Drucksteller um zwei Elektromagnete, deren Wirkung mittels unterschiedlicher Ansteuerung der Spulen, ausgelöst vom elektronischen Steuergerät, variiert werden kann. Zwischen den beiden Elektromagneten ist eine biegsame Prallplatte im Gleichgewicht aufgehängt, deren Normalstellung werkseitig mit Anschlag und Stellschraube fixiert wird. Der Innenraum des Druckstellers wird vom Systemdruck beaufschlagt, der jedoch durch die Funktion des Druckstellers zum Druck in den Unterkammern der Differenzdruckventile moderiert wird. Dazu öffnet oder verschließt die Prallplatte unter Einwirkung der Elektromagnete den Zufluß des Systemdrucks in den Drucksteller je nach Bedarf mehr oder weniger. Um den gleichen Wert wie in der Unterkammer ändert sich der Druck in der Oberkammer der Differenzdruckventile, so daß eine Veränderung der Druckdifferenz zwischen dem Druck in der Oberkammer und dem Systemdruck entsteht, die an den Steuerschlitzen wirksam wird. Die zu den Einspritzventilen strömende Kraftstoffmenge wird reguliert (Bild 4.70).

Im **Leerlauf** führt der Zusatzluftschieber (14 in Bild 4.67) die benötigte Mehrluft unter Umgehung der Drosselklappe dem Motor zu. Das System ist identisch mit dem der K-Jetronic (Abschnitt 4.1).

Ein **Beschleunigungsvorgang** wird aufgrund der Stauscheibenauslenkung im Luftmengenmesser von dem Potentiometer (6b) erfaßt und vom Steuergerät derart verarbeitet, daß mittels des Druckstellers (8) der Druck in den Unterkammern der Differenzdruckventile abgesenkt wird. Dadurch kann wiederum mehr Kraftstoff zu den Einspritzventilen (9) gelangen.

Die Anreicherung bei **Vollast** wird durch den Vollastkontakt der Drosselklappe ausgelöst. Das Steuergerät verändert den Stromfluß zu den Elektromagneten des Druckstellers (8) derart, daß die erforderliche Kraftstoffmehrmenge den Einspritzventilen zugeführt wird.

Die integrierte **Schubabschaltung** arbeitet mit mehreren Schwellen. Bei kaltem Motor liegen die Schaltschwellen höher als bei warmer Maschine. Die notwendige Drehzahlinformation wird der Zündanlage entnommen.

Zur **Drehzahlbegrenzung** kann die Zufuhr von Kraftstoff zu den Einspritzventilen unterbunden werden.

Die Adaption einer **Lambda-Regelung** ist bei der KE-Jetronic jederzeit möglich.

4.2.1 Reparatur- und Wartungsarbeiten an der KE-Jetronic

Die mechanischen Arbeiten an der KE-Jetronic unterscheiden sich nicht wesentlich von denen der K-Jetronic. Insoweit kann auf Abschnitt 4.1 verwiesen werden.

Einstellungen oder Reparaturen am Drucksteller sind mit Werkstattmitteln nicht möglich und deshalb zu unterlassen.

Bild 4.72 Drucksteller der Bosch-KE-Jetronic

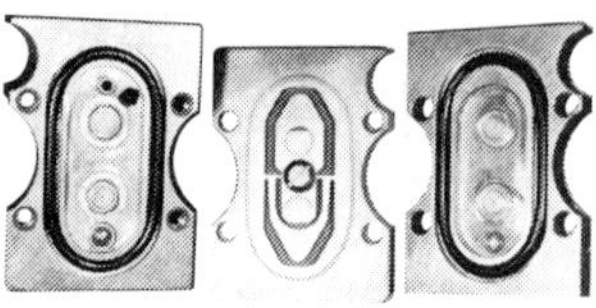

Bild 4.73 Prallplatte und Innengehäuse des Druckstellers der Bosch-KE-Jetronic

4.3 Motorsteuerelektronik (MSE) von VDO

Für den Einsatz in der KE-Jetronic hat VDO als Zusatzausrüster für die Erstausrüstung eine Motorsteuerelektronik entwickelt, die kompatibel mit den Steuergeräten der Robert Bosch GmbH für KE-Jetronic-Anlagen ist. Unter den vielfältigen Aufgaben dieses elektronischen Steuergerätes kommt der Lambda-Regelung eine besondere Bedeutung zu.

Der Einsatz geregelter Katalysatoren, und damit eine katalytische Nachbehandlung der Motoremissionen, setzt die exakte Regelung des Luft-Kraftstoff-Gemisches voraus. Das ideale Luft-Kraftstoff-Verhältnis wird als stöchiometrisches Gemisch, als «Lambda 1», bezeichnet. Im elektronischen Regelkreis einer

Motorsteuerelektronik (MSE) überwacht die Lambda-Sonde als Sauerstoffsensor mittels ihrer Signale die Gemischzusammensetzung.

Die MSE von VDO wird bereits bei den 8-Zylinder-Motoren von Daimler-Benz in Verbindung mit der KE-Jetronic von Bosch im Serienbau verwendet. Bei der MSE handelt es sich um eine Multifunktionsanlage, die sich über eine externe Codierung wahlweise in eine geregelte oder eine ungeregelte Version umschalten läßt. Ebenso kann die Wahl der Kraftstoffqualität beeinflußt werden. Das Gerät enthält zwei abgelegte Datensätze, die je nach Codierung abgerufen werden können.

Für die Elektronik verwendet VDO modernste Hybridschaltungen. So benötigt die MSE im Gegensatz zu Wettbewerbssystemen nur eine Platine, auf der zwei Groß- und drei Kleinhybride untergebracht sind. Der wesentliche Vorteil dieser Lösung besteht

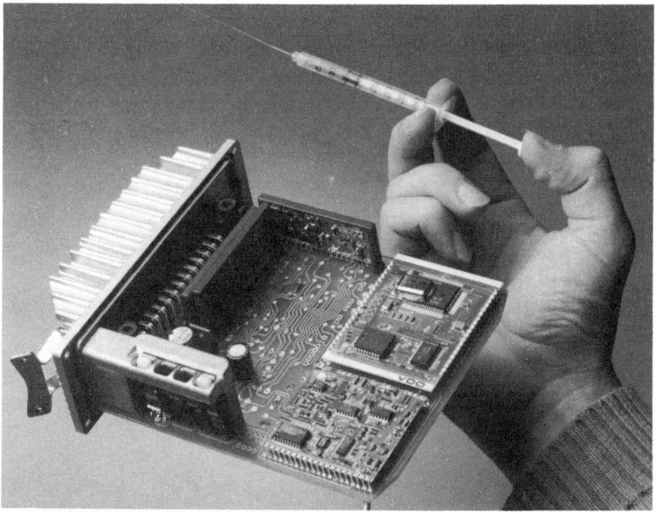

Bild 4.74 Die Motorsteuerelektronik (MSE) verfügt nur über eine Platine mit zwei Groß- und drei Kleinhybriden. Der entstehende Freiraum kann für Zusatzkomponenten genutzt werden (VDO).

darin, daß aufgrund der raumsparenden Bauweise bei gleichen Außenabmessungen Zusatzfunktionen, wie ein Leerlaufregelungshybrid, aufgenommen werden können. Auch für die Integration eines elektronischen Gaspedals (E-Gas) – hier sogar mit kennfeldgesteuerter, verbrauchsoptimaler Beschleunigung – sowie einer Geschwindigkeits-Regelanlage ist vorgesorgt. Zusatzgeräte entfallen aufgrund dieser Lösung.

Das Steuergerät nimmt als Betriebsparameter die Signale von Motordrehzahl und Luftmenge auf, verarbeitet sie und gibt einen entsprechenden Steuerstrom an das Stellglied ab, wodurch in das rein mechanische Einspritzsystem elektrisch eingegriffen wird. Das Stellglied für das mechanische System, der elektromagnetische Differenzdrucksteller, ist unmittelbar an dem Kraftstoffmengenteiler angeordnet.

In der VDO-Motorsteuerelektronik werden mit entsprechenden Sensorsignalen von Motordrehzahl und -temperatur, Luftmenge und -temperatur, Drosselklappenschalter, Höhengeber und Lambda-Sonde die folgenden Funktionen realisiert:

- ☐ Startanreicherung
- ☐ Nachstartanreicherung
- ☐ Warmlaufanreicherung
- ☐ Beschleunigungsanreicherung
- ☐ Vollastanreicherung
- ☐ Schubabschaltung
- ☐ Höhenkorrektur
- ☐ Lufttemperaturkorrektur
- ☐ Sekundärluftpumpensteuerung
- ☐ Lambda-Regelung

5 Elektronisch gesteuerte Benzineinspritzung

Neue Technologien, besonders die Fortschritte in der Elektronik, ermöglichten es, ein elektronisch gesteuertes Einspritzsystem für den Fahrzeug-Großserienbau zu entwickeln. Erste Anfänge einer elektronisch gesteuerten Einspritzung für Motorrennräder sollen 1930 von der Firma Moto-Guzzi unternommen worden sein.

Mit dem Einzug der Elektronik in die Gebrauchstechnik wurden von der amerikanischen Firma Bendix Überlegungen angestellt, die zur elektronischen Steuerung einer Benzineinspritzung führen sollten. Die damaligen Bendixentwicklungen wurden von der Robert Bosch GmbH aufgekauft, verbessert und zu einer elektronischen Benzineinspritzung weiterentwickelt, die Weltgeltung erzielte.

Das erste in Serie hergestellte Kraftfahrzeug mit elektronischer Benzineinspritzung war der Volkswagen 1600 E, gebaut ab September 1966. Die Bosch-D-Jetronic ist im Serienfahrzeugbau von der Bosch-L- bzw. K-Jetronic abgelöst worden.

5.1 Bosch-D-Jetronic

Die Bosch-D-Jetronic ist ein intermittierend arbeitendes System, das mit niedrigen Drücken in das Saugrohr des Motors einspritzt.

Die für den Kraftstoffbedarf des Motors wichtigen Informationen werden von Meßfühlern erfaßt und in elektrische Signale umgewandelt. Das Steuergerät der D-Jetronic verarbeitet diese Signale in dem Kraftstoffbedarf des Motors entsprechende Öffnungszeiten der Einspritzventile.

Die D-Jetronic besteht aus drei unterschiedlichen, aber zusammenwirkenden Systemen, nämlich:

- ☐ Kraftstoffsystem
- ☐ Luftsystem
- ☐ Elektronische Steuerung

Vom Kraftstoffbehälter wird über ein Kraftstoffilter durch eine elektrisch angetriebene Rollenzellenpumpe Kraftstoff angesaugt und unter Druck in die Kraftstoffringleitung abgegeben. Damit

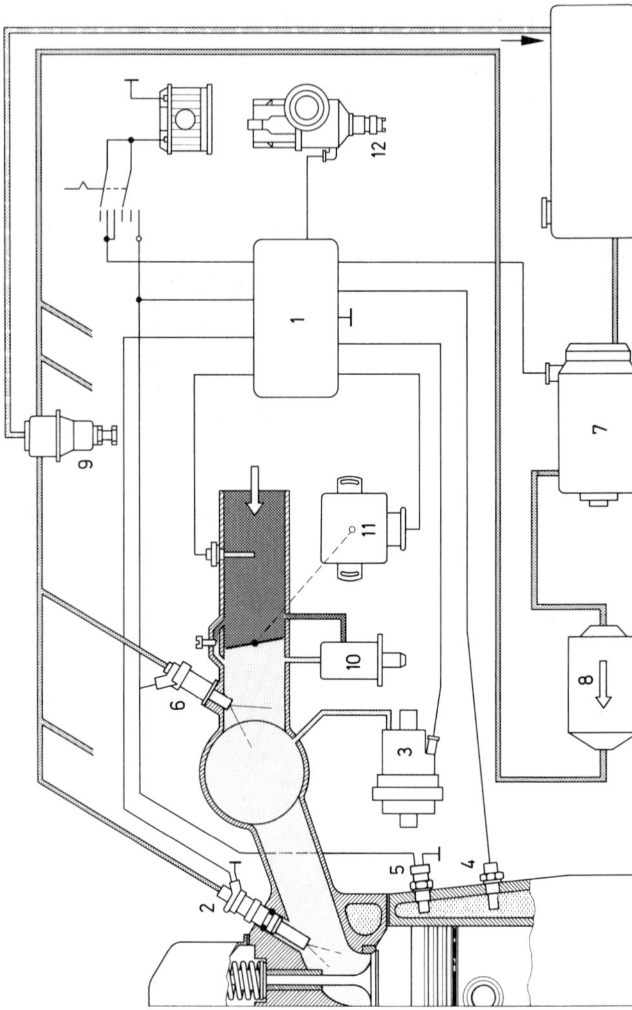
1
2
3
4
5
6
7
8
9
10
11
12

Bild 5.1 Die Bosch-D-Jetronic ist ein intermittierend arbeitendes Niederdruck-Einspritzsystem, das saugrohrdruckabhängig elektronisch gesteuert wird (Robert Bosch GmbH)

1 elektronisches Steuergerät
2 Elektroeinspritzventil
3 Saugrohrdruckfühler
4 Temperaturfühler
5 Thermo- oder Thermozeitschalter
6 Elektrostartventil
7 Elektrokraftstoffpumpe
8 Kraftstoffilter
9 Kraftstoffdruckregler
10 Zusatzluftschieber
11 Drosselklappenschalter
12 Auslösekontakte

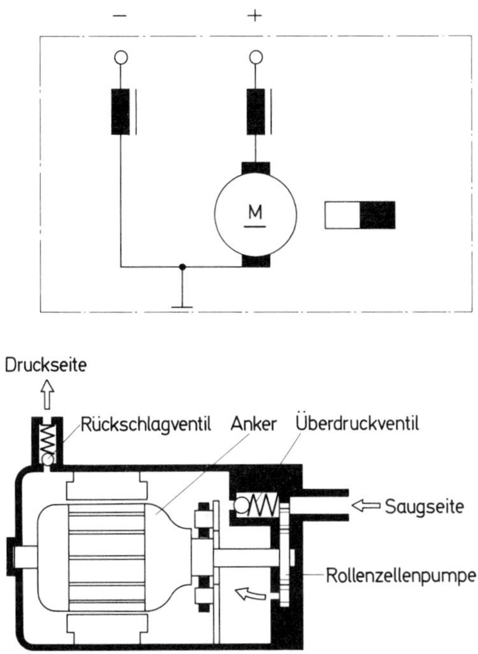

Bild 5.3 Elektrokraftstoffpumpe (Robert Bosch GmbH)
Die Fördermenge der Kraftstoffpumpe ist abhängig von der angelegten Spannung. Die Pumpe ist innen auf Masse geschaltet. Sie darf nicht gegenpolig angeschlossen werden, da sie sonst durchbrennen würde.

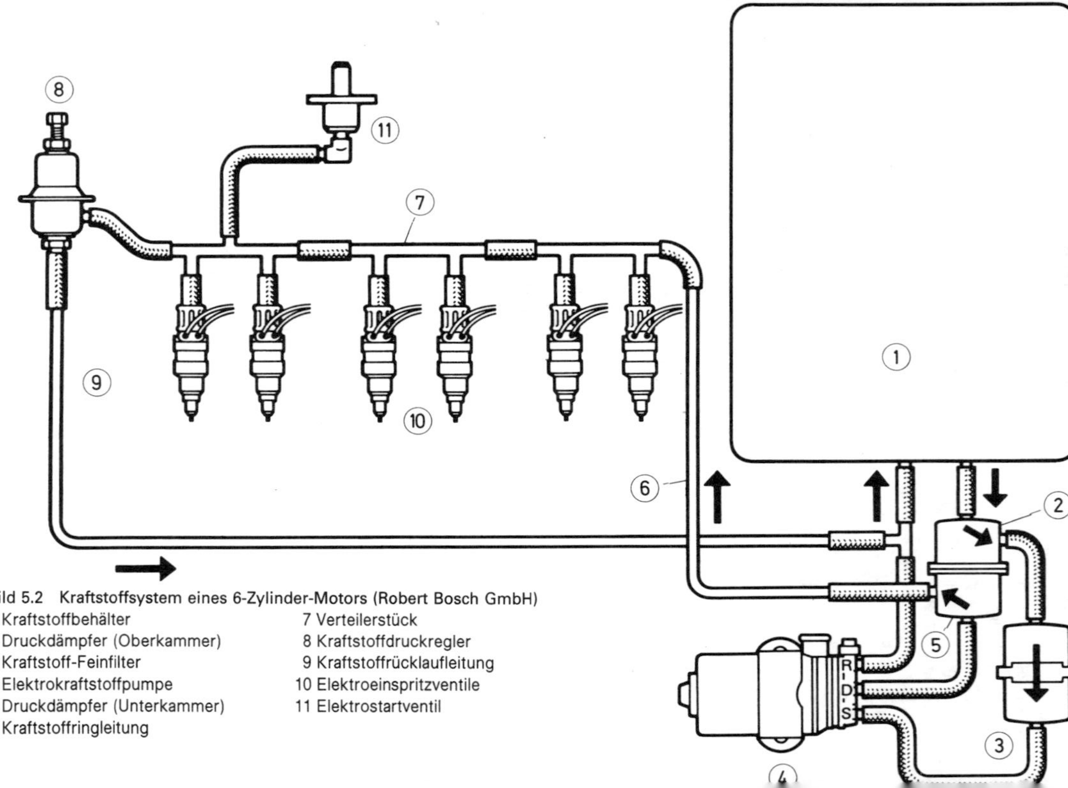

Bild 5.2 Kraftstoffsystem eines 6-Zylinder-Motors (Robert Bosch GmbH)
1 Kraftstoffbehälter
2 Druckdämpfer (Oberkammer)
3 Kraftstoff-Feinfilter
4 Elektrokraftstoffpumpe
5 Druckdämpfer (Unterkammer)
6 Kraftstoffringleitung
7 Verteilerstück
8 Kraftstoffdruckregler
9 Kraftstoffrücklaufleitung
10 Elektroeinspritzventile
11 Elektrostartventil

wird Kraftstoff an die Einspritzventile und das Elektrostartventil geführt. Der Druck im Kraftstoffsystem wird durch einen Druckregler reguliert, von dem eine Rücklaufleitung zum Kraftstoffbehälter führt.

Über den Luftfilter wird die Ansaugluft in das Saugsammelrohr und, durch die Drosselklappe geregelt, in die Saugrohre des Motors geführt. Motorseitig der Drosselklappe sind am Saugsammelrohr Anschlüsse zur Entnahme des Saugrohrunterdrucks angeordnet. Vom elektronischen Steuerungssystem werden alle von den Meßfühlern kommenden Informationen aufgenommen und in einen zeitabhängigen Steuerimpuls umgewandelt, durch den die Einspritzventile elektromagnetisch geöffnet werden.

5.1.1 Kraftstoffsystem

Von der Elektrokraftstoffpumpe wird der Kraftstoff angesaugt und durch ein Feinfilter hindurch in die Kraftstoffringleitung gedrückt. An der Kraftstoffringleitung sind Einspritzventile, entsprechend der Anzahl der Motorzylinder, angeschlossen. Das Elektrostartventil steht ebenfalls mit der Kraftstoffringleitung in Verbindung. Ein in die Ringleitung integrierter Druckregler begrenzt den Kraftstoffdruck auf ca. 2,0 $bar_ü$. Vom Druckregler führt eine Rücklaufleitung zum Kraftstoffbehälter.

Je nach Fahrzeugtyp kann im Kraftstoffbehälter ein Vorfilter eingebaut sein. Auch können zwischen Kraftstoffbehälter und Elektrokraftstoffpumpe, oder in unmittelbarer Nähe der Elektrokraftstoffpumpe im Druckkreis des Kraftstoffsystems, Dämpfer untergebracht sein, die die Pumpenfließgeräusche mindern sollen. Bei verschiedenen Fahrzeugen wird der Kraftstoff auf der Saugseite durch die Oberkammer eines Dämpfers geführt und durchfließt nach Verlassen der Elektrokraftstoffpumpe dessen Unterkammer.

5.1.1.1 Elektrokraftstoffpumpe

Die Rollenzellenscheibe der Kraftstoffpumpe wird von einem permanent erregten Elektromotor angetrieben, der vom Kraftstoff umspült wird. Das Wirkprinzip beruht auf einer exzentrisch im Pumpengehäuse angeordneten Läuferscheibe, in deren Aussparungen Metallrollen liegen. Diese werden durch Fliehkraft an das äußere Pumpengehäuse gedrückt und bilden Kammern, in denen der Kraftstoff gefördert wird (siehe auch Abschnitt 4.1.2.1).

Die Elektrokraftstoffpumpe ist mit einem Überdruckventil ausgestattet, das einen Kurzschlußkreislauf zur Saugseite öffnet, wenn die Pumpe gegen anormalen Druck fördern muß. Das Rückschlagventil hat die Aufgabe, bei abgestelltem Motor einen Restdruck im Kraftstoffsystem zur Vermeidung von Dampfblasenbildung zu halten.

Die 1. Generation der D-Jetronic war mit einer Trockenpumpe ausgerüstet. Bei ihr war der Elektromotor hermetisch vom Kraftstoffsystem abgeriegelt. Diese Pumpen – sie sind heute nicht mehr im Handel – waren mit einem Druck-, Rückschlag- und Entlüftungsventil ausgerüstet.

5.1.1.2 Kraftstoff-Feinfilter

Von der Elektrokraftstoffpumpe durchfließt der Kraftstoff ein Feinfilter, das als Papier-Wegwerffilter ausgebildet ist. Bei der Montage muß die Durchflußrichtung beachtet werden. Sie ist durch einen Pfeil markiert (siehe auch Abschnitt 4.1.2.4).

5.1.1.3 Dämpfer

Zur Minderung der Pumpenfließgeräusche kann in der Saug- oder Druckleitung, vereinzelt auch in Kombinationsausführung in beiden Leitungen ein Dämpfer eingebaut werden. In der Regel bestehen die Dämpfer aus Weißblechgehäusen, in denen der einfließende Kraftstoff durch ein Prallblech umgelenkt wird.

Bei bestimmten Ausführungen der D-Jetronic für Daimler-Benz wurde ein Membrandämpfer in die Rücklaufleitung zum Fahrzeugtank zusätzlich eingebaut, der äußerlich dem Druckregler glich.

5.1.1.4 Druckregler

Der in der Kraftstoffringleitung integrierte Druckregler hat die Aufgabe, den Kraftstoffdruck im System auf 2,0 bis 2,2 bar Überdruck – je nach Fahrzeugtyp – zu begrenzen. Dazu wird der Kraftstoff auf eine federbelastete Membrane geleitet, die druckabhängig die Öffnung des Rücklaufventils zum Kraftstofftank freigibt. Die Federkraft und damit der Systemdruck sind einstellbar.

Bild 5.4 Druckregler der Bosch-D-Jetronic (Robert Bosch GmbH)

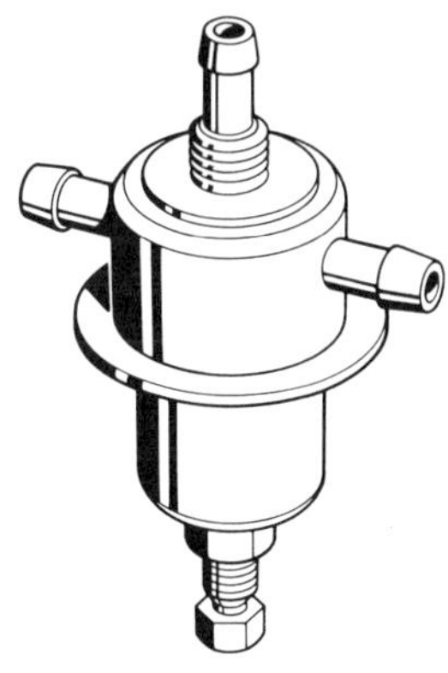

Bild 5.5 Schematische Darstellung des Druckreglers (Robert Bosch GmbH)
1 Kraftstoffzufluß
2 Kraftstoffrückfluß zum Kraftstoffbehälter
3 Ventilträger
4 Membran
5 Druckfeder
6 Einstellschraube
7 Ventil

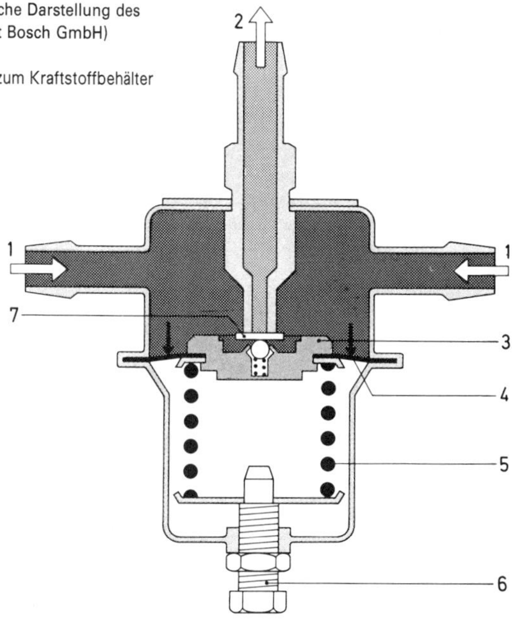

5.1.1.5 Einspritzventil

Der Kraftstoff wird dem Motor über elektromagnetisch betätigte Einspritzventile zugeführt, die vor die Einlaßventile in das Saugrohr des Motors spritzen.

Der Kraftstoff gelangt durch ein Vorfilter und eine Bohrung im Ventilstift an die kalibrierte Austrittsöffnung, die in Ruhestellung durch die Kraft der Ventilfeder geschlossen ist. Durch den Steuerimpuls des Steuergerätes baut sich in der Spule ein Magnetfeld auf, das den Ventilstift gegen die Federvorspannung anhebt. Die Spannung am Ventil beträgt 3 V, da durch die kleine Induktivität eine kurze Ansprechzeit des Ventils gewährleistet ist. Der Öffnungshub ist auf 0,15 ± 0,05 mm festgelegt.

Da bei der D-Jetronic die abgegebene Kraftstoffmenge durch die Öffnungszeit der Ventile reguliert wird, sind entsprechend dem Fahrzeugtyp unterschiedliche Austrittsbohrungen an den Einspritzventilen erforderlich. Entsprechend ihrer Durchflußmenge pro Minute sind die Ventile durch farbig ausgeführte Stecker gekennzeichnet.

Bei einem konstanten Druck von 2,0 $bar_ü$ fließt in einer Minute

- ☐ durch ein schwarz gekennzeichnetes Ventil 265 cm^3
- ☐ durch ein gelb gekennzeichnetes Ventil 265 cm^3 (für VW)
- ☐ durch ein blau gekennzeichnetes Ventil 318 cm^3
- ☐ durch ein grün gekennzeichnetes Ventil 380 cm^3

Kraftstoff.

Die Einspritzventile sind teilweise mit Teflonkappen ausgestattet. Sie verhindern die Verkokung des Ventilauslasses und sind entsprechend der Durchflußmenge der Ventile ebenfalls farblich gekennzeichnet.

5.1.1.6 Elektrostartventil

Das Elektrostartventil ist kraftstoffseitig mit der Kraftstoffringleitung verbunden. Der Kraftstoff durchfließt den hohlgebohrten Ventilkörper und liegt am Ankerventil an. Bei angezogenem Anker wird der Ventilsitz freigegeben, so daß der Kraftstoff vorbeifließt und die Dralldüse fein zerstäubt verläßt. Es wird in das Ansaugsammelrohr eingespritzt, wodurch die Kondensationsverluste des kalten Saugrohrs und der kalten Brennräume ausgeglichen werden (siehe auch Abschnitt 4.1.3.1). Das Elektrostartventil wird je nach Fahrzeugtyp durch einen Thermoschalter oder einen Thermozeitschalter gesteuert.

Bild 5.6 Elektroeinspritzventil (Robert Bosch GmbH)

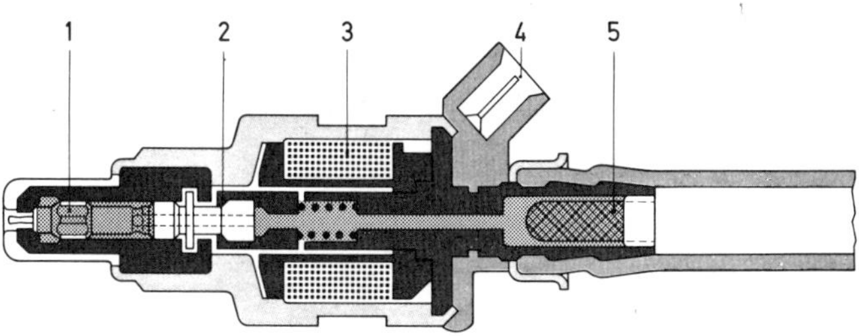

Bild 5.7 Schematische Darstellung des Elektroeinspritzventils (Robert Bosch GmbH)

1 Ventilnadel
2 Magnetanker
3 Magnetwicklung
4 elektrischer Anschluß
5 Feinfilter

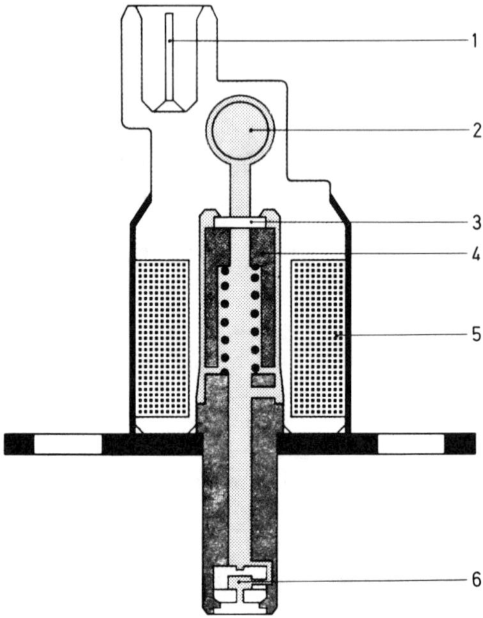

Bild 5.8 Schematische Darstellung des Elektrostartventils (Robert Bosch GmbH)
1 elektrischer Anschluß
2 Kraftstoffzufluß
3 Dichtung
4 Magnetanker
5 Magnetwicklung
6 Dralldüse

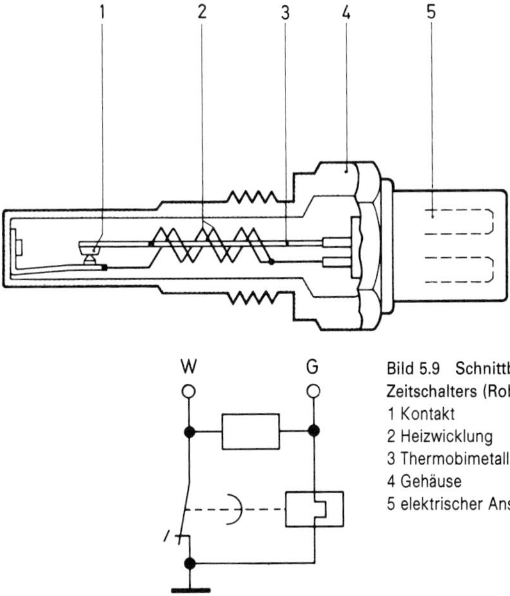

Bild 5.9 Schnittbild des Thermo-Zeitschalters (Robert Bosch GmbH)
1 Kontakt
2 Heizwicklung
3 Thermobimetall
4 Gehäuse
5 elektrischer Anschluß

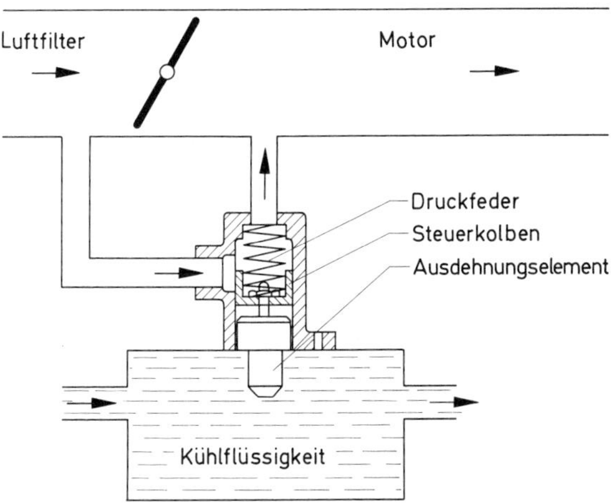

Bild 5.10 Wirkprinzip des Zusatzluftschiebers im Luftsystem (Robert Bosch GmbH)

5.1.2 Luftsystem

Die Motorzylinder werden über Saugrohre, die im Sammelsaugrohr zusammengefaßt sind, mit der Ansaugluft versorgt. Am Sammelsaugrohr befinden sich je nach Fahrzeugtyp verschiedene Unterdruckentnahmebohrungen. Eine dieser Bohrungen ist mit dem Saugrohrdruckfühler verbunden.

Bei geschlossener Drosselklappe, also im Leerlaufbetrieb, wird die benötigte Ansaugluft durch einen Bypass, unter Umgehung der Drosselklappe, angesaugt.

Beim Kaltstart und während des Warmlaufs wird zusätzlich Luft über einen Zusatzluftschieber dem Motor zugeführt. Dadurch soll der Drehzahlverlust durch die erhöhte Reibleistung des kalten Motors ausgeglichen werden. Die dazu ferner erforderliche Kraftstoffmehrmenge wird durch das Steuergerät errechnet.

5.1.2.1 Zusatzluftschieber

Um die höheren Reibungsverluste des kalten Motors im Warmlauf auszugleichen, wird dem Motor ein Kraftstoff-Luft-Gemisch zugeführt, das ein sicheres Durchlaufen bei möglichst leerlaufnaher Drehzahl garantiert. Die benötigte Kraftstoffmehrmenge wird entsprechend der Information von den Temperaturfühlern durch das Steuergerät errechnet und in der zeitabhängigen Steuerung der Einspritzventile berücksichtigt. Die zusätzlich erforderliche Luftmehrmenge erhält der Motor durch den Zusatzluftschieber.

Der Zusatzluftschieber steuert in Abhängigkeit von der Motortemperatur einen die Drosselklappe umgehenden Luftbypass. Bei kaltem Motor ist die Steuerblende des Zusatzluftschiebers geöffnet. Mit zunehmender Motorerwärmung schließt die Blende den Luftdurchlaß kontinuierlich, bis bei betriebswarmem Motor keine Zusatzluft mehr benötigt wird.

Die temperaturabhängige Steuerung des Zusatzluftschiebers erfolgt in einer Ausführung durch ein Thermobimetall, das von einer Heizwicklung erwärmt wird. In einer anderen Ausführung wird die Blende durch ein Dehnstoffelement gesteuert, das in den Kühlwasserkreislauf des Motors eintaucht. Beide Ausführungen sind an einer Stelle montiert, die repräsentativ für den thermischen Zustand des Motors ist (siehe auch Abschnitt 4.1.3.4).

Bei den luftgekühlten VW-1600-E-Motoren der 1. D-Jetronic-Generation wurde der Öffnungsquerschnitt des Zusatzluftschie-

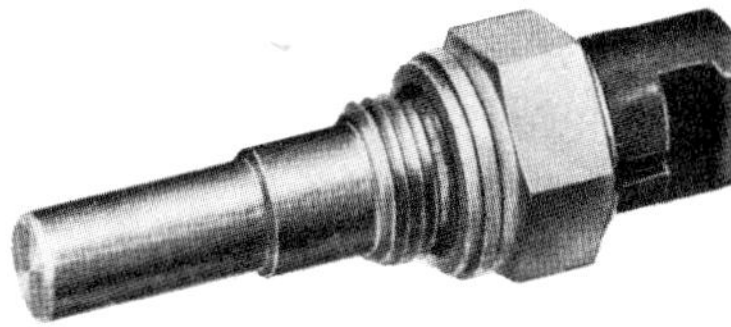

Bild 5.11 Thermozeitschalter
(Robert Bosch GmbH)

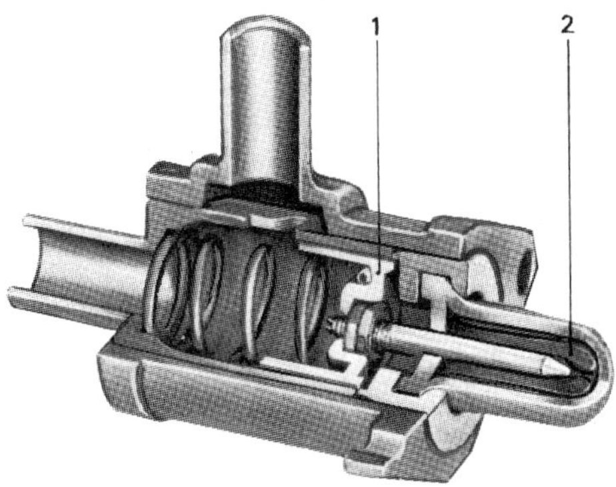

Bild 5.12 Geschnittener Zusatzluftschieber mit Dehnstoffelement
(Robert Bosch GmbH)
1 Steuerkolben
2 Dehnstoffelement

Bild 5.13 Draufsicht auf einen geschnittenen Zusatzluftschieber mit Elektrobeheizung
(Robert Bosch GmbH)

Bild 5.14 Elektronisches Steuergerät der Bosch-D-Jetronic mit hochgeklappter Zwischenplatte (Robert Bosch GmbH)

Bild 5.15 Anschluß des Steuergeräts über einen Kabelbaum und einen 25poligen Vielfachstecker an die Informationsgeber der D-Jetronic (Robert Bosch GmbH)

1 Elektrokraftstoffpumpe
2 Pumpenrelais
3 Hauptrelais
4 Auslösekontakteinschub im Zündverteiler
5 Druckfühler
6 Drosselklappenschalter
7 elektronisches Steuergerät
8 Elektroeinspritzventile
9 Temperaturfühler I (Ansaugluft)
10 Temperaturfühler II (Kühlflüssigkeit)
11 Thermoschalter
12 Elektrostartventil
13 zum Starter Klemme 50
14 Zwischenstecker

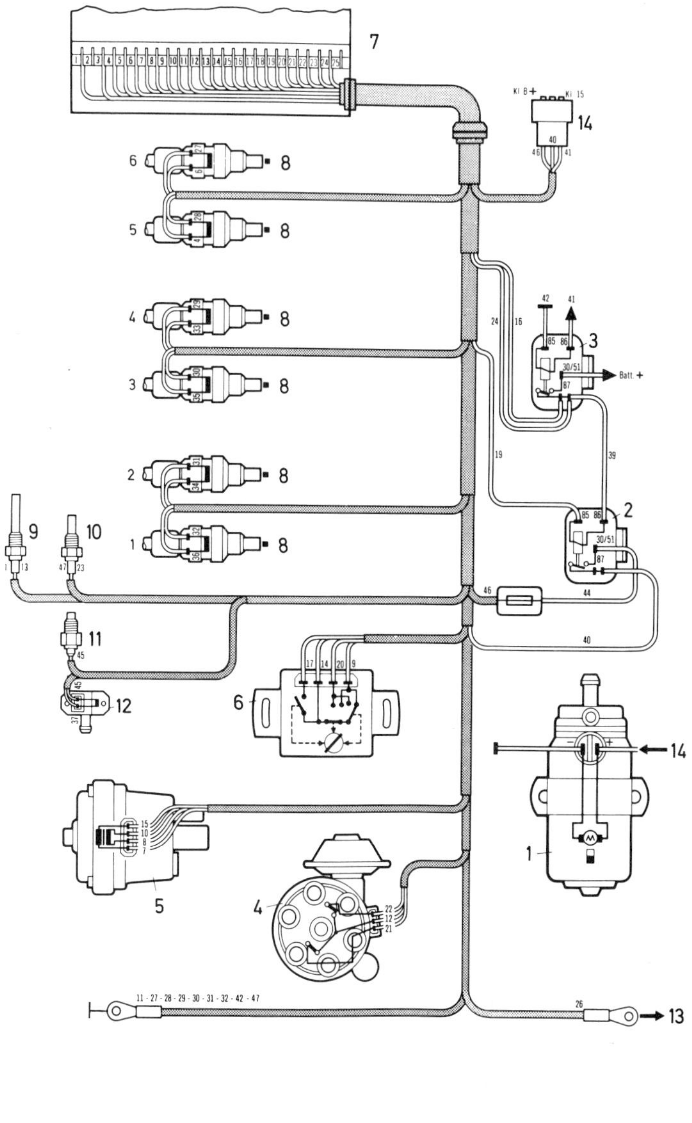
7
14
Kl B +
Kl 15
40
46
41
8
6
5
4
3
2
1
24
16
19
39
42
41
85
86
30/51
87
Batt. +
9
10
11
12
13
23
47
45
37
46
44
40
17
14
20
9
15
10
8
7
22
12
21
11 - 27 - 28 - 29 - 30 - 31 - 32 - 42 - 47
26
13

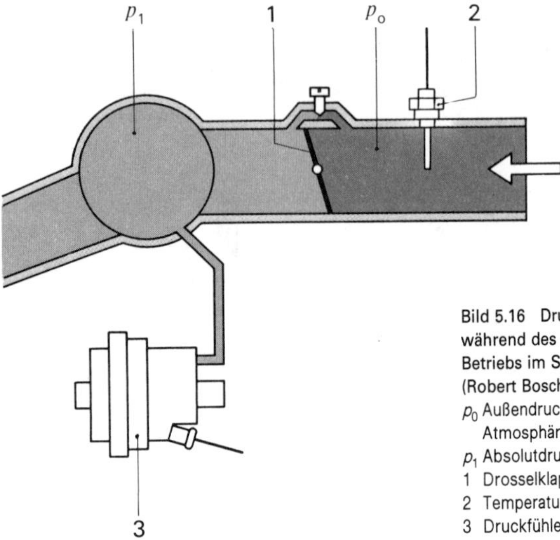

Bild 5.16 Druckverhältnisse während des motorischen Betriebs im Saugsammelrohr (Robert Bosch GmbH)

p_0 Außendruck der Atmosphäre

p_1 Absolutdruck im Saugrohr

1 Drosselklappe

2 Temperaturfühler

3 Druckfühler

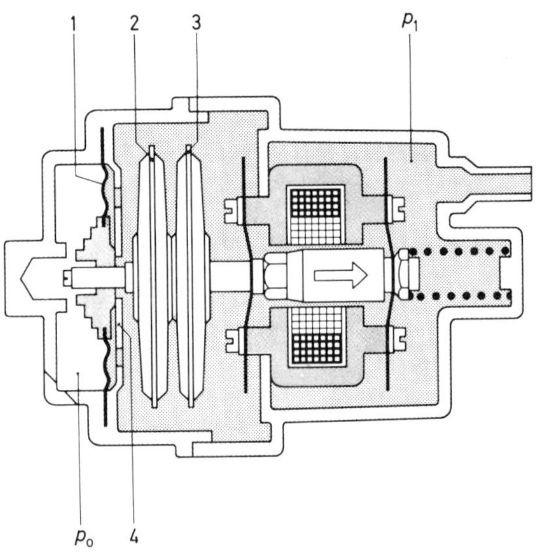

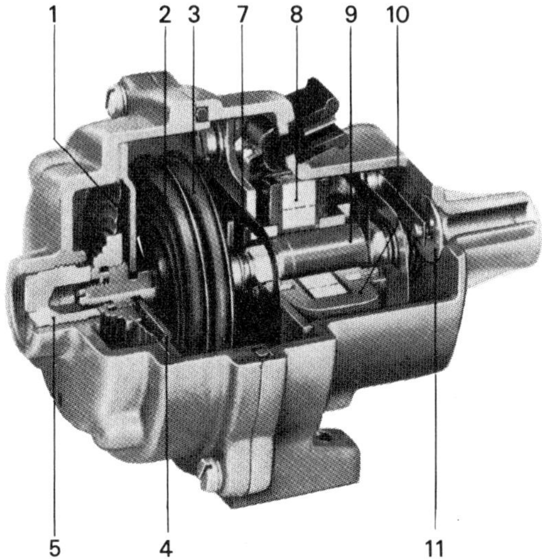

Bild 5.17 Teilweise aufgeschnittener Druckfühler mit Vollastmembrane (Robert Bosch GmbH)

1 Vollastmembrane
2 Membrandose
3 Membrandose
4 Teillastanschlag
5 Vollastanschlag
7 Blattfeder
8 Spule
9 Anker
10 Kern
11 Ventil

◀ Bild 5.18 Schematische Darstellung des Druckfühlers im Leerlaufbetrieb (Robert Bosch GmbH)
Im Leerlaufbetrieb ist der atmosphärische Druck p_0 wesentlich höher als der Absolutdruck im Saugrohr. Dadurch wird die Vollastmembrane (1) an den Teillastanschlag (4) gedrückt. Die Ausdehnung der Barometerdosen (2 und 3) bewirkt dadurch das relative Herausschieben des Ankers aus dem Spulensystem. Eine geringe Induktivität der Spulen ist die Folge, so daß ein kurzer Einspritzimpuls an die Einspritzventile geleitet wird.

bers in Abhängigkeit von der Kurbelgehäuseinnen- und Motoröltemperatur gesteuert. Der Zusatzluftschieber wurde in die Montageöffnung der entfallenen mechanischen Kraftstoffpumpe eingebaut.

Die Heizspiralen der Zusatzluftschieber sind so geschaltet, daß bei eingeschalteter Zündung, aber stehendem Motor eine Aufheizung des Thermobimetalls nicht erfolgt.

5.1.3 Elektronische Steuerung und Meßfühler

Das elektronische Steuergerät erhält Informationen über den Absolutdruck im Sammelsaugrohr, die Motordrehzahl, die Ansauglufttemperatur, die Kühlwasser- und Zylinderkopftemperatur, die Stellung und Bewegung der Drosselklappe, den Startvorgang des Motors und über den Einspritzzeitpunkt. Diese Informationen werden vom Steuergerät zu einer Einspritzzeit verarbeitet, deren Länge die Dauer des Öffnungsimpulses für die Einspritzventile bestimmt. Ferner wird über das Steuergerät die Elektrokraftstoffpumpe geschaltet.

Das Steuergerät der D-Jetronic ist über einen 25poligen Vielfachstecker und einen Kabelbaum mit allen Bauelementen der Einspritzanlage verbunden. Es verfügt über etwa 300 Bauelemente, davon etwa 70 Halbleiter, und ist in gedruckter Schaltungstechnik aufgebaut. Je nach Fahrzeugtyp befindet sich am Steuergerät ein Potentiometer, das zur Feineinstellung des Leerlaufabgaswertes dient.

Das Steuergerät wird bei eingeschalteter Zündung über ein Spannungsversorgungsrelais mit Batteriespannung versorgt. Die Elektrokraftstoffpumpe erhält über ein Pumpenrelais Betriebsspannung, sofern der Steuerkreis des Relais über das Steuergerät geschlossen wird. Bedingt durch die elektrische Schaltung, läuft die Elektrokraftstoffpumpe beim Einschalten der Pumpe für ca. 1,5 s und schaltet dann wieder ab.

Die zu errechnende Einspritzzeit wird zunächst von zwei Faktoren bestimmt, die entsprechend der Meßwerte der zusätzlichen Meßfühler korrigiert wird. Die beiden wichtigsten Eingaben sind:

1. Information über den Lastzustand des Motors (Druckfühler)
2. Information über die Motordrehzahl (Auslösekontakte im Zündverteiler).

5.1.3.1 Druckfühler

Während vor der Drosselklappe im Saugrohr der atmosphärische Druck anliegt, ist der Druck hinter der Drosselklappe in Motorrichtung niedriger. Dieser Druck wechselt in Abhängigkeit von der Drosselklappenstellung. Die Differenz zwischen dem äußeren Atmosphärendruck und dem motorseitig abgenommenen Absolutdruck im Sammelsaugrohr wird als Bezugsgröße für die vom Motor angesaugte Luftmenge herangezogen. Anlagen, die nach diesem druckfühlenden Prinzip arbeiten, werden deshalb mit D-Jetronic benannt.

Der Druckfühler ist in einem dichten Metallgehäuse untergebracht. Er enthält zwei Membrandosen (Barometerdosen), die einen Anker in einem Spulensystem verschieben, welches dadurch seine Induktivität verändert. Somit ist der Druckfühler ein Meßwandler, der ein pneumatisches Signal in ein elektrisches umformt. Der Induktivgeber des Druckfühlers ist mit einem elektrischen Zeitgeber im Steuergerät verbunden, der die Dauer der elektrischen Impulse zu den Einspritzventilen bestimmt.

Die Induktivität des Druckfühlerspulensystems ist bei geschlossener Drosselklappe gering, sie erreicht bei voll geöffneter Drosselklappe ihr Maximum. Im Leerlaufbetrieb des Motors ist der Absolutdruck im Ansaugsammelrohr niedrig. Dieser Absolutdruck wird durch einen Schlauch in den Druckfühler geleitet und bewirkt eine Ausdehnung der beiden Barometerdosen. Da die Barometerdosen einseitig ein Widerlager durch die am Teillastanschlag anliegende Vollastmembrane finden, schieben sie den Anker gegen die Wirkung einer Dämpfungseinrichtung aus dem Spulensystem des Druckfühlers um ein bestimmtes Maß heraus. Die Induktivität der Spulen ist deshalb gering, damit der Zeitgeber im Steuergerät einen kurzen Einspritzimpuls auf die Einspritzventile leitet.

Im Teillastbereich nimmt der Absolutdruck im Sammelsaugrohr zu. Die Ausdehnung der Membrandosen ist geringer, so daß der Anker weiter in das Spulensystem eintaucht. Damit nimmt die Induktivität der Spulen zu, und es wird ein längerer Einspritzimpuls zu den Einspritzventilen gesteuert.

Bei Vollast herrscht relativer Druckausgleich im Bereich vor und hinter der Drosselklappe. Da die Vollastmembrane einseitig von der Außenatmosphäre beaufschlagt ist und vom Saugrohr kein wirksamer Differenzdruck ausgeübt werden kann, verschiebt die Feder den Anker und die Barometerdosen bis zum Vollastan-

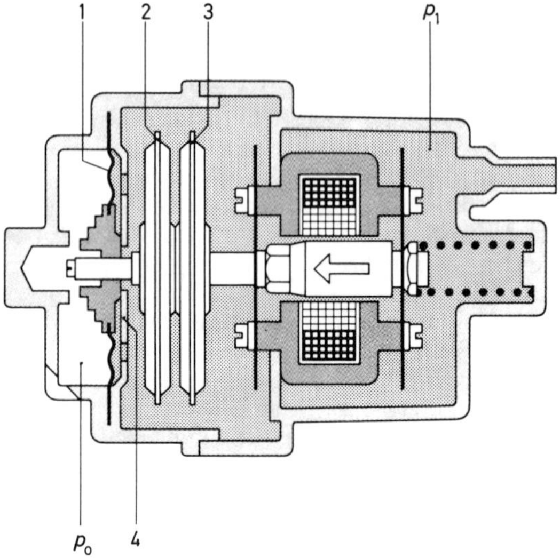
1
2
3
p_1
p_0
4

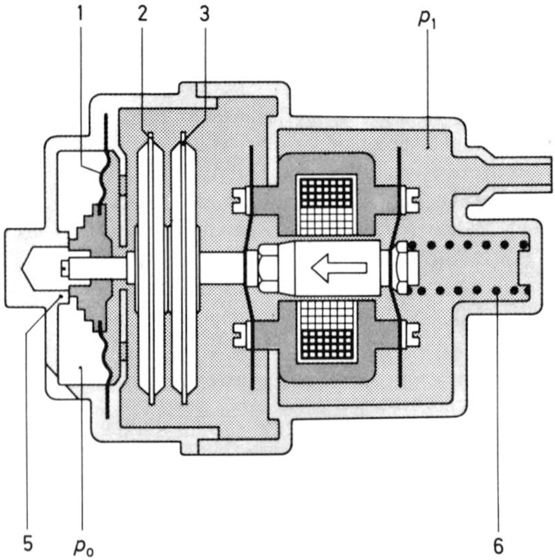
1
2
3
p_1
5
p_0
6

Bild 5.19 Schematische Darstellung des Druckfühlers im Teillastbereich (Robert Bosch GmbH)
Im Teillastbetrieb ist die Druckdifferenz zwischen Außenatmosphäre p_0 und Absolutdruck im Saugrohr p_1 immer noch groß genug, um die Vollastmembrane (1) an den Teillastanschlag (4) anzulegen. Die Ausdehnung der Barometerdosen (2 und 3) ist gering, wodurch der Anker tiefer in das Spulensystem eintaucht. Bei höherer Induktivität wird ein längerer Einspritzimpuls an die Einspritzventile gelegt. Es wird mehr Kraftstoff eingespritzt

Bild 5.20 Schematische Darstellung des Druckfühlers im Vollastbetrieb (Robert Bosch GmbH)
Im Vollastbetrieb herrscht relativer Druckausgleich zwischen der Außenatmosphäre p_0 und dem Absolutdruck im Sammelsaugrohr p_1. Die Vollastmembrane (1) wird über die Feder (6) auf den Vollastanschlag (5) gedrückt. Die Barometerdosen (2 und 3) sind zusammengedrückt. Der Anker hat die größte Eintauchtiefe im Spulensystem erreicht. Die Induktivität ist am höchsten und die Einspritzzeit der Einspritzventile am längsten (unteres Bild)

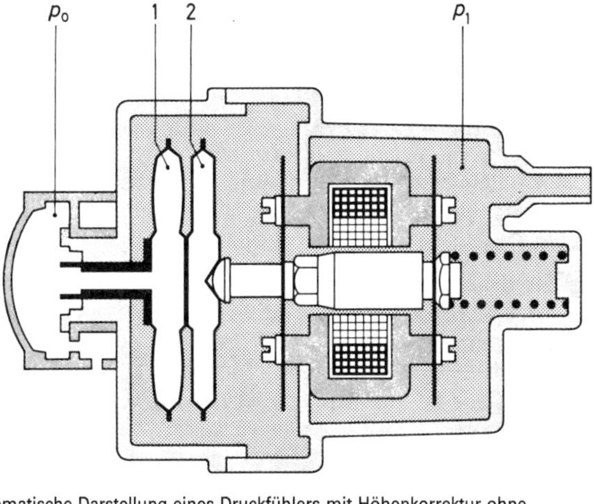

Bild 5.21 Schematische Darstellung eines Druckfühlers mit Höhenkorrektur ohne Vollastanreicherung (Robert Bosch GmbH)
Der Druck der Außenatmosphäre p_0 wird in die offene Membrandose (1) geführt. Der Absolutdruck p_1 im Saugsammelrohr wirkt daher auf die geschlossene Membrandose (2) sowie über Membrandose (1) direkt gegen den Außendruck p_0. Durch diese Anordnung ergibt sich eine feinfühlige Abstimmung des Lastzustandes im Teillastbetrieb des Motors

schlag. In dieser Stellung ist der Anker am weitesten in das Spulensystem geführt. Folglich ist die Induktivität der Spulen nun am größten, und es wird die längste Einspritzzeit zugemessen.

Bei Fahrzeugen mit D-Jetronic der 1. Generation waren die Barometerdosen einseitig fest gelagert. Die Vollastanreicherung erfolgte nicht über den Druckfühler, sondern durch einen Druckschalter, der ebenfalls über den Druckausgleich zwischen Außenatmosphäre und Absolutdruck des Saugrohrs geschaltet wurde.

Druckfühler für D-Jetronic-Anlagen, die verschärfte Abgasbedingungen erfüllen müssen, sind ebenfalls ohne Vollastanreicherung ausgerüstet. Hier erfolgt die Vollastschaltung über einen gesonderten Kontakt im Drosselklappenschalter. Diese Druckfühler sind mit einer geschlossenen und einer zur freien Atmosphäre offenen Membrandose ausgerüstet. Dadurch wird nicht nur der Absolutdruck im Sammelsaugrohr, sondern auch die direkte Druckdifferenz zwischen Außenatmosphäre und absolutem Saugrohrdruck berücksichtigt, was zu einer besseren Abstimmung im Teillastbereich führt.

5.1.3.2 Auslösekontakte im Zündverteiler

Während der Druckfühler die einzuspritzende Kraftstoffmenge in Abhängigkeit von der Motorbelastung beeinflußt, erfolgt die Drehzahleingabe des Motors über einen zusätzlichen Auslösekontakteinschub im Zündverteiler. Die Aufgabe dieses Kontakteinschubs ist:

- ☐ Drehzahleingabe in das Steuergerät
- ☐ Ansteuern des Multivibrators für den Lauf der Elektrokraftstoffpumpe
- ☐ Einspritzbeginnfestlegung und Ventilgruppenbestimmung an das Steuergerät entsprechend der Nockenwellensteuerung.

Je nachdem, welches Kontaktpaar gerade geschlossen ist, wird mit den Ventilgruppen 1 oder 2 eingespritzt.

Bei einem 4-Zylinder-Motor kann sich durch die Zündfolge für die Ventilgruppen 1 die Zylinderpaarung 1 und 4, für die Ventilgruppe 2 die Zylinderpaarung 3 und 2 ergeben.

Bei 4-Zylinder-Motoren wird immer mit 2 Ventilen gleichzeitig eingespritzt, da dadurch eine wesentliche Vereinfachung des elektronischen Aufbaus möglich war.

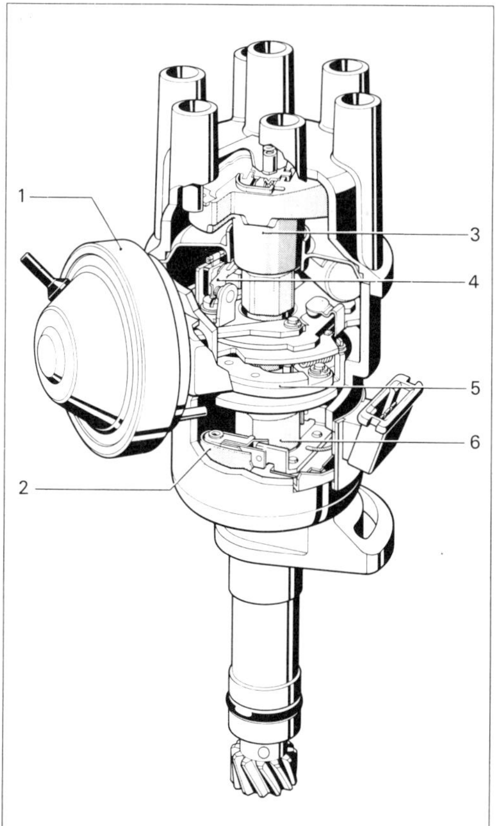

Bild 5.22 Zündverteiler mit Einspritzauslöser eines 6-Zylinder-Motors (Robert Bosch GmbH)

1 Unterdruckdose
2 Einspritzauslöser
3 Verteilerläufer
4 Unterbrecherkontakt
5 fliehkraftabhängiger Zündversteller
6 Nocken

Bei 6-Zylinder-Motoren werden 3 Einspritzventile zu einer Gruppe zusammengefaßt.

8-Zylinder-Motoren verfügen über einen doppelten Kontakteinschub, so daß hier wieder 2 Ventile eine Ventilgruppe bilden, da 4 Steuerungskontakte vorhanden sind.

Die Arbeitsgeschwindigkeit der Einspritzventile ist dabei sehr hoch, die Vorlagerungszeiten des Kraftstoffs entsprechend kurzfristig. Der Auslösekontakteinschub im Zündverteiler ist als Wegwerfteil ausgebildet. Eine Reparatur oder Einstellung an den Kontakten erfolgt nicht. Die Kontakte sind isoliert auf der Grundplatte montiert. Die Masseverbindung erfolgt über das Steuergerät.

5.1.3.3 Temperaturfühler

Die aus Motorlast (Druckfühler) und Motordrehzahl (Auslösekontakte) bestimmte Kraftstoffmenge muß für die einzelnen Betriebszustände des Motors korrigiert werden. Die temperaturabhängige Korrektur wird durch die Korrekturfühler bestimmt.

Besonders beim Kaltstart und in der anschließenden Warmlaufphase benötigt der Motor aufgrund der Kondensationsverluste im kalten Saugrohr und Brennraum eine erhebliche Kraftstoffmehrmenge. Die jeweils an charakteristischen Stellen anliegende Temperatur wird durch die Temperaturfühler gemessen, welche als NTC-Widerstände ausgebildet sind. NTC-Widerstände (Negativer Temperatur Coeffizient) sind Halbleiterbauelemente, die ihren Widerstand mit zunehmender Temperatur verringern. Die Möglichkeit des unterschiedlichen, temperaturabhängigen Stromdurchflusses durch diese Widerstände wird als Regelgröße herangezogen.

Je nach Fahrzeugtyp werden ein oder zwei Temperaturfühler eingebaut.

Temperaturfühler I mißt die Ansauglufttemperatur. Sein Einfluß auf die Kraftstoffmehrmenge ist nicht so erheblich wie der des Temperaturfühlers II.

Temperaturfühler II ist bei wassergekühlten Motoren an den Kühlwasserkreislauf, meist am Regelthermostatenkasten, angeschlossen. Bei luftgekühlten Motoren ist er im Zylinderkopf eingeschraubt.

Im VW 1600 E der 1. Generation diente er gleichzeitig als Befestigungselement für den Zusatzluftschieber und nahm die Öltemperatur als Regelgröße auf.

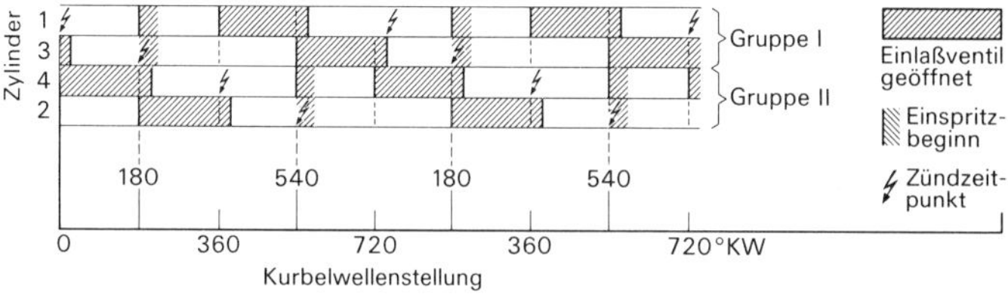

Bild 5.23 Einspritzdiagramm eines 4-Zylinder-Motors mit D-Jetronic (Robert Bosch GmbH)

Bild 5.24 Temperaturfühler der Bosch-D-Jetronic (Robert Bosch GmbH)

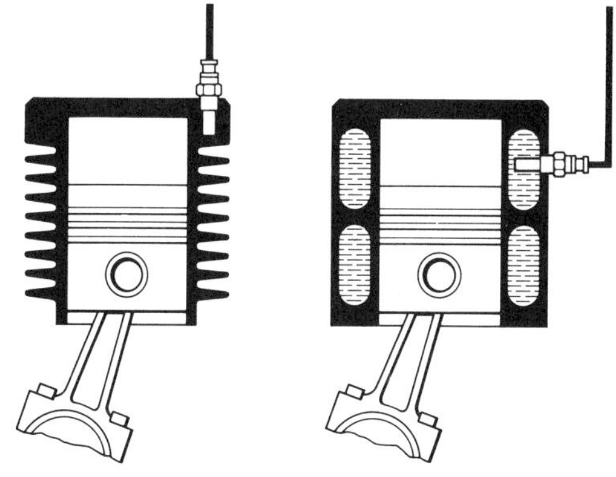

Bild 5.25 Anordnung des Temperaturfühlers II am Motor (Robert Bosch GmbH)

5.1.3.4 Drosselklappenschalter

Der Drosselklappenschalter übernimmt folgende Funktionen:

- ☐ Information an das Steuergerät über den Öffnungswinkel der Steuerklappe
- ☐ Beschleunigungsanreicherung
- ☐ Vollastanreicherung (bei Fahrzeugen, die verschärften Abgasbestimmungen unterliegen)
- ☐ Abschalten der Einspritzventile im Schiebebetrieb (nur D-Jetronic der 1. Generation).

Beim Öffnen der Drosselklappe greift der Schleifkontakt die kammförmigen Kontaktbahnen ab, so daß Beschleunigungsimpulse an das Steuergerät weitergegeben werden. Vom Steuergerät werden nur die Beschleunigungsimpulse berücksichtigt, deren Impulslänge höher als $^1/_{1000}$ s ist. Ferner werden alle Beschleunigungsimpulse unterdrückt, die während eines Einspritzvorgangs in das Steuergerät gelangen. Es stehen je Vollöffnung der Drosselklappe, von der Nullage im Leerlauf beginnend, maximal 20 Einspritzimpulse zur Verfügung.

Die Beschleunigungsanreicherung ist erforderlich, weil beim Öffnen der Drosselklappe der Aufbau des absoluten Saugrohrdrucks im Druckfühler zeitverzögert erfolgt.

Drosselklappenschalter der 1. Generation waren ohne Beschleunigungseinrichtung ausgeführt. Beim schnellen Öffnen der Drosselklappe hatten diese Fahrzeuge meist ein »Loch« im Anfang des Beschleunigungsvorgangs.

Die Beschleunigungsimpulse werden über einen Schalter, der von der Drosselklappenwelle betätigt wird, in das Steuergerät geleitet. Beim Öffnen der Drosselklappe wird der Schalter geschlossen, durch die Schließbewegung der Drosselklappe wird er geöffnet. Das ist erforderlich, weil sonst beim Gaswegnehmen ebenfalls Beschleunigungsimpulse ausgelöst würden.

Bei Fahrzeugen, die verschärfte Abgasbestimmungen erfüllen müssen, wird die Vollastanreicherung durch einen zusätzlichen Kontakt im Drosselklappenschalter gesteuert. Diese Anordnung ermöglicht die genauere Zuordnung der Vollastanreicherung zur Drosselklappenstellung.

Bis 1973 wurde über den Drosselklappenschalter die Einspritzimpulsunterdrückung ausgelöst. Bei diesen Fahrzeugen wurde im

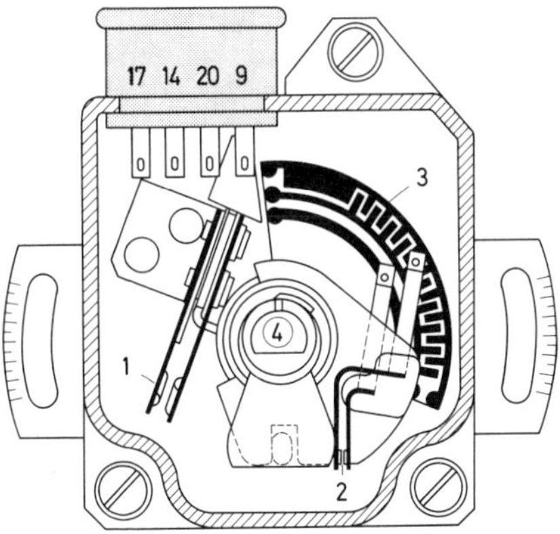

Bild 5.26 Drosselklappenschalter ohne Vollastanreicherung (Robert Bosch GmbH)
1 Leerlaufschalter
2 Beschleunigungsschalter
3 Beschleunigungsschleifbahn
4 Drosselklappenwelle

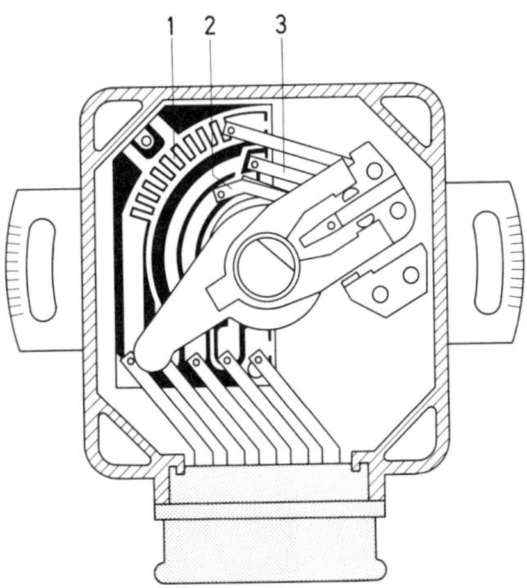

Bild 5.27 Drosselklappenschalter mit Vollastanreicherungskontakt (Robert Bosch GmbH)
1 Kontaktbahn für die Beschleunigungsanreicherung
2 Vollastkontakt
3 Leerlaufkontakt

Schiebebetrieb über 1800/min kein Kraftstoff von den Einspritzventilen abgegeben. Je nach Fahrzeugtyp wurde bei Verringerung der Schiebedrehzahl auf 1500 bis 1200/min die Sperrfunktion aufgehoben, um einen einwandfreien Übergang in den Leerlaufbereich zu erhalten. Da die Abkühlung im Brennraum beim Wiedereinsatz der Einspritzfunktion zu einer schlechten Gemischaufbereitung in der ersten Einspritzphase führt, die auch Auswirkung auf die Schadstoffanteile des Abgases hat, wird bei den neueren Anlagen auch im Schiebebetrieb eingespritzt. Fahrzeuge, die verschärfte Abgasbestimmungen zu erfüllen haben, erhalten zusätzlich ein Schubluftventil.

5.1.3.5 Elektronisches Steuergerät

Das elektronische Steuergerät ist in der konventionellen Technik gedruckter Schaltungen aufgebaut. Es enthält je nach Ausführung 250 bis 300 Bauelemente, davon etwa 30 Transistoren und 40 Dioden.

Auf der Hauptleiterplatte sind alle vom jeweiligen Typ unabhängigen Bauelemente angeordnet, während die Zwischenplatte die fahrzeugspezifischen Bauelemente aufnimmt.

Drei Leistungstransistoren, zwei davon für die Endstufen der Einspritzventile, sind auf einem vertikal angeordneten Kühlwinkel montiert.

Der Kühlkörper nimmt mit den Einspritzventilen in Reihe geschaltete Hochleistungswiderstände auf, um einen steileren Stromanstieg an den Ventilen erzeugen zu können.

Von außen zugänglich eingebaut, verfügt die Vielzahl der Steuergeräte über einen Drehpotentiometer zur Feineinstellung des CO-Gehalts im Leerlaufabgas.

Das Steuergerät ist mit den anderen Bauelementen der Einspritzanlage mit einem Kabelbaum über einen 25poligen Vielfachstecker verbunden.

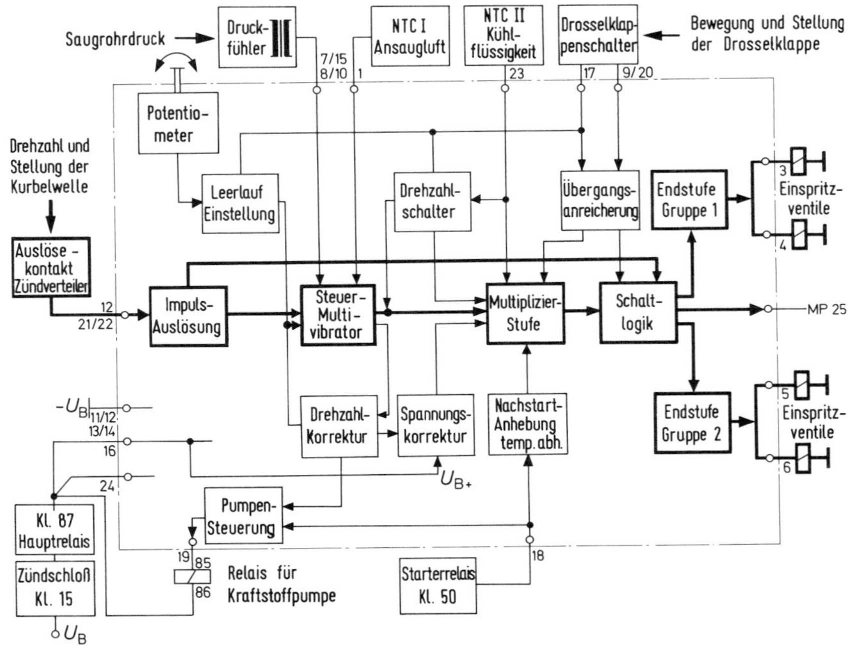

Bild 5.28 Blockschaltbild des elektronischen Steuergeräts der Bosch-D-Jetronic (Robert Bosch GmbH)

5.1.3.5.1 Funktion des Steuergerätes

Die Impulse der Auslösekontakte im Zündverteiler gelangen zum Steuermultivibrator und schalten diesen ein sowie zur Drehzahlkorrektur, welche ihrerseits die Einschaltdauer des Steuermultivibrators beeinflußt. Die Auslösekontaktimpulse steuern schließlich eine bistabile Stufe, die Schaltlogik, an, welche die vom Steuermultivibrator erzeugten Steuerimpulse im Wechsel auf die Endstufen der Einspritzventilgruppen weiterleitet.

Die Dauer der vom Steuermultivibrator erzeugten Impulse hängt wesentlich von der Induktivität des Druckfühlers ab, sie wird weiterhin vom Stromfluß durch den Temperaturfühler I beeinflußt, da somit die Ansauglufttemperatur berücksichtigt wird.

Die Bewegung und Stellung der Drosselklappe wird vom Drosselklappenschalter angezeigt. Durch Schleifkontakte liefert der Drosselklappenschalter beim Öffnen der Drosselklappe maximal 20 Auslöseimpulse an die Übergangsanreicherung. Die in die Multiplizierstufe einfließenden Impulse unter $^{1}/_{1000}$ s werden unterdrückt.

Bei Steuergeräten bis 1973 wurde der Drehzahlschalter direkt mit den Impulsen der Auslösekontakte im Zündverteiler beaufschlagt. Bei geschlossener Drosselklappe wurden die vom Steuermultivibrator erzeugten Impulse zu den Einspritzventilen oberhalb einer bestimmten Motordrehzahl unterdrückt.

Über die Pumpensteuerung wird die Elektrokraftstoffpumpe eingeschaltet, wenn über das Starterrelais ein Signal gegeben wird oder die Motordrehzahl über ca. 100/min beträgt. Die Information über den thermischen Zustand des Motors wird von Temperaturfühler II an den Drehzahlschalter und die Multiplizierstufe geführt. Sie bewirkt in der Kaltphase des Motors über ein Widerstands- und Diodennetz eine temperaturabhängige Vergrößerung der vom Steuermultivibrator erzeugten Impulse.

Da der Kraftstoffdruck in der D-Jetronic konstant 2,0 bis 2,2 bar Überdruck, je nach Fahrzeugtyp, beträgt, kann die benötigte Kraftstoffmenge nur über die Dauer des Einspritzvorgangs beeinflußt werden. Die Menge des einzuspritzenden Kraftstoffs wird daher durch die vom Steuermultivibrator erzeugten und von der Multiplizierstufe korrigierten Einspritzimpulse zeitabhängig bestimmt.

Das Elektrostartventil wird außerhalb des Steuergerätes über ein vom Starterrelais an den Temperatur- oder den Thermozeitschalter gelegtes Signal gesteuert.

5.1.4 Prüf- und Einstellarbeiten an der D-Jetronic

Die D-Jetronic ist, abgesehen von der turnusmäßigen Erneuerung des Kraftstoff-Feinfilters, wartungsfrei.

Die erforderlichen Einstellarbeiten beschränken sich auf die Korrektur der Leerlaufdrehzahl und des CO-Gehalts im Leerlaufabgas sowie auf die Kraftstoffdruckeinstellung am Druckregler und die Einstellung des Drosselklappenschalters.
Einstellarbeiten an der D-Jetronic können nur dann erfolgreich sein, wenn motorseitig alle Voraussetzungen erfüllt sind. Besonders sind die nachfolgenden Punkte zu beachten:

- ☐ Schließwinkel- und Zündzeitpunkt
- ☐ Ventileinstellung des Motors
- ☐ gleichmäßiger Kompressionsdruck aller Motorzylinder
- ☐ Elektrodenabstand der Zündkerzen

Auf größte Sauberkeit bei Arbeiten am Kraftstoffteil der Einspritzanlage ist Wert zu legen.

Gesicherte Justierschrauben der Einspritzanlage dürfen nicht verstellt werden.

5.1.4.1 Besondere Hinweise zur D-Jetronic

Damit durch ungewollte Fremdeinwirkung die Steuerelektronik nicht zerstört wird, müssen folgende Punkte bei Fahrzeugen mit D-Jetronic unbedingt beachtet werden:

- ☐ Niemals ohne angeschlossene Batterie fahren
- ☐ Niemals die Zündung anschalten, wenn die eingebaute und angeschlossene Batterie an ein Batterieladegerät angeklemmt ist
- ☐ Niemals Starthilfe durch fremde Spannungsquellen geben
- ☐ Niemals bei eingeschalteter Zündung das Steuergerät anschließen oder abklemmen.

Zusätzlich soll bei Arbeiten an der D-Jetronic beachtet werden, daß die Stecker zum Abziehen seitlich anzufassen sind. Nicht an den Kabeln ziehen. Beim Aufstecken der Stecker die Abschrägungen des Steckers und der Führungsbuchse beachten.

Das Steuergerät muß vor Temperaturen über 80 °C geschützt werden.

5.1.4.2 Sonderwerkzeuge

Für die Prüf- und Einstellarbeiten an der D-Jetronic werden folgende Sonderwerkzeuge benötigt, die über die Bosch-Organisation bezogen werden können:

- ☐ Testgerät EFAW 228 zur Prüfung der D-Jetronic
- ☐ benzinfestes Druckmanometer, Meßbereich 0,5 bis 2,5 $bar_ü$

Bei Vorlage eines Schaltplans der jeweils zu prüfenden D-Jetronic kann das Testgerät EFAW 228 auch durch ein handelsübliches Voltmeter (Meßbereich 0–30 V) und durch ein handelsübliches Ohmmeter (Meßbereich 0–∞ Ω) ersetzt werden.

5.1.4.3 Einstellung der Leerlaufdrehzahl

Drehzahlmesser anschließen.
Betriebswarmen Motor starten und Leerlaufdrehzahl ablesen.
** Sollwert (allgemein): 950 ± 50/min
Falls erforderlich, Leerlaufdrehzahl durch Stellen der Luftbypass-Schraube am Drosselklappenstutzen auf Sollwert korrigieren.
Schraube hineindrehen: Leerlaufdrehzahl wird gemindert
Schraube herausdrehen: Leerlaufdrehzahl wird erhöht

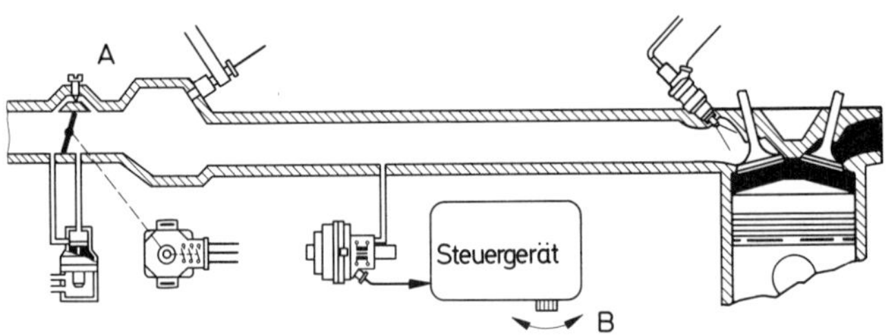

Bild 5.29 Die Einstellung der Leerlaufdrehzahl erfolgt bei der D-Jetronic an der Luftmengen-Regulierschraube (A) im Drosselklappenbypass. Der CO-Gehalt im Leerlaufabgas kann bei fast allen Fahrzeugen mit D-Jetronic an einem Potentiometer (B) am Steuergerät reguliert werden (Robert Bosch GmbH)

5.1.4.4 Einstellung des CO-Gehalts im Leerlauf

Drehzahlmesser und Abgastester anschließen.
Betriebswarmen Motor starten und Leerlaufdrehzahl sowie Leerlaufabgaswert ablesen.
** Sollwert Abgas (allgemein): 1,5 ± 0,5 Vol.-% CO
Falls erforderlich, zuerst Leerlaufdrehzahl korrigieren.
CO-Gehalt durch Drehen des Potentiometers am Steuergerät regulieren.
Anmerkung: Gesetzlich zulässiger CO-Gehalt im Leerlaufabgas 4,5 Vol.-%.
Anmerkung: Wird der Sollwert nicht erreicht, so ist die Einstellung des Drosselklappenschalters zu prüfen.

5.1.4.5 Einstellung des Druckreglers

Benzinfestes Druckmanometer an der Kraftstoffringleitung anschließen.
Betriebswarmen Motor starten und Kraftstoffdruck am Manometer bei Leerlaufdrehzahl ablesen.
** Sollwert (allgemein): 2,1 ± 0,1 bar Überdruck
Falls erforderlich, Kontermutter am Druckregler lösen und durch Drehen der Einstellschraube den Druck auf Sollwert korrigieren.
Schraube hineindrehen: Kraftstoffdruck wird erhöht
Schraube herausdrehen: Kraftstoffdruck wird niedriger

5.1.4.6 Einstellung des Drosselklappenschalters

Drosselklappenschalter am Sammelsaugrohr so weit lösen, daß er sich gerade drehen läßt. Sicherstellen, daß die Drosselklappe geschlossen ist. Ohmmeter an Klemme 14 und 17 des Drosselklappenschalters anschließen. Drosselklappenschalter von geöffneter Stellung (∞ Ω) exakt bis zur Schließstellung (0 Ω) drehen. In Drehrichtung den Schalter um einen halben Teilstrich auf seiner Befestigungsmarkierung weiterdrehen und festziehen.
Prüfen, ob bei geschlossener Drosselklappe der Widerstand 0 Ω beträgt und bei eben geöffneter Drosselklappe (1° bis 2° Öffnungswinkel) der Widerstand ∞ Ω ist.

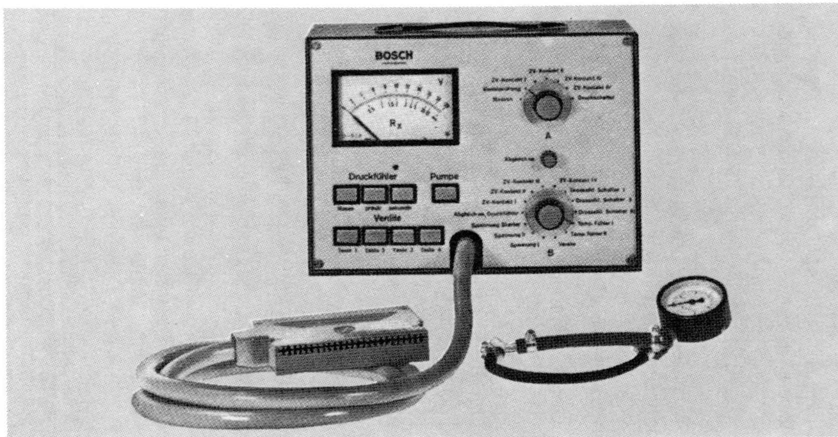

Bild 5.30 Bosch-Prüfgerät EFAW 228 A und benzinfestes Druckmanometer zur rationellen Fehlersuche an der D-Jetronic (Robert Bosch GmbH)

5.1.4.7 Aus- und Einbau der Elektrokraftstoffpumpe

Schutzkappe am Elektrostecker entfernen und Stecker abziehen.
Kraftstoffschläuche mit geeignetem Werkzeug abklemmen.
Pumpe ausbauen.
Beim Einbau ist zu beachten, daß neue Pumpen mit Prüfkraftstoff gefüllt sind. Deshalb beim Einbau einer neuen Pumpe zuerst den Zuflußschlauch aufstecken, Abklemmwerkzeug entfernen, Elektrostecker und Schutzkappe aufbringen und durch mehrmaliges Einschalten der Zündung die Pumpe so lange betreiben, bis sichergestellt ist, daß aus dem Druckanschluß der Pumpe reiner Kraftstoff austritt. Kraftstoff in geeignetem Behälter auffangen.
Einbauarbeiten beenden.

5.1.4.8 Wechsel des Kraftstoff-Feinfilters

Beim Einbau des Filters unbedingt die Durchflußrichtung beachten. Die Durchflußrichtung ist mit einem Pfeil gekennzeichnet.

5.1.4.9 Prüfung der D-Jetronic mit dem Bosch-Prüfgerät EFAW 228

Bei abgeschalteter Zündung Steuergerät ausbauen und 25poligen Vielfachstecker vorsichtig aus dem Steuergerät herausziehen.
In die vorgesehene Steckerleiste des Prüfgeräts den 25poligen Vielfachstecker einführen. Das Steuergerät wird in dieser Phase der Prüfung noch nicht auf den Stecker des Prüfgeräts aufgebracht. Zündung einschalten.
Allgemeine Prüfungsanleitung, nicht speziell auf ein Fahrzeug bezogen.

Kontrolle von	Geräte- und manuelle Bedienung	Sollwert
Spannungsversorgung des Steuergerätes	Schalter A auf Messen Schalter B auf Spannung I dann auf Spannung II	11–12,5 V
Anlasserspannung	Schalter A auf Messen Schalter B auf Spannung Starter	9–12 V
Abgleich	Schalter A auf Messen Schalter B auf Abgleich/ Druckfühler Durch Drehen des Abgleichknopfes Sollwert einstellen	∞ Ω
Widerstand zwischen den Wicklungen des Druckfühlers und Masse	Schalter A auf Messen Schalter B unverändert Taste Masse drücken	∞ Ω
Widerstand der Primärwicklung des Druckfühlers	Schalter A auf Messen Schalter B unverändert Taste Primär drücken	80–120 Ω
Widerstand der Sekundärwicklung des Druckfühlers	Schalter A auf Messen Schalter B unverändert Taste Sekundär drücken	300–400 Ω
Funktion der Auslösekontakte im Zündverteiler	Schalter A auf Messen Schalter B auf ZV-Kontakt I, dann auf ZV-Kontakt II. In jeder Schalterstellung den Motor 180° durchdrehen	wechselweise zwischen 0 Ω und ∞ Ω
Funktion des Vollastkontaktes im Zündverteiler (nur bei bestimmten Fahrzeugen)	Schalter A auf Messen Schalter B auf ZV-Kontakt IV, Drosselklappe langsam von Hand öffnen	∞ Ω bei geschlossener bis ca. $^2/_3$ geöffneter Drosselklappe
Funktion der Beschleunigungsanreicherung	Schalter A auf Messen Schalter B auf Drosselklappenschalter I, dann auf II umschalten Drosselklappe langsam von Hand voll öffnen	wechselweise 0 Ω und ∞ Ω je Schalterstellung 10mal
Funktion der Drosselklappeneinstellung	Schalter A auf Messen Schalter B auf Drosselklappenschalter III Drosselklappe geringfügig von Hand öffnen	0 Ω bei geschlossener und bei 1 bis 2° geöffneter Drosselklappe
Widerstand des Ansaugluft-Temperaturfühlers	Schalter A auf Messen Schalter B auf Temperaturfühler I	200–500 Ω bei + 20 °C
Widerstand des Motor-Temperaturfühlers	Schalter A auf Messen Schalter B auf Temperaturfühler II	0,5–2,5 kΩ bei + 20 °C

Kontrolle von	Geräte- und manuelle Bedienung	Sollwert
Widerstand der Einspritzventilwicklung mit Zuleitung	Schalter A auf Messen Schalter B auf Ventile. Nacheinander die Ventiltasten betätigen und jeweils Sollwert ablesen (Bei 6 und 8 Einspritzventilen jeweils einen Ventilstecker entsprechend Zündfolge abziehen)	2–3 Ω bei + 20 °C
Funktion der Einspritzventile	Schalter A auf Ventilprüfung Druckmanometer an Kraftstoffringleitung anschließen. Abwechselnd Taste Pumpe (Druckaufbau 2–2,2 bar$_{ü}$ und Ventiltasten 1 bis 4 drücken (Ventiltasten nur kurz betätigen, damit Motor nicht volläuft)	Druck von 2–2,2 bar$_{ü}$ muß beim Betätigen jeder einzelnen Ventiltaste deutlich abfallen
Druck in der Kraftstoffringleitung	Schalter A auf Ventilprüfung Taste Pumpe drücken, dabei Sollwert ablesen	2,0 bis 2,2 bar$_{ü}$
Dichtheit der Druckseite des Kraftstoffsystems	Schalter A auf Ventilprüfung Taste Pumpe drücken bis Systemdruck aufgebaut, dann Taste Pumpe loslassen	Druck darf schnell auf 1 bar$_{ü}$ abfallen, danach nur sehr langsam
Funktion des Elektrostartventils und des Thermoschalters bei mehr als 0 °C	Schalter A auf Ventilprüfung Taste Pumpe drücken, Starter kurz (1 s) betätigen Zündung ausschalten, Elektrostartventil mit Hilfskabel an Masse und Kl. 15 anschließen (Stecker abgezogen). Zündung einschalten	Druck darf nicht abfallen Druck muß sichtbar abfallen
Zündung ausschalten Steuergerät an das Prüfgerätekabel anschließen. Zündung einschalten.		
Versatz der Auslösekontakte im Zündverteiler	Schalter A auf ZV-Kontakt I, danach II, bei 8 Einspritzventilen weiter auf III und IV schalten. Sollwert bei ca. 1500/min des Motors je Prüfschritt ablesen	Der Zeiger muß sich auf einen Wert im oberen Ende der oberen Skala einpendeln Die Unterschiede zwischen allen Messungen sollen max. ± 2 Skalateilstriche betragen

5.1.4.10 Fehlersuchtabelle D-Jetronic

Diese Fehlersuchtabelle bezieht sich nur auf Beanstandungen an der Einspritzanlage. Den Werksvorschriften entsprechende Motorventileinstellung und einwandfreier Kompressionsdruck aller Zylinder sowie vorgeschriebener Zündzeitpunkt und einwandfreier Funktionszustand aller Bauteile der Zündanlage werden vorausgesetzt.

Beanstandung	Mögliche Ursachen, Fehler
Motor springt nicht an	Elektrokraftstoffpumpe arbeitet nicht, da a) Sicherung zum Pumpenrelais durchgebrannt b) Unterbrechung in elektrischer Zuleitung zum Pumpenrelais oder zur Elektrokraftstoffpumpe c) Elektrostecker der Pumpe abgefallen d) Pumpenrelais defekt e) Pumpenrelais keine Masse über Steuergerät erhält f) Hauptrelais oder Zuleitung zum Hauptrelais defekt Leitungsunterbrechung zwischen Kabelbaum und Starter Klemme 50 Leitungsunterbrechung zum Druckfühler Leitungsunterbrechung zum Temperaturfühler II Thermo- oder Thermozeitschalter defekt oder Leitungsunterbrechung Druckaufbau in Kraftstoffringleitung ungenügend, weil: a) Leistung der Elektrokraftstoffpumpe nicht ausreicht b) eine Druckleitung abgequetscht ist c) der Druckregler defekt ist
Motor springt kalt schwer an	Elektrostartventil defekt Leitungsunterbrechung zum Elektrostartventil Thermo- oder Thermozeitschalter defekt oder Leitungsunterbrechung
Motor springt an, geht aber unmittelbar danach wieder aus	Zeitweilig auftretende Leitungsunterbrechung an einem Meßfühler oder Relais Leitungsanschluß der Auslösekontakte unterbrochen oder lose Druckfühler defekt oder loser Steckeranschluß Zusatzluftschieber öffnet nicht, weil a) Blende schwergängig b) Stromversorgung zur Heizwicklung unterbrochen c) Innendefekt
Unbefriedigender Motorlauf in der Warmlaufphase	Zusatzluftschieber defekt (siehe oben) Leerlaufdrehzahl nicht korrekt eingestellt Leerlaufabgas nicht korrekt eingestellt Elektrostartventil undicht Einspritzventil undicht

Beanstandung	Mögliche Ursachen, Fehler
Leerlauf läßt sich nicht einstellen, zu hohe Leerlaufdrehzahl	Undichtheit im Leerlaufluftsystem Drosselklappe geht nicht in Leerlaufstellung, weil a) Drosselklappe schwergängig b) Betätigungsgestänge oder Seilzug hängt oder schwergängig Undichtheit am Sitz der Elektroeinspritzventile
Motor sägt im Leerlauf oder bei geringer Last	Undichtheit am Sitz der Elektroeinspritzventile Undichtheit im Leerlaufsystem Drosselklappenschalter verstellt Elektroeinspritzventile verkokt CO-Einstellung im Leerlauf nicht korrekt
CO-Gehalt im Leerlauf läßt sich nicht auf 4,5 Vol.-% CO einstellen	Luftfilter verstopft Undichtheit im Luftsystem des Motors Druckregler zu hoch eingestellt Motorsaugleistung zu gering
Motor beschleunigt schlecht, setzt aus	Übergangsanreicherung im Drosselklappenschalter defekt oder Leitungsunterbrechung
Motor hat Aussetzer im Fahrbetrieb	Steckerverbindung an einem Meßfühler oder an Einspritzventilen lose Kraftstoffdruck zu gering Einspritzventile ständig offen Einspritzventile verkokt Elektrostartventil defekt (offen) Zentralmasseleitung hat schlechte Verbindung Auslösekontakte im Zündverteiler verschmutzt oder zu hoher Übergangswiderstand
Motor erreicht nicht volle Leistung	Kraftstoffdruck zu niedrig Druckfühler defekt Drosselklappe öffnet nicht weit genug
Kraftstoffverbrauch zu hoch	Undichtes Einspritzventil Kraftstoffdruck zu hoch Temperaturfühler I und/oder II nicht angeschlossen oder Leitungsunterbrechung Temperaturfühler defekt Undichtes Elektrostartventil Drosselklappenschalter falsch eingestellt Verfrühte Vollastanreicherung

5.2 Bosch-L-Jetronic (1. und 2. Generation)

Bei der von der Firma Robert Bosch GmbH entwickelten L-Jetronic handelt es sich um eine Benzineinspritzanlage, bei der als wesentliche Bestimmung für die einzuspritzende Kraftstoffmenge das angesaugte Luftvolumen gemessen wird.

Bei der Entwicklung der L-Jetronic standen die Reduzierung der schädlichen Abgasbestandteile zur Erfüllung jetziger und künftig zu erwartender gesetzlicher Vorschriften sowie die Herabsetzung und Vereinfachung der Bauteile im Vordergrund.

Die L-Jetronic zieht als Steuergröße nicht den Saugrohrdruck heran, sondern mißt die angesaugt Luftmenge. Das »L« steht für Luftmengenmessung.

Die Luftmengenmessung bietet für die elektronische Einspritzung folgende Vorteile:

- ☐ Kompensation von Füllungsgradunterschieden, die durch Herstellungstoleranzen, motorischen Verschleiß oder Ablagerungen im Brennraum des Motors hervorgerufen werden
- ☐ Kompensation der Füllungsgradänderung durch drehzahlabhängige Ladungsvorgänge
- ☐ Kompensation von Änderungen des Abgasgegendrucks, die durch die Verwendung von thermischen und katalytischen Reaktoren und deren Verschleißerscheinungen sowie der Änderung der geographischen Höhenlage und des Tagesatmosphärendrucks entstehen
- ☐ Einsparung einer Beschleunigungsanreicherung, da das vom Luftmengenmesser abgegebene Signal der Füllung der Motorzylinder voreilt
- ☐ Bessere Stabilität des Leerlaufs
- ☐ Rückführung eines Abgasanteils zur Senkung der Brennraumtemperatur, da der Luftmengenmesser nur die angesaugte Frischluft mißt und nach dieser vom Steuergerät der Kraftstoff zugeteilt wird

Weitere Vorteile des Systems sind:

- ☐ Einfacher Aufbau der Steuerelektronik, daher geringe Störanfälligkeit
- ☐ Durch Verwendung integrierter Schaltungen geringer Bauaufwand in der Steuerelektronik

- Bei geringem Mehraufwand sind zusätzliche Steuerungsmöglichkeiten für künftige Abgaskontrollsysteme gegeben
- Bei nachlassender Saugleistung des Motors wird das Kraftstoff-Luft-Gemisch magerer, so daß auch mit verschlissenen Motoren die Abgasvorschriften sicher eingehalten werden.

Die L-Jetronic verfügt über drei zusammenwirkende Systeme, nämlich:

- Kraftstoffsystem
- Luftsystem
- elektronische Steuerung mit Korrektureinheiten

Vom Kraftstoffbehälter wird über ein Kraftstoff-Filter durch eine elektrisch angetriebene Rollenzellenpumpe Kraftstoff angesaugt und unter Druck in die Kraftstoffringleitung oder das Drucksystem gegeben. Damit wird der Kraftstoff an die Elektroeinspritzventile und das Elektrostartventil geführt. Der Druck im Kraftstoffsystem wird durch einen Druckregler bestimmt, von dem eine Rücklaufleitung zum Kraftstoffbehälter führt.

Über das Luftfilter gelangt die Ansaugluft durch den Luftmengenmesser hindurch zur Drosselklappe in das Saugsammelrohr. Dem Luftmengenmesser sowie dem Saugsammelrohr sind ein bzw. zwei Luftbypässe zugeordnet. Ferner befindet sich am Sammelrohr ein Unterdruckanschluß für den Druckregler.

Vom elektronischen Steuerungssystem werden alle von den Meßfühlern kommenden Informationen aufgenommen und in einen zeitabhängigen Steuerungsimpuls umgewandelt, durch den die Elektroeinspritzventile zeitabhängig gesteuert werden.

5.2.1 Kraftstoffsystem

Das Kraftstoffsystem ist identisch im Aufbau seiner Aggregate mit dem System der D-Jetronic (siehe Abschnitt 5.1.1), jedoch sind die nachfolgend beschriebenen Abweichungen zu berücksichtigen.

5.2.1.1 Druckrohrsystem

Das Druckrohrsystem unterscheidet sich vom konventionellen Aufbau der Kraftstoffringleitung darin, daß in diese eine zusätzliche Ringleitung, das Verteilerdruckrohr, integriert ist. Vom Verteilerdruckrohr werden die Einspritzventile und das Elektrostartventil mit Kraftstoff versorgt. Der Druckregler ist ebenfalls im Verteilerdruckrohr angeordnet.

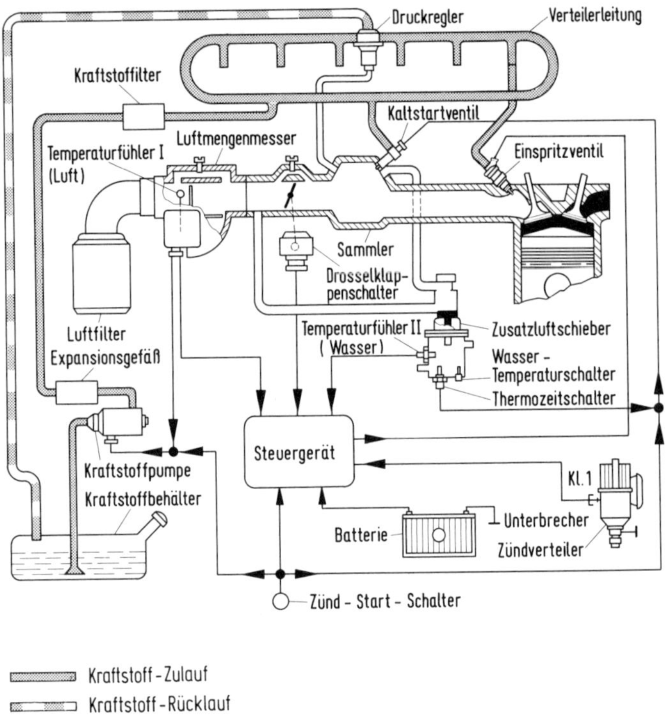

Bild 5.31 Gesamtanlage eines Fahrzeugs, Bosch-L-Jetronic mit Druckrohrsystem (Robert Bosch GmbH)

5.2.1.2 Druckregler

Der Druckregler der L-Jetronic wird in der Federkammer vom Absolutdruck des Saugrohrs beaufschlagt. Dadurch wird die Differenz zwischen dem Absolutdruck im Saugrohr und dem Kraftstoffdruck im Ringleitungssystem konstant und die Einspritzmenge unabhängig vom Absolutdruck im Saugrohr gehalten. Der Druckregler hält den Kraftstoffdruck im System bei Vollast je nach Fahrzeugtyp auf 2,5 bis 3,0 bar Überdruck konstant.

5.2.1.3 Elektroeinspritzventile

Der einzige Unterschied zwischen den Einspritzventilen der D- und der L-Jetronic besteht im kleineren Öffnungsquerschnitt bei den L-Jetronic-Ventilen. Das liegt daran, daß mit der L-Jetronic zweimal je Kurbelwellenumdrehung Kraftstoff eingespritzt wird, während dieser Vorgang bei der D-Jetronic je Nockenwellenumdrehung nur einmal erfolgt.

Mit Einsatz der LE-Jetronic änderte sich auch der Innenwiderstand der Elektroeinspritzventile. Er beträgt:

L-Jetronic	2,5 Ω bei +20 °C
LE-Jetronic	16,2 Ω bei +20 °C

Das Verwechseln der Einspritzventile unterschiedlicher Widerstände im Reparaturfall hat zur Folge, daß das Steuergerät Schäden erleidet. Deshalb sind die Elektroeinspritzventile 16,2 Ω der LE-Jetronic als Orientierungshilfe mit einem gelben Anschlußgehäuse versehen.

5.2.2 Luftsystem

Das Luftsystem der L-Jetronic unterscheidet sich grundlegend von der D-Jetronic.

5.2.2.1 Luftmengenmesser

Vom Luftmengenmesser wird das Quantum der angesaugten Luft in ein Spannungssignal umgewandelt. Dieses Signal und die Drehzahleingabe über den Zündverteiler bestimmen hauptsächlich die einzuspritzende Kraftstoffmenge.

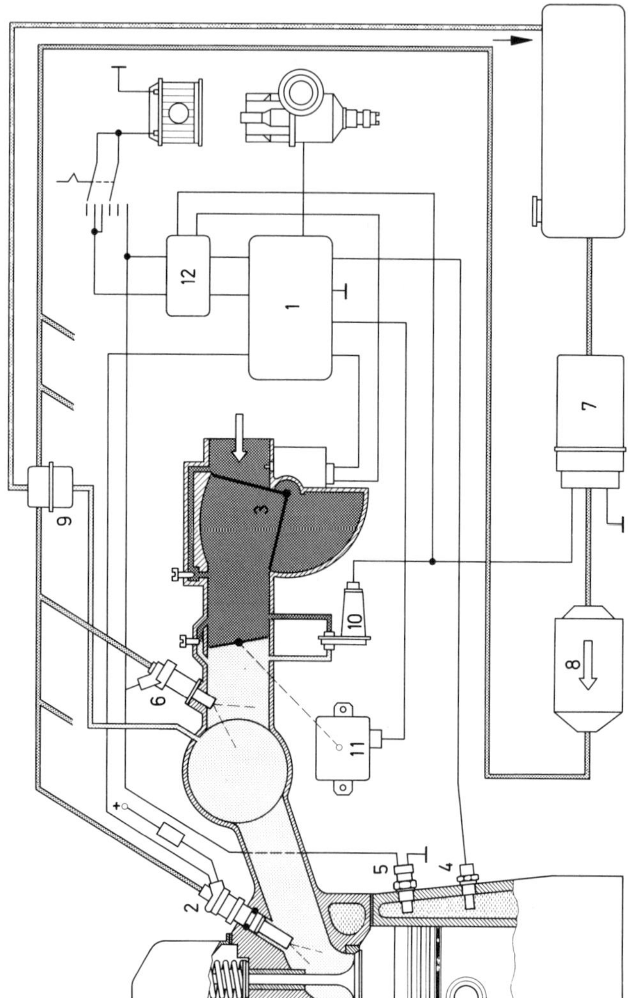
12
1
7
3
9
10
8
6
11
+
5
4
2

Bild 5.33 Kraftstoffdruckregler der L-Jetronic (Robert Bosch GmbH)

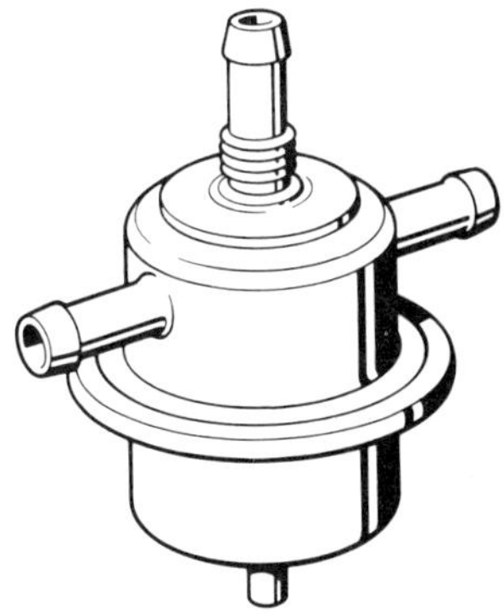

Bild 5.34 Schnitt durch den Kraftstoffdruckregler der L-Jetronic (Robert Bosch GmbH)
1 Kraftstoffanschluß
2 Rücklauf zum Kraftstoffbehälter
3 Ventilträger
4 Membran
5 Druckfeder
6 Unterdruckanschluß
7 Ventil

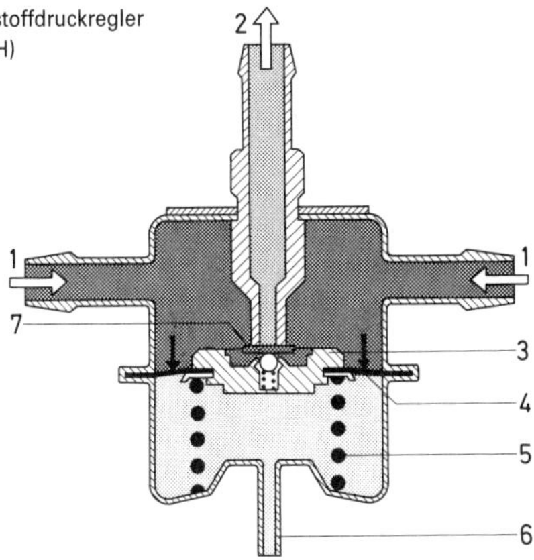

◀
Bild 5.32 Die Bosch-L-Jetronic ist ein intermittierend arbeitendes Niederdruck-Einspritzsystem, das in Abhängigkeit von der angesaugten Luftmenge elektronisch gesteuert wird (Robert Bosch GmbH)
1 elektronisches Steuergerät
2 Elektroeinspritzventil
3 Luftmengenmesser
4 Temperaturfühler
5 Thermozeitschalter
6 Elektrostartventil
7 Elektrokraftstoffpumpe
8 Kraftstoffilter
9 Kraftstoffdruckregler
10 Zusatzluftschieber
11 Drosselklappenschalter
12 Relaiskombination

Die Kraft der vom Motor angesaugten Luftmenge wird im Luftmengenmesser auf eine bewegliche Stauklappe übertragen. Diese wird entsprechend der Luftströmung und der wirksamen Rückstellkraft einer Feder ausgelenkt und in einer bestimmten Winkelstellung gehalten. Von der Welle der Stauklappe wird ein Potentiometer betätigt, das die Auslenkung der Stauklappe in ein Spannungssignal umwandelt und dem Steuergerät meldet. Zwischen Luftmenge und abgegebener Spannung besteht ein umgekehrt proportionaler Zusammenhang.

Die mit der Stauklappe fest verbundene Kompensationsklappe gleicht eventuell auftretende Rückdruckschwingungen aus, da ihre Fläche identisch mit der Stauklappenfläche ist. Rückdruckschwingungen bleiben dadurch ohne Auswirkungen auf die Luftmengenmessung. Durch das der Kompensationsklappe zur Verfügung stehende Volumen werden außerdem Schwingungen des Meßsystems weitgehend vermieden.

In der Stauklappe ist ein Rückschlagventil angeordnet, welches bei Rückzündungen des Motors in das Saugrohr öffnet. Es soll Beschädigungen der Stauklappe ausschließen.

Die Zusammenhänge zwischen Luftmenge, Klappenwinkel, Potentiometerspannung und eingespritztem Kraftstoff sind im Bild 5.38 dargestellt. Bei einer bestimmten angesaugten Luftmenge, die durch den Luftmengenmesser strömt, ergibt sich die theoretisch notwendige Kraftstoffmenge (Punkt D_1). Außerdem stellt sich in Abhängigkeit von der Luftmenge ein bestimmter Klappenwinkel (Punkt B) ein. Durch den annähernd logarithmischen Kurvenverlauf bleibt der relative Meßfehler im gesamten Regelbereich weitgehend konstant. Dadurch ist eine genaue Anpassung im Leerlauf und im Teillastbereich gegeben. Das von der Stauklappe betätigte Potentiometer liefert, entsprechend dem Öffnungswinkel der Stauklappe, ein Spannungssignal (Punkt C) an das Steuergerät. Vom Steuergerät werden die Einspritzventile impulsgesteuert, wobei der Punkt D_2 die eingespritzte Kraftstoffmenge in Abhängigkeit von der Luftmenge darstellt.
Deutlich ist zu erkennen, daß die theoretisch notwendige und tatsächlich eingespritzte Kraftstoffmenge gleich sind (Linie D_1–D_2).

5.2.2.2 Zusatzluftschieber

Aufbau und Wirkungsweise der Zusatzluftführung sind identisch mit der D-Jetronic. Es wird auf Abschnitt 5.1.2.1 verwiesen.

5.2.3 Elektronische Steuerung und Korrektureinheiten

5.2.3.1 Temperaturfühler

Bei der L-Jetronic kommt der Temperaturfühler II wie in der D-Jetronic zum Einsatz. Es wird auf Abschnitt 5.1.3.3 verwiesen. Der Temperaturfühler I für die Ansaugluft ist je nach Fahrzeugtyp in Parallel- oder Reihenschaltung in das Meßwerk des Luftmengenmessers integriert.

5.2.3.2 Elektrische Anschlüsse

Die von der D-Jetronic übernommenen Bauteile verfügen alle über geänderte elektrische Steckeranschlüsse. Ein Austausch der Teile untereinander ist deshalb nicht möglich.

5.2.3.3 Drosselklappenschalter

Weil das vom Luftmengenmesser abgegebene Spannungssignal der Motorfüllung voreilt, ist die Beschleunigungsanreicherung im Drosselklappenschalter überflüssig. Dieser ist daher stark vereinfacht. Er verfügt lediglich über je einen Kontakt für die Leerlauf- und die Vollastbestimmung. Die Kontakte werden in einer Kulisse geführt und schließen bei einer bestimmten Drosselklappenstellung. Das Steuersignal wird vom Steuergerät bei der Zumessung der Kraftstoffmenge berücksichtigt.

Soweit erforderlich, übernimmt ein zusätzliches Kontaktpaar die Steuerung der Abgasrückführung.

5.2.3.4 Elektronisches Steuergerät

Das Steuergerät besteht hauptsächlich aus drei integrierten Schaltkreisen sowie einer geringen Anzahl von Halbleiterbauelementen, Kondensatoren, Abgleichwiderständen und Siebgliedern. Der bautechnische Aufwand ist von rund 300 Bauelementen der D-Jetronic auf ca. 80 Bauelemente bei der L-Jetronic gesenkt worden. Das Steuergerät ist, ähnlich der D-Jetronic, über einen Kabelbaum und einen Vielfachstecker mit der Einspritzanlage verbunden. Der Vielfachstecker der L-Jetronic verfügt über 35 Pole.

Vom Steuergerät wird den Elektroeinspritzventilen ein Steuerimpuls geliefert, der diese für eine genau bemessene Zeit öffnet. Zur

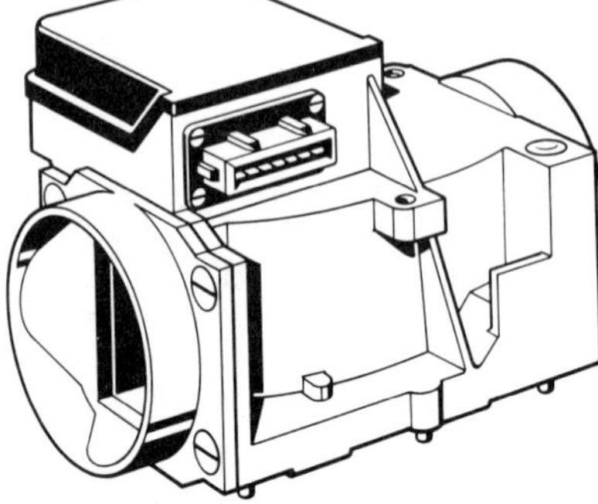

Bild 5.35 Luftmengenmesser der L-Jetronic (Robert Bosch GmbH)

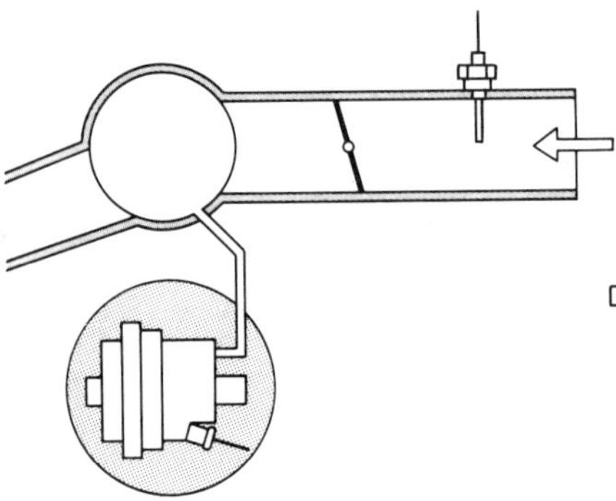

D -Jetronic

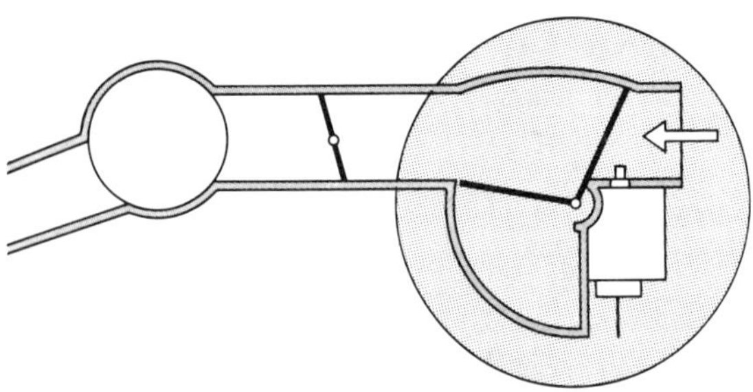

L -Jetronic

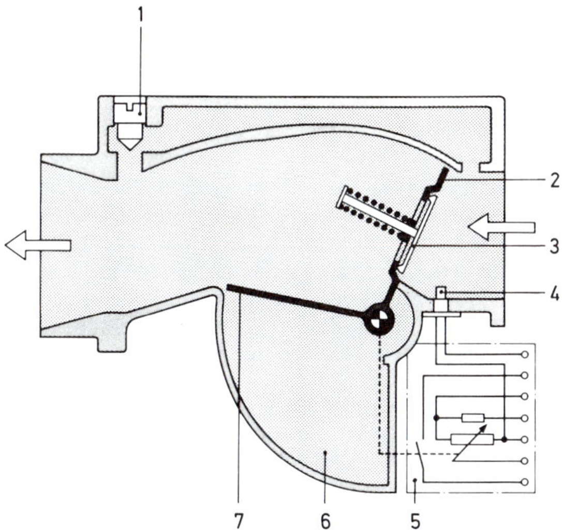

Bild 5.37 Schematisches Schnittbild eines Luftmengenmessers (Robert Bosch GmbH)
1 Leerlaufgemisch-Regulierschraube
2 Stauklappe
3 Rückschlagventil
4 Lufttemperaturfühler
5 Potentiometer mit elektrischen Anschlüssen
6 Dämpfungsvolumen
7 Kompensationsklappe

Bestimmung der Öffnungszeit verarbeitet das Steuergerät die Informationen der Meßfühler, die den jeweiligen Betriebszustand des Motors in elektrische Werte umwandeln.

5.2.3.4.1 Einspritzzeitpunkt

Die Elektroeinspritzventile der L-Jetronic sind parallel geschaltet. Sie spritzen zweimal gleichzeitig je Nockenwellenumdrehung jeweils die Hälfte der benötigten Kraftstoffmenge ab. Die daraus resultierende Kraftstoffvorlagerung führt zu einer verbesserten Gemischbildung. Außerdem verringert sich durch diese Schaltung der elektronische Aufwand im Steuergerät erheblich, und die Zu-

◀ Bild 5.36 Vergleich der Meßsysteme von D- und L-Jetronic (Robert Bosch GmbH)
Bei der D-Jetronic wird der Absolutdruck im Sammelsaugrohr nach Passieren der Drosselklappen gemessen und in einen Induktionsstrom umgewandelt.
Bei der L-Jetronic wird die angesaugte Luftmenge vor der Drosselklappe gemessen und als Spannungssignal an das Steuergerät weitergeleitet.

ordnung zwischen Nockenwellenwinkel und Einspritzzeit ist nicht mehr erforderlich. Es wird für diese Anlage somit der Auslösekontakteinschub im Zündverteiler überflüssig. Die Steuerung der Einspritzimpulse erfolgt vom Unterbrecherkontakt der Batteriezündanlage.

Bei einem 4-Zylinder-Motor öffnet der Unterbrecherkontakt viermal pro Arbeitszyklus des Motors. Weil nur zweimal in dieser Phase Kraftstoff über die Elektroeinspritzventile abgegeben wird, muß im Steuergerät eine Halbierung der Frequenz vorgenommen werden. Für einen 6-Zylinder-Motor gilt dann der Untersetzungsfaktor 3, für einen 8-Zylinder-Motor der Untersetzungsfaktor 4.

Um ein schnelles Öffnen der Einspritzventile zu gewährleisten, sind mit den Ventilen Hochleistungswiderstände in Reihe geschaltet. Diese sind in einem besonderen Aggregat vereint und zwischen die Wicklungen der Einspritzventile und den Pluspol der Batterie geschaltet.

5.2.3.4.2 Einspritzdauer

In Bild 5.42 ist die Entstehung der Einspritzimpulse dargestellt, durch die die Elektroeinspritzventile zeitabhängig geöffnet werden.

Die vom Unterbrecherkontakt der Batterie-Zündanlage kommenden Impulse (1) werden im Impulsumformer in rechteckige Impulse (2) umgewandelt.

Entsprechend der Zylinderzahl des Motors muß die eingegebene Impulszahl untersetzt werden, im vorgegebenen Beispiel auf die Hälfte (3).

Die Rechteckimpulse laden einen Kondensator auf (4). Die Entladung des Kondensators leitet den Einspritzimpuls (t_E) ein, wobei die Stauklappenstellung im Luftmengenmesser als Maß für die angesaugte Luftmenge (Q_L) die ausschlaggebende Größe für die Einspritzdauer ist. Verschiedene Korrekturgrößen über Leerlauf oder Vollast (Drosselklappenschalter), Motortemperatur (Temperaturfühler) und Einspritzfrequenz (Unterbrecherkontakt) ergeben zusammen mit dem Signal des Luftmengenmessers die Einspritzdauer (5), die als Impuls an die Einspritzventile (6) weitergegeben wird.

Die Anzugszeiten der Elektroeinspritzventile nehmen mit der Batteriespannung ab, die Schließzeiten verlängern sich. Das hätte zur Folge, daß bei steigender Batteriespannung, aber gleichem Steuerimpuls die Elektroeinspritzventile länger geöffnet sind. Dieser Einfluß wird durch eine gegenläufige Schaltung im Steuergerät kompensiert.

5.2.4 Elektrische Steuerung

Die gesamte elektrische Versorgung der Einspritzanlage wird durch die Relaiskombination gesteuert.

5.2.4.1 Steuerung der Elektrokraftstoffpumpe

Das Pumpenrelais, im Doppelrelais angeordnet, setzt die Elektrokraftstoffpumpe in Betrieb. Von der Klemme 50 des Anlassers wird das Pumpenrelais während des Startens angesteuert, die Elektrokraftstoffpumpe läuft. Das Pumpenrelais wird bei angesprungenem Motor über einen Kontakt im Luftmengenmesser weiterhin mit Spannung versorgt, der von der Stauklappe betätigt wird. Bei stehendem Motor wird dieser Kontakt durch die Stauklappe geöffnet, so daß die Stromversorgung der Elektrokraftstoffpumpe unterbrochen ist. Somit kann bei eingeschalteter Zündung und stehendem Motor die Elektrokraftstoffpumpe nicht fördern (Vollaufsicherung).

5.2.4.2 Stromversorgung

Das ebenfalls in das Doppelrelais integrierte Hauptrelais versorgt bei eingeschalteter Zündung das Steuergerät mit Spannung. Ferner werden die Vorwiderstände der Elektroeinspritzventile auf Batterie-Plus geschaltet. Die Öffnung der Einspritzventile erfolgt vom Steuergerät durch eine Massesteuerung.

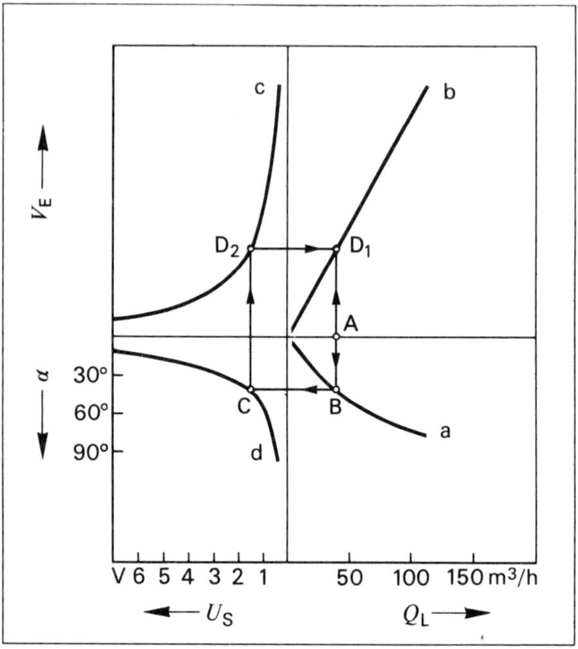

Bild 5.38 Darstellung der Zusammenhänge zwischen Luftmenge, Stauklappenwinkel, Spannung am Potentiometer und eingespritzter Kraftstoffmenge
(Robert Bosch GmbH)

a) Klappenwinkel des Luftmengenmessers α
b) Spannung am Potentiometer U_s
c) vom Steuergerät ermittelte Kraftstoffmenge V_E
d) Theoretisch benötigte Kraftstoffmenge des Motors, aus der angesaugten Luftmenge Q_L ermittelt

Bild 5.39 Drosselklappenschalter der L-Jetronic bei abgenommenem Deckel (Robert Bosch GmbH)
1 Vollastkontakt
2 Schaltkulisse
3 Drosselklappenwelle
4 Leerlaufkontakt

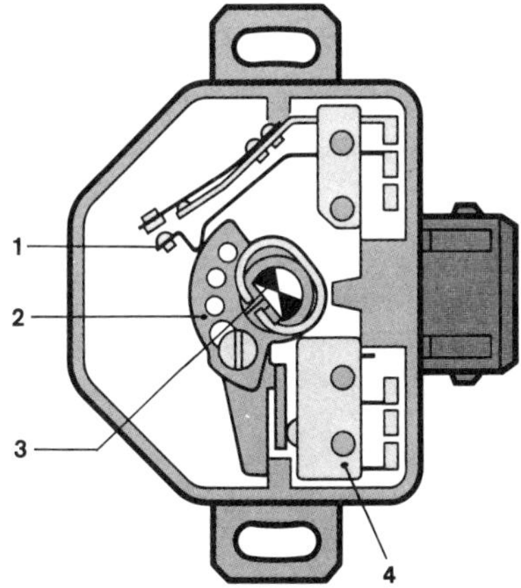

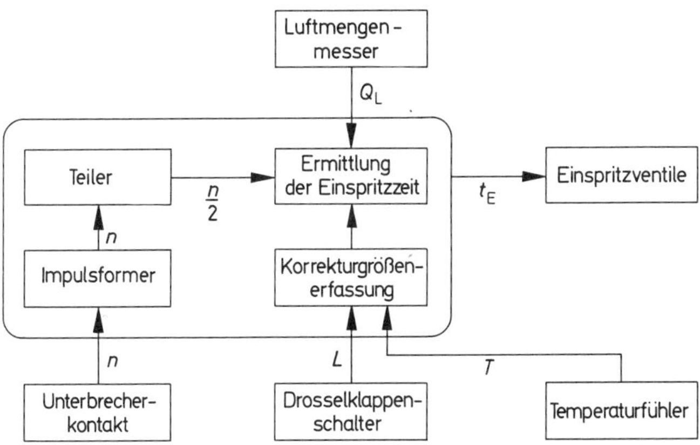

Bild 5.40 Entstehung der Einspritzimpulse bei der L-Jetronic (Robert Bosch GmbH)
Das Steuergerät erhält folgende Informationen:

1 Drehzahl $= n$
2 Luftmenge $= Q_L$
3 Temperatur $= T$
4 Leerlauf, Vollast $= L_L$
Es formt aus diesen Informationen die
5 Einspritzzeit $= t_E$

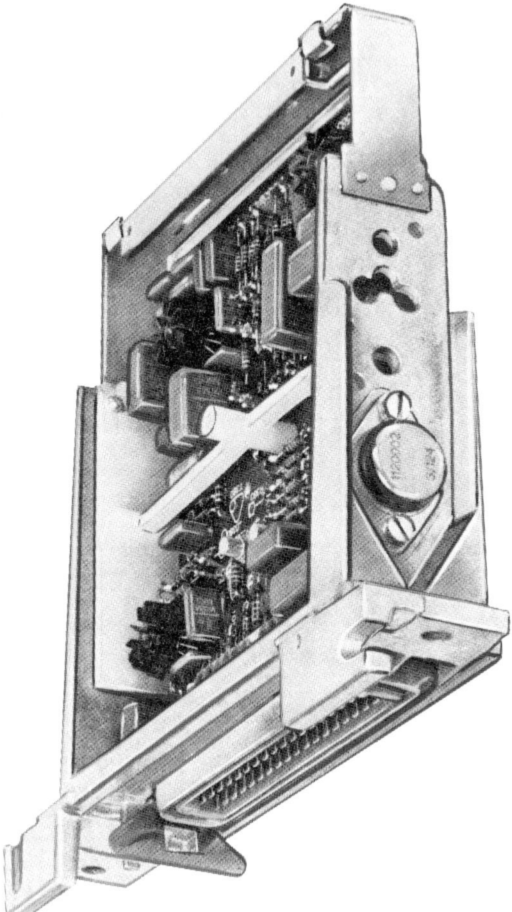

Bild 5.41 Steuergerät der Bosch-L-Jetronic (Robert Bosch GmbH)

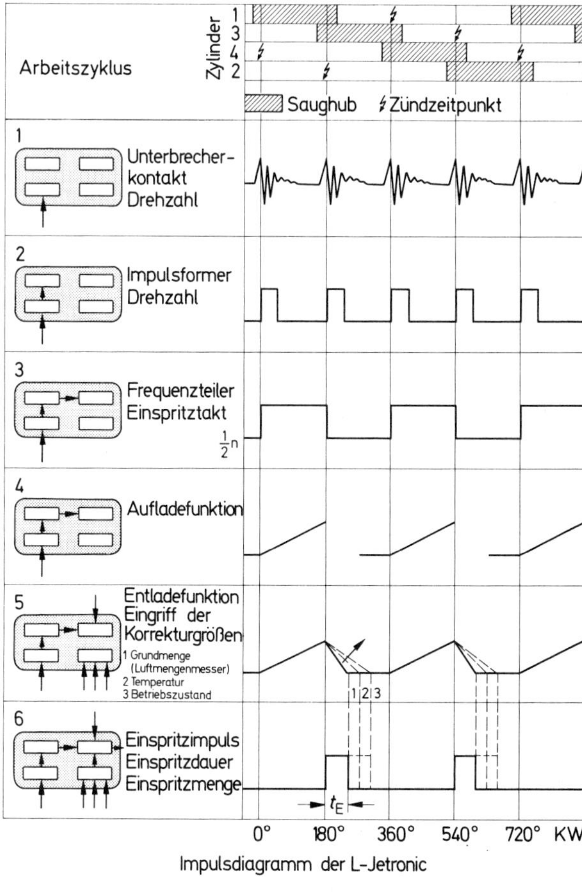

Bild 5.42 Entstehung der Einspritzimpulse bei der L-Jetronic (Robert Bosch GmbH)

5.2.5 Prüf- und Einstellarbeiten an der L-Jetronic

Die L-Jetronic ist, abgesehen von der turnusmäßigen Erneuerung des Kraftstoff-Feinfilters, wartungsfrei.

Die erforderlichen Einstellarbeiten beschränken sich auf die Korrektur der Leerlaufdrehzahl und des CO-Gehalts im Leerlaufabgas.

Einstellarbeiten an der L-Jetronic können nur dann erfolgreich sein, wenn motorseitig alle Voraussetzungen erfüllt sind. Besonders sind die folgenden Punkte zu beachten:

- ☐ Schließwinkel und Zündzeitpunkt
- ☐ Ventileinstellung des Motors
- ☐ Gleichmäßiger Kompressionsdruck aller Zylinder
- ☐ Elektrodenabstand der Zündkerzen
- ☐ Umgebungstemperatur ca. +15 °C bis +30 °C
- ☐ Betriebswarmer Motor, ca. +80 °C Öltemperatur

Auf größte Sauberkeit bei Arbeiten am Kraftstoffteil der Einspritzanlage ist zu achten.
Gesicherte Justierschrauben der Einspritzanlage dürfen nicht verstellt werden.

5.2.5.1 Besondere Hinweise zur L-Jetronic

Damit durch Fremdeinwirkung die Steuerelektronik nicht ungewollt zerstört wird, müssen folgende Punkte unbedingt beachtet werden:

- ☐ Niemals ohne angeschlossene Batterie fahren
- ☐ Niemals die Zündung einschalten, wenn die eingebaute und mit dem Bordnetz verbundene Batterie an ein Batterieladegerät angeschlossen ist
- ☐ Niemals Starthilfe durch fremde Spannungsquellen geben
- ☐ Niemals bei eingeschalteter Zündung das Steuergerät anschließen oder abklemmen
- ☐ Das Steuergerät vor Temperaturen über +80 °C schützen

5.2.5.2 Sonderwerkzeuge

Neben den handelsüblichen Werkzeugen wird für Prüfarbeiten an der L-Jetronic das Bosch-Prüfgerät ETJ 00200 benötigt.

5.2.5.3 Einstellung der Leerlaufdrehzahl

Drehzahlmesser anschließen.
Betriebswarmen Motor starten und Leerlaufdrehzahl ablesen.
** Sollwert (allgemein): 950 ± 50/min.
Falls erforderlich, Leerlaufdrehzahl durch Stellen der Luftbypass-Schraube am Drosselklappenstutzen auf Sollwert korrigieren.
Schraube hineindrehen: Leerlaufdrehzahl wird niedriger
Schraube herausdrehen: Leerlaufdrehzahl wird höher

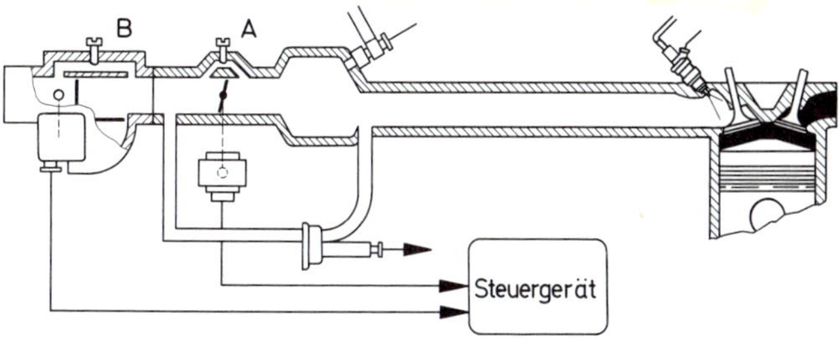

Bild 5.43 Die Einstellung der Leerlaufdrehzahl erfolgt bei der L-Jetronic an der Luftmengen-Regulierschraube (A) im Drosselklappenbypass. Der CO-Gehalt im Leerlaufabgas wird mit der Regulierschraube (B) im Bypass des Luftmengenmessers korrigiert (Robert Bosch GmbH)

5.2.5.4 Einstellung des CO-Gehalts im Leerlaufabgas

Drehzahlmesser und Abgastester anschließen.
Betriebswarmen Motor starten und Leerlaufdrehzahl sowie Leerlaufabgaswert ablesen.
** Sollwert Abgas (allgemein): 1,5 ± 0,5 Vol.-% CO
Falls erforderlich, zuerst Leerlaufdrehzahl korrigieren.
CO-Gehalt durch Regulieren der Bypass-Schraube im Luftmengenmesser auf Sollwert einstellen.
Achtung: Auf Grund der ECE-Bestimmungen sind die die Abgaszusammensetzung beeinflussenden Einstellvorrichtungen ab Oktober 1976 gesichert (gilt nur für Neufahrzeuge). Die Sicherungen müssen zur Durchführung der Einstellung zerstört werden. Damit ist sichergestellt, daß diese Arbeiten nur von autorisierten Fachwerkstätten durchgeführt werden, da nur diese Ersatzsicherungen erhalten. Die TÜV-Prüfstellen sind angewiesen, die Unversehrtheit der Sicherungen bei den Regeluntersuchungen zu prüfen. Anmerkung: Gesetzlich zulässiger CO-Gehalt im Leerlaufabgas 4,5 Vol.-%.

5.2.5.5 Prüfung der L-Jetronic mit dem Bosch-Prüfgerät ETJ 00200

Die Prüfung der L-Jetronic bezieht sich auf folgende Funktionen:

1. Spannungsversorgung des Steuergerätes über das Doppelrelais
2. Spannungsversorgung der Elektrokraftstoffpumpe über das Doppelrelais
3. Leitungsunterbrechungen im Kabelraum der Einspritzanlage
4. Funktion des Pumpensteuerungskontakts im Luftmengenmesser
5. Potentiometer im Luftmengenmesser
6. Widerstände von Zusatzluftschieber und Elektrokraftstoffpumpe
7. Widerstand des Temperaturfühlers II

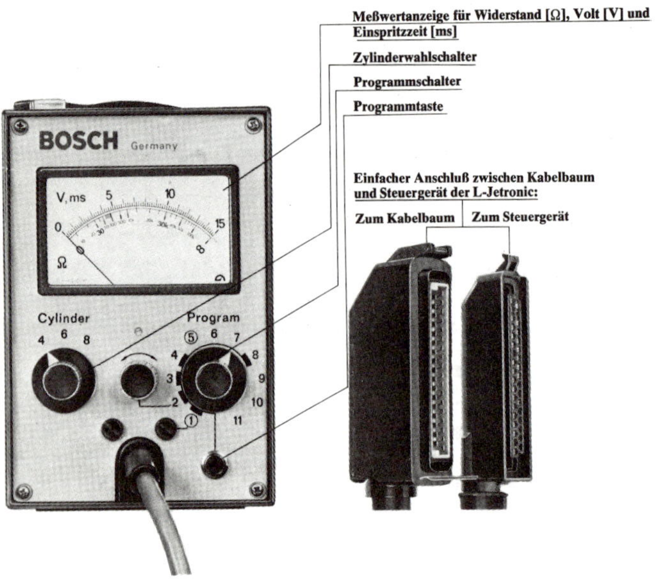

Bild 5.44 Bosch-.Prüfgerät ETJ 00200 zur rationellen Fehlersuche an der Bosch-L-Jetronic (Robert Bosch GmbH)

8. Widerstände am Drosselklappenschalter
   a) Leerlaufkontakt
   b) Vollastkontakt
   c) Leitungswiderstand
9. Elektrische Prüfung des Steuergeräts
10. Bewegung der Ventilnadel der Elektroeinspritzventile

5.2.5.6 Prüfung der Bosch-L-Jetronic mit handelsüblicher Prüflampe, Ohmmeter und Drehzahlmeßgerät

Aber auch ohne das Bosch-Prüfgerät ETJ 00200 ist die Prüfung der L-Jetronic möglich. Benötigt wird dazu:
1 Prüflampe 12 V, 2 W mit handelsüblichen Prüfspitzen
1 Ohmmeter mit Anzeigebereich 0 bis 5000 Ω
1 Drehzahlmesser

Zur Prüfung braucht das Steuergerät nicht ausgebaut zu werden. Der Kabelbaumstecker ist vom Steuergerät zum Prüfen der Informationsgeber im Motorraum zu trennen.

Bei der Prüfung werden die Klemmen der Steckerleiste, beginnend von 1 an, gezählt. Die Klemmen 1 bis 18 befinden sich auf der langen Steckerleiste, die Klemmen 19 bis 35 auf der etwas kürzeren. Klemme 1 und 19 befinden sich jeweils auf der Kabelbaumeingangsseite. Bei der L-Jetronic für Opel – der nachfolgende Prüfplan bezieht sich darauf – sind die Anschlüsse 11, 19, 21, 31 und 35 nicht belegt.

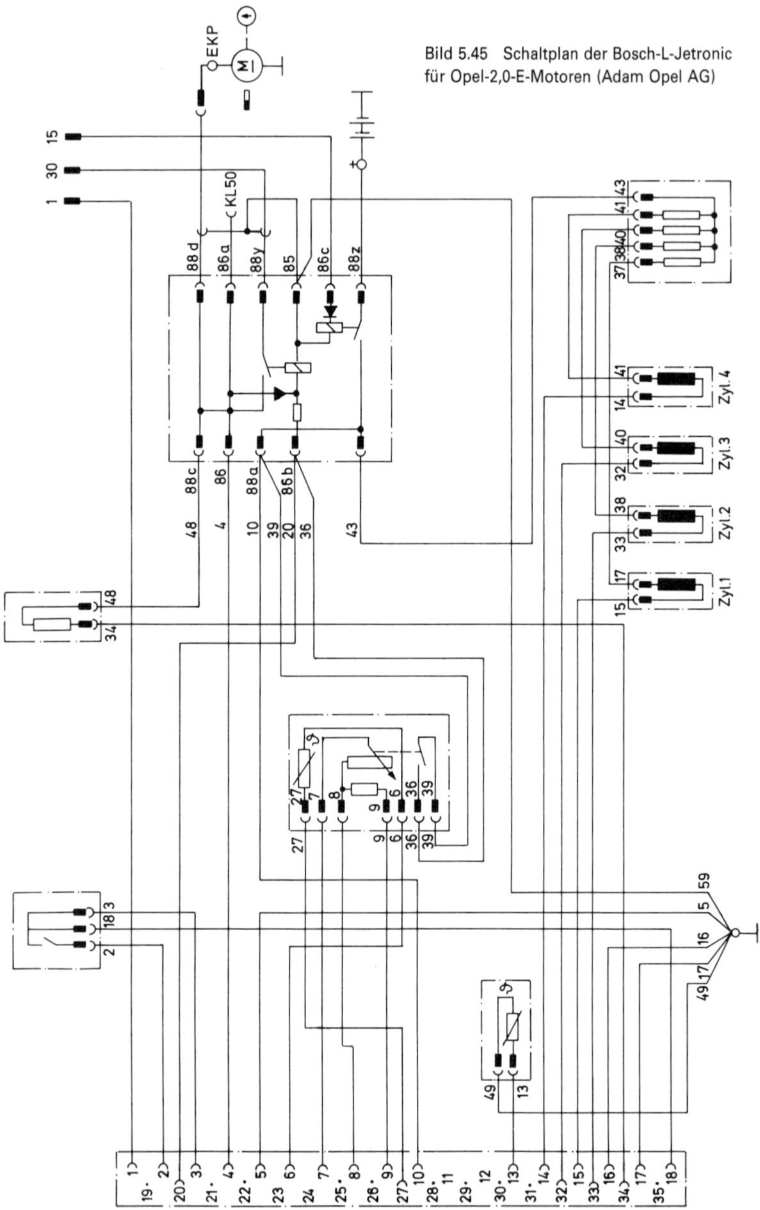

Bild 5.45 Schaltplan der Bosch-L-Jetronic für Opel-2,0-E-Motoren (Adam Opel AG)

Zu prüfen Funktion/ Aggregat	Prüfung mit	Messen zwischen Klemmen	Zur Prüfung ist	Anzeige (Soll)	Bei Fehlfunktion	Bemerkung
Versorgungs-spannung	Prüf-lampe	10 (+) und Masse Karosserie	Zündung ein	Prüflampe brennt	Doppelrelais defekt; Versorgung Doppelrelais unterbrochen. Unterbrechung Leitung 10; Batterie-Plus zum Doppelrelais fehlt	
Masse Einspritz-anlage	Prüf-lampe	10 (+) und 5 (−) 10 (+) und 15 (−) 10 (+) und 17 (−)	Zündung ein	Prüflampe brennt	Anschluß Zentral-masse fehlt; Unter-brechung Leitung 5 bzw. 16 und /oder 17	
Auslösung Einspritz-impuls	Prüf-lampe	10 (+) und 1 (−)	Anlasser kurz betätigen	Prüflampe flackert wie Unterbrecher-kontakt	Unterbrechung Kabel-baumleitung 1; Zündanlage; Unterbrecher-kontakt im Zündverteiler er-setzen	
Startsignal vom An-lasser für Steuergerät	Prüf-lampe	4 (+) und 5 (−)	Anlasser kurz betätigen	Prüflampe brennt	Unterbrechung zwischen Kl. 50 am Anlasser und Doppelrelais Unterbrechung Leitung 4; Doppel-relais defekt	Lampe darf nur so lange brennen, solange Anlasser betätigt wird. Wenn Lampe bei ,,Zündung ein'' brennt, prüfen, warum Spannung an Kl. 86a

Zu prüfen Funktion/ Aggregat	Prüfung mit	Messen zwischen Klemmen	Zur Prüfung ist	Anzeige (Soll)	Bei Fehlfunktion	Bemerkung
Relaiskombination (Pumpenteil)	Prüflampe	20 (+) und 5 (–)	Anlasser kurz betätigen	Prüflampe brennt	Relaiskombination defekt; Masse Relaiskombination fehlt; Relaiskombination defekt; Pumpensicherung durchgebrannt	
Zusatzluftschieber	Prüflampe	34 (+) und 5 (–)	Anlasser kurz betätigen	Prüflampe brennt schwach	Kabelbaumunterbrechung; Zusatzluftschieber defekt	
Einspritzventile	Prüflampe	14 (+) und 5 (–) 15 (+) und 5 (–) 32 (+) und 5 (–) 33 (+) und 5 (–)	Zündung ein	Prüflampe brennt	Unterbrechung Kabelbaum; Vorwiderstand defekt; Einspritzventil defekt	
Luftmengenmesser	Ohmmeter	6 und 7 6 und 8 6 und 9 8 und 9 27 und 6	Zündung aus bei 20 °C	ca. 50 Ω ca. 180 Ω ca. 280 Ω ca. 100 Ω ca. 350 Ω	Unterbrechung und/oder Kurzschluß im Kabelbaum. Luftmengenmesser defekt	
Einspritzventil und Vorwiderstand	Ohmmeter	14 und 15 15 und 32 32 und 33 33 und 14	Zündung aus	15 bis 19 Ω	Kabelbaumunterbrechung suchen. Ventil und Vorwiderstand mit Ohmmeter einzeln durchmessen. Ventil = 2 bis 3 Ω, Vorwiderstand = 5,5 bis 6,5 ∞. Defekte Teile ersetzen	

Zu prüfen Funktion/ Aggregat	Prüfung mit	Messen zwischen Klemmen	Zur Prüfung ist	Anzeige (Soll)	Bei Fehlfunktion	Bemerkung
Temperatur-fühler II	Ohm-meter	13 und 5	Zündung aus	temperatur-abhängig: 0 °C = ca. 5500 Ω 20 °C = ca. 2600 Ω 80 °C = ca. 300 Ω	Kabelbaumunter-brechung bzw. Temperaturfühler ersetzen	
Auslösung Leerlauf-kontakt im Drossel-klappen-schalter	Ohm-meter	2 und 18	Zündung aus Gaspedal erst in Leerlauf-stellung	0 Ω	Kabelbaumunter-brechung suchen bzw. Drossel-klappenschalter wechseln	
			Gaspedal betätigen	∞ Ω		
Auslösung Vollast-anreicherung im Drossel-klappen schalter	Ohm-meter	3 und 18	Zündung aus Gaspedal erst in Leerlauf-stellung	∞ Ω		
			Gaspedal ganz durchtreten	0 bis 10 Ω		
Pumpen-kontakt im Luftmengen-messer	Prüf-lampe	20 und 5	Luftschlauch am Luft-mengenmesser abziehen Zündung ein. Stauklappe von Hand auslenken	Prüflampe brennt; Pumpenlauf (akustisch wahrnehmbar)	Kabelbaumunter-brechung suchen bzw. Luftmengen-messer ersetzen	Prüflampe darf bei eingeschal-teter Zündung und stehen-dem Motor nicht brennen. Andernfalls Luft-mengenmesser ersetzen

5.2.5.7 Fehlersuchtabelle L-Jetronic

Diese Fehlersuchtabelle bezieht sich nur auf Beanstandungen an der Einspritzanlage. Den Werksvorschriften entprechende Motorventileinstellung und einwandfreier Kompressionsdruck aller Motorzylinder sowie vorgeschriebener Zündzeitpunkt und Schließwinkel werden vorausgesetzt.

Beanstandung	Mögliche Ursachen, Fehler
Motor springt nicht an	Elektrokraftstoffpumpe arbeitet nicht, da a) Doppelrelais stromlos b) Unterbrechung in elektrischer Zuleitung zum Pumpenrelais oder zur Elektrokraftstoffpumpe c) Elektrostecker an der Pumpe lose d) Zuleitung von Klemme 50 (Starter) zum Pumpenrelais unterbrochen e) Steuerkontakt im Luftmengenmesser defekt Leitungsunterbrechung zum Temperaturfühler II, Thermo- oder Thermozeitschalter defekt oder Leitungsunterbrechung Elektrostartventil defekt oder Leitungsunterbrechung Druckaufbau im Kraftstoffsystem ungenügend, weil: a) Leistung der Elektrokraftstoffpumpe nicht ausreicht b) eine Druckleitung abgequetscht ist c) der Druckregler defekt ist Stauklappe im Luftmengenmesser klemmt
Motor springt an, geht aber unmittelbar danach wieder aus	Zeitweilig auftretende Unterbrechung an einem Meßfühler, Relais oder in einer Steuerleitung Undichtigkeit auf der Saugseite des Motors hinter dem Luftmengenmesser

Beanstandung	Mögliche Ursachen, Fehler
	Stauklappe des Luftmengenmessers schwergängig oder hängt Zusatzluftschieber öffnet nicht, weil: a) Blende schwergängig b) Stromversorgung zur Heizwicklung unterbrochen c) Innendefekt
Unbefriedigender Motorlauf in der Warmlaufphase	Undichtigkeit auf der Saugseite des Motors hinter dem Luftmengenmesser Stauklappe des Luftmengenmessers schwergängig oder hängt Zusatzluftschieber defekt, schwergängige Blende oder Heizwicklung unterbrochen Leerlaufdrehzahl nicht korrekt eingestellt Leerlaufabgas nicht korrekt eingestellt Einspritz- oder Startventil undicht
Leerlauf läßt sich nicht einstellen, zu hohe Leerlaufdrehzahl	Undichtigkeit auf der Saugseite des Motors hinter dem Luftmengenmesser Stauklappe des Luftmengenmessers schwergängig oder klemmt Drosselklappe schwergängig oder klemmt
CO-Gehalt im Leerlaufabgas zu niedrig	Undichtigkeit auf der Saugseite des Motors hinter dem Luftmengenmesser Leerlaufabgas nicht korrekt eingestellt
Motor beschleunigt schlecht, ruckelt	Undichtigkeit auf der Saugseite des Motors hinter dem Luftmengenmesser Stauklappe des Luftmengenmessers schwergängig
Motor hat im Fahrbetrieb Aussetzer	Steckerverbindung an einem Meßfühler oder Einspritzventil lose Kraftstoffdruck zu gering Einspritzventile verkokt Elektrostartventil defekt Masseverbindung zur Steuerelektronik ungenügend

Beanstandung	Mögliche Ursachen, Fehler
Motor erreicht nicht volle Leistung	Kraftstoffdruck zu niedrig Stauklappe schwergängig, hängt Drosselklappe öffnet nicht weit genug
Kraftstoffverbrauch zu hoch	Undichte Einspritzventile Kraftstoffdruck zu hoch Temperaturfühler II defekt Undichtes Elektrostartventil

5.3 Bosch-L-Jetronic (3. Generation – LE-Jetronic)

1981 begann die Serienfertigung der 3. Generation der L-Jetronic, in Kurzform teilweise auch LE-Jetronic genannt. Mit ihr konnten bei wesentlich vergrößertem Funktionsumfang die Herstellkosten gesenkt werden.

Das wurde möglich durch ein kostenoptimiertes elektronisches Steuergerät mit wesentlich vereinfachter elektronischer Schaltung sowie Änderungen am Luftmengenmesser und an den Einspritzventilen. Die Vorwiderstände für die Einspritzventile entfallen, und es wird bereits in Verbindung mit dieser Anlage erprobt, in der nächstfolgenden Generation die Kaltstartsteuerung derart zu verwirklichen, daß auch das Kaltstartventil und der Thermozeitschalter nicht mehr erforderlich sind.

Die L-Jetronic der 3. Generation entspricht in Aufbau und Funktion im wesentlichen der bisherigen L-Jetronic der 1. und 2. Generation, jedoch sind einige Komponenten modifiziert. Die Vorteile der 3. Generation sind:

- ☐ geringerer Kraftstoffverbrauch
- ☐ verbesserte Kundendienstfreundlichkeit
- ☐ erhöhte Dauerhaltbarkeit.

Das Steuergerät ist in den Abmessungen kleiner und leichter. Durch Verwendung weiterer integrierter Schaltkreise konnte der Anteil der Halbleiter reduziert werden.

Die Schubabschaltung gehört bei der LE-Jetronic zum Serienumfang. Ihre Auslösung erfolgt über den Drosselklappenschalter. Sie bringt im ECE-Test bekanntlich 3 bis 5% Kraftstoffersparnis. Weiterhin sind die Anschlußklemmen von bisher 35 auf 25 reduziert worden. Die Kaltstartsteuerung wurde aus dem Steuergerät entfernt. Sie erfolgt über das Kaltstartventil, welches vom Thermozeitschalter gesteuert wird.

Durch Verwendung neuer Wicklungsmaterialien mit höherem Wicklungswiderstand und der neuen Elektronik im Steuergerät wird eine noch exaktere Kraftstoffeinspritzung erreicht. Der Widerstand der Einspritzventilwicklung ist von 2,5 Ω auf 16,2 Ω geändert worden.

Da das Verwechseln der Einspritzventile zwischen alter und neuer Ausführung in der Reparatur eine Zerstörung des Steuer-

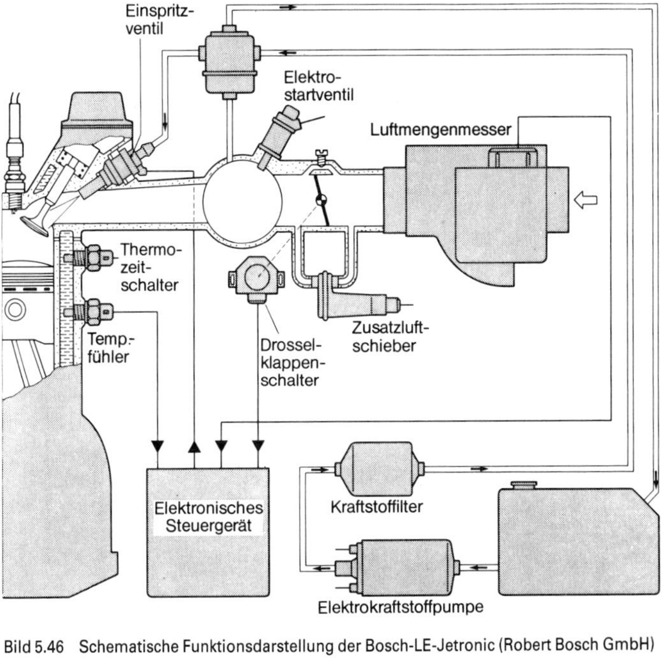

Bild 5.46 Schematische Funktionsdarstellung der Bosch-LE-Jetronic (Robert Bosch GmbH)

Bild 5.47 Steuergerät der Bosch-L-Jetronic 3. Generation mit neuer Schalttechnik (Robert Bosch GmbH)

gerätes bewirken kann, sind die zur L-Jetronic der 3. Generation gehörenden Einspritzventile durch ein gelbes Anschlußgehäuse gekennzeichnet.
Die von der L-Jetronic 1. und 2. Generation bekannten Vorwiderstände an den Einspritzventilen fallen bei der L-Jetronic der 3. Generation fort.

Am Luftmengenmesser ist der Pumpenkontakt entfallen. Der Temperaturfühler Luft wurde parallel zum Spannungsteiler geschaltet. Dadurch wurde es möglich, die Kabelanschlüsse von bisher 7 Stück auf nur noch 4 Stück zu reduzieren. Ein vorhandener 5. Anschluß ist nicht belegt.

Auch das Steuerrelais ist bei der L-Jetronic 3. Generation neu. Es besteht aus einem elektronischen Zeitglied und einem Schaltrelais. Durch das elektronische Zeitglied wird erreicht, daß bei stehenbleibendem Motor, unabhängig vom Grund des Stillstands, innerhalb von etwa 0,15 Sekunden die Kraftstofförderung unterbrochen wird. Das Steuerrelais ersetzt die bisher bei der L-Jetronic erforderliche Relaiskombination und den Pumpenkontakt im Luftmengenmesser.

Auch am Kabelbaum haben sich Änderungen gegenüber der L-Jetronic ergeben. Bedingt durch die Änderungen der Jetronic-Komponenten und durch Zusammenfassung von Ansteuer- und Versorgungsleitungen, konnte die Anzahl der Leitungen im Kabelbaum von bisher 21 auf 11 Leitungen reduziert werden. Der

Kabelbaumstecker und die Steckerleiste am Steuergerät sind ebenfalls entsprechend geändert worden.

Bei der LE-Jetronic konnte der Kraftstoffdruck im System von bisher 3,0 bar auf 2,5 bar abgesenkt werden.

Im Detail hat sich bei der L-Jetronic der 3. Generation folgendes geändert:

Steuergerät

Das Steuergerät wurde schaltungstechnisch völlig neu entwickelt und wesentlich kompakter als zuvor ausgeführt. Die elektronischen Funktionen blieben im Vergleich zur L-Jetronic der 2. Generation trotzdem voll erhalten. Verringert wurde auch die Anzahl der Anschlußklemmen am Steuergerät von 35 auf 25 Anschlüsse. Diese Minderung wurde aufgrund des Fortfalls der Relaiskombination und der geänderten Steuerung der Einspritzventile möglich. Auch die stromregelnde Endstufe der Einspritzventile konnte aufgrund geänderter Ventilauslegung entfallen.

Serienmäßig ist in Verbindung von Steuergrät und Drosselklappenschalter nun eine Schubabschaltung bei einer Drehzahl über 1600/min und geschlossener Drosselklappe möglich. Folge: Kraftstoffersparnis zwischen 3 und 5 %.

Luftmengenmesser

Der Luftmengenmesser wurde durch Festsetzung des Nennluftdurchsatzes weiter optimiert. Die gesamte Einheit wurde leichter und kleiner. Der Lagerzapfen der Stauklappe wurde vergrößert, was der Dauerhaltbarkeit zugute kommt. Der Kontakt zur Steuerung der Elektrokraftstoffpumpe im Luftmengenmesser entfällt, jedoch konnte der Temperaturfühler für die Ansaugluft in die Schaltung des Potentiometers des Luftmengenmessers integriert werden. Folge: Die von der Temperatur der Ansaugluft abhängige Zumessung der Kraftstoffmenge wurde wesentlich verfeinert und die Zahl der Anschlüsse am Luftmengenmesser auf 5 reduziert. Der mit «M» bezeichnete Anschluß am Luftmengenmesser dient ausschließlich dem Abgleich der Anlage beim Hersteller.

Steuerrelais

Die Relaiskombination der L-Jetronic der 1. und 2. Generation wird vom Steuerrelais (Bild 5.48) ersetzt. Es übernimmt die gesamte Stromversorgung der Einspritzanlage. Ferner enthält das Steuerrelais den Pumpenkontakt und damit die Steuerung der Vollaufsicherung.

Beim Startvorgang wird das Steuerrelais über Klemme 50 des Anlassers aktiviert. Es versorgt die gesamte Kraftstoffanlage und die Elektrokraftstoffpumpe mit Spannung. Nach dem Startvorgang wird das Steuerrelais bei einer Drehzahl über 150/min weiterhin geschlossen gehalten und somit die Spannungsversorgung des Einspritzsystems und der Elektrokraftstoffpumpe sichergestellt.

Überstromdruckregler

Der Überstromdruckregler (Bild 5.49) ist äußerlich baugleich mit dem Druckregler der L-Jetronic der 1. und 2. Generation. Zur Unterscheidung ist er auf dem Gehäuse durch einen grünen Farbpunkt gekennzeichnet. Der Überstromdruckregler ist auf einen höheren Druck, nämlich auf 2,6 bis 3,4 bar, ausgelegt.

Einspritzventil

Die Einspritzventile der 3. Generation sind mit einem gelben Anschlußstecker gekennzeichnet, um Verwechselungen mit Ventilen der 1. und 2. Generation auszuschließen. Die Einspritzventile der 3. Generation verfügen über Messingspulen (1. und 2. Generation = Kupferspulen), die einen höheren Widerstand aufweisen. Vorteil: Es genügt eine einfache Endstufe im Steuergerät, die zusätzlichen Vorwiderstände entfallen. Die minusseitige Ansteuerung der Einspritzventile erfolgt vom Steuergerät in zwei Gruppen zu je 2 oder 3 Einspritzventilen, je nach Zylinderzahl des Motors. Die plusseitige Steuerung wird vom Steuerrelais übernommen.

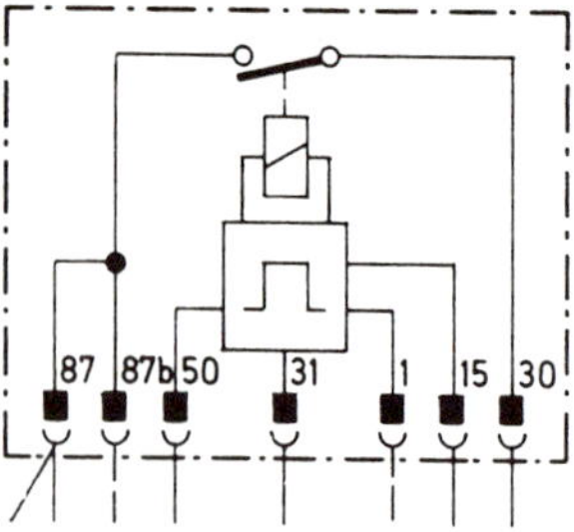

Bild 5.48 Steuerrelais der L-Jetronic 3. Generation (BMW)

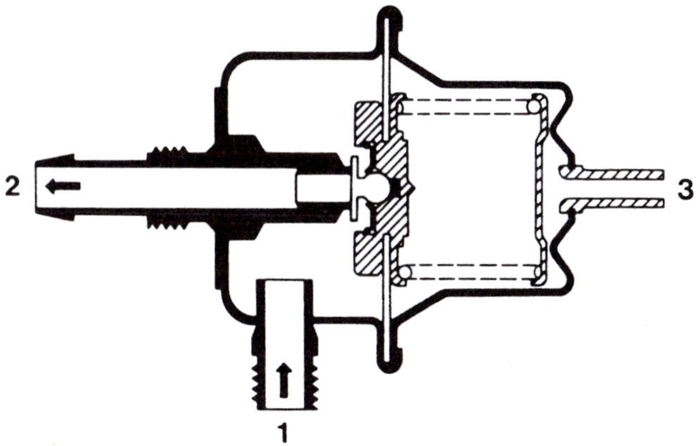

Bild 5.49 Überstromdruckregler der L-Jetronic 3. Generation (BMW)
Es bedeuten:
1 Kraftstoffzulauf
2 Kraftstoffrücklauf
3 Unterdruckanschluß

5.3.1 Prüf- und Einstellarbeiten

Auch für die L-Jetronic der 3. Generation gelten die allgemeinen Hinweise für Prüf- und Einstellarbeiten, wie sie bereits für die D- und L-Jetronic 1. und 2. Generation Gültigkeit haben. Demnach ist folgendes zu beachten:

- ☐ Motor nie ohne fest angeschlossene Batterie starten.
- ☐ Zum Starten des Motors keinen Schnellader verwenden.
- ☐ Nie bei laufendem Motor die Batterie vom Bordnetz trennen.
- ☐ Bei Temperaturen über +80 °C ist das Steuergerät auszubauen (Trockenkabine anläßlich einer Reparaturlackierung).
- ☐ Auf einwandfreien Sitz aller Anschlußstecker des Kabelbaums achten.
- ☐ Auf einwandfreie Verbindung aller Masseanschlüsse achten.
- ☐ Den Kabelbaumstecker am Steuergerät nie bei eingeschalteter Zündung aufstecken oder abziehen.
- ☐ Bei einer Kompressionsdruckprüfung ist die Stromversorgung für das Steuerrelais durch Abziehen des Relaissteckers zu unterbrechen.

☐ Vor jeder Prüfarbeit an der L-Jetronic 3. Generation erst die einwandfreie Einstellung des Motors sicherstellen.

Da das Bosch-Prüfgerät ETJ 00202 nicht für die Prüfung der L-Jetronic 3. Generation verwendet werden kann, erfolgt die Prüfung unter Verwendung von
1 Prüflampe 12 V, 2 Watt mit handelsüblichen Prüfspitzen
1 Ohmmeter mit einem Anzeigebereich von 0 bis 5000 Ohm
1 Drehzahlmesser.

Zur Prüfung braucht das Steuergerät nicht ausgebaut zu werden. Der Kabelbaumstecker ist vom Steuergerät zu trennen. Die Kontaktklemmen der Steckerleiste sind auszuzählen. Die Klemmen 1 bis 13 sind auf der langen Steckerleiste, die Klemmen 14 bis 25 auf der kürzeren Steckerleiste aufgebracht. Klemme 1 befindet sich auf der Kabelbaumeingangsseite. Die Steckerklemmen 14 bis 25 sind nicht belegt.

Bild 5.50 Schaltplan der Bosch-L-Jetronic 3. Generation für Opel-2.0-E-Motoren (Opel AG) ▶

Es bedeuten:
1 Steckerleiste Steuergerät
2 Steuerrelais
3 Sicherung
4 Kraftstoffpumpe
5 Einspritzventil
6 Einspritzventil
7 Einspritzventil
8 Einspritzventil
9 Kaltstartventil
10 Thermozeitschalter
11 Luftmengenmesser
12 Drosselklappenschalter
13 Zusatzluftschieber
14 Temperaturfühler (Kühlmittel)
15 Masseklemme Kabelbaum
16 Masseklemme Kabelbaum

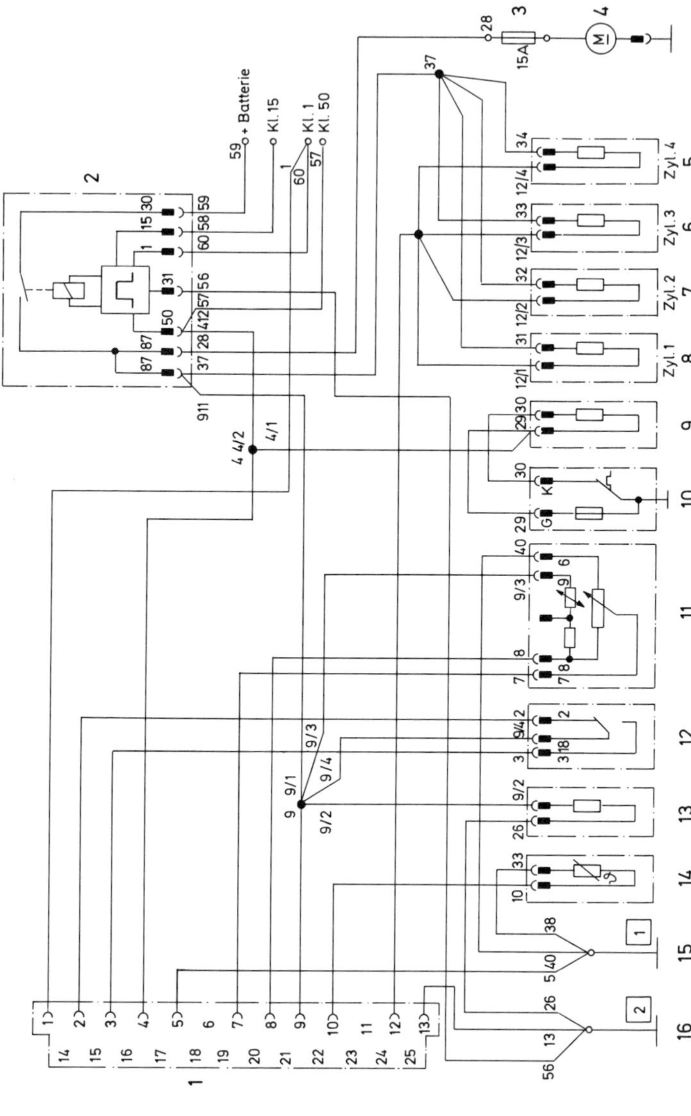
+ Batterie
Kl. 15
Kl. 1
Kl. 50
15A
Zyl. 4
Zyl. 3
Zyl. 2
Zyl. 1

Prüftabelle L-Jetronic 3. Generation für Opel 2.0-E-Motoren (Opel AG)

Zu prüfen Funktion/ Aggregat	Prüfung mit	Messen zwischen Klemmen	Zur Prüfung ist	Anzeige (Soll)	Bei Fehlfunktion	Fehlersuche
Signal Klemme 1	Prüflampe	1 und 5	Zündung ein, Motor starten	Prüflampe brennt schwach – nach ca. 1 s hell u. flackert beim Starten	Unterbrechung Kabelbaum	Zündung ausschalten. Leitung Kl. 1 vom Mehrfachstecker zur Zündspule Kl. 1 und Leitung Kl. 5 vom Mehrfachstecker zur Masseklemme. Elektronik mit Widerstandsmesser auf Durchgang prüfen. Sollwert ca. 0 Ω.
Steuerrelais, Starter	Prüflampe	4 und 5	Zündung ein, Motor starten	Prüflampe brennt	Unterbrechung Kabelbaum	Zündung ausschalten. Leitung Kl. 4 vom Mehrfachstecker zum Steuerrelais Kl. 50 mit Widerstandsmesser auf Durchgang prüfen. Sollwert ca. 0 Ω.
Steuerrelais, Spannungsversorgung	Prüflampe	9 und 5	Zündung ein, Motor starten	Prüflampe brennt	Unterbrechung Kabelbaum, Steuerrelais defekt	Zündung ausschalten. Batterie abklemmen. Leitung Kl. 9 vom Mehrfachstecker zum Steuerrelais Kl. 87 und vom Steuerrelais Kl. 30 zur Batterie Plusanschluß mit Widerstandsmesser auf Durchgang prüfen. Sollwert ca. 0 Ω. Wenn Prüflampe weiterhin nicht brennt, Steuerrelais ersetzen.
Masse Endstufe	Ohmmeter	13 und 5	Zündung aus	ca. 0 Ω	Kabelbaum (Masseverbindung) nicht einwandfrei	Leitung Kl. 13 vom Mehrfachstecker zur Messeklemme Endstufe (2) und Leitung Kl. 5 zur Masseklemme. Elektronik (1) mit Widerstandsmesser auf Durchgang prüfen.

Zu prüfen Funktion/ Aggregat	Prüfung mit	Messen zwischen Klemmen	Zur Prüfung ist	Anzeige (Soll)	Bei Fehlfunktion	Fehlersuche
Einspritzventile	Ohmmeter	12 und 9	Zündung aus	ca. 4 Ω	Unterbrechung Kabelbaum, defektes Einspritzventil	Leitung Kl. 12 vom Mehrfachstecker zu den Elektroeinspritzventilen sowie zum Drehzahlrelais Kl. 87 und Klemme 9. Im Mehrfachstecker mit Widerstandsmesser auf Durchgang prüfen. Jedes Einspritzventil auf Durchgang prüfen. Sollwert 15 bis 19 Ω.
Drosselklappenschalter (Leerlaufkontakt)	Ohmmeter	2 und 9	Zündung aus. Gaspedal in Leerlaufstellung	ca. 0 Ω	Unterbrechung Kabelbaum oder Drosselklappenschalter defekt	Leitung Kl. 2 vom Mehrfachstecker zum Drosselklappenschalter Kl. 2 und vom Drosselklappenschalter Kl. 9/4 zum Mehrfachstecker Kl. 9 mit Widerstandsmesser auf Durchgang prüfen. Drosselklappenschalter einstellen siehe Seite 3.
			Gaspedal niedergetreten	∞ Ω		
Drosselklappenschalter (Vollastkontakt)		3 und 9	Gaspedal in Vollaststellung	ca. 0 Ω		Leitung Kl. 3 vom Mehrfachstecker zum Drosselklappenschalter Kl. 3 und vom Drosselklappenschalter Kl. 9/4 zum Mehrfachstecker Kl. 9 auf Durchgang prüfen. Sollwert siehe Anzeige (Soll).
Temperaturfühler II	Ohmmeter	10 und 5	Zündung aus	bei 0 °C = 4,8 bis 6,6 kΩ 20 °C = 2,2 bis 2,8 kΩ 40 °C = 1,0 bis 1,4 kΩ 80 °C = 270 bis 380 Ω 100 °C = ca. 200 Ω	Unterbrechung Kabelbaum, Temperaturfühler defekt	Leitung Kl. 10 vom Mehrfachstecker zum Temperaturfühler Kl. 10 und Leitung Kl. 38 vom Temperaturfühler zur Masseklemme. Elektronik auf Durchgang prüfen. Sollwert ca. 0 Ω.

Zu prüfen Funktion/ Aggregat	Prüfung mit	Messen zwischen Klemmen	Zur Prüfung ist	Anzeige (Soll)	Bei Fehlfunktion	Fehlersuche
Luftmengenmesser	Ohmmeter	8 und 9	Zündung aus	160 bis 300 Ω	Kabelbaum oder Luftmengenmesser defekt	Leitung Kl. 8 vom Mehrfachstecker zum Luftmengenmesser Kl. 8 und Leitung Kl. 9 vom Luftmengenmesser zum Mehrfachstecker mit Widerstandsmesser auf Durchgang prüfen. Sollwert ca. 0 Ω.
		7 und 5	Zündung aus	60 bis ca. 1000 Ω		Leitung Kl. 7 vom Mehrfachstecker zum Luftmengenmesser Kl. 7 und Leitung Kl. 40 zum Mehrfachstecker Kl. 5 auf Durchgang prüfen. Sollwert ca. 0 Ω.
Kaltstartventil und Thermozeitschalter	Ohmmeter	4 und 5	Leitung 57 am Anlasser Kl. 50 abziehen. Nach der Prüfung Stecker wieder aufstecken	über 35 ± 3 °C 50 bis 75 Ω unt. 35 ± 3 °C 3 bis 5 Ω	Kabelbaum-Unterbrechung bzw. Kaltstartventil und Thermozeitschalter nacheinander ersetzen bis Sollwerte erreicht werden	Widerstand des Kaltstartventils an den Klemmen 29 und 30 messen. Sollwert ca. 4 Ω bei 20 °C
Zusatzluftschieber	Prüflampe	26 und 9/2 am Kabelbaumstecker des Zusatzluftschiebers	Zündung ein, Motor starten	Prüflampe brennt	Kabelbaumunterbrechung	Zusatzluftschieber mit Widerstandsmesser prüfen. Sollwert ca. 40 bis 75 Ω.

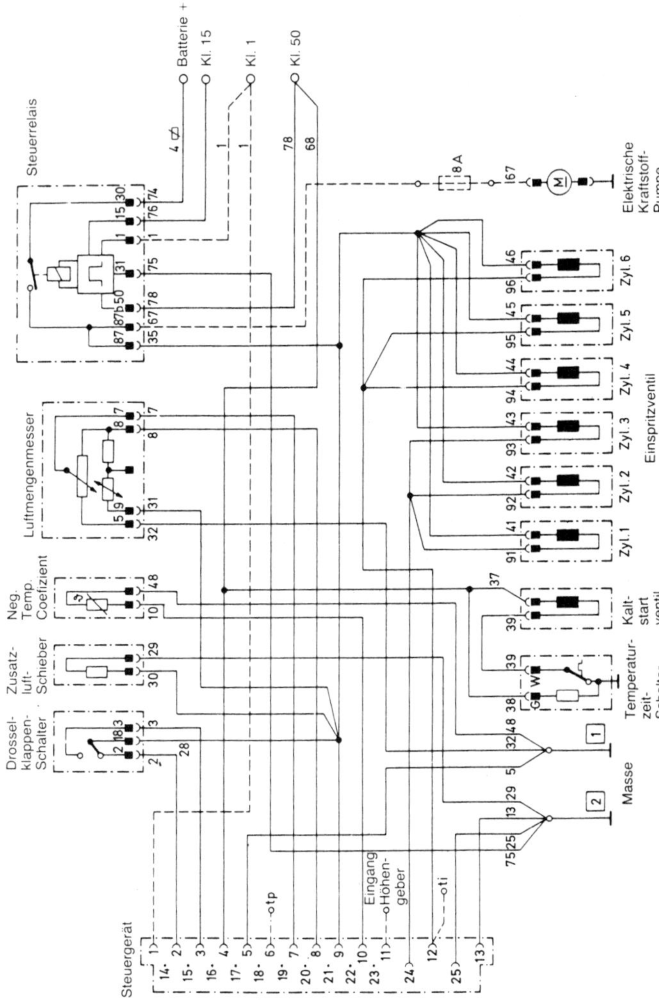

Bild 5.51 Schaltplan L-Jetronic 3. Generation (BMW)

FEHLERSUCHE AN DER L-JETRONIC 3. Generation (BMW)

1. Motor springt nicht oder schlecht an (Motor kalt)
2. Motor springt nicht oder schlecht an (Motor warm)
3. Motor springt an und stirbt wieder ab
4. Motorleerlauf nicht i.O.
5. Schlechte Gasannahme
6. Motoraussetzer in allen Fahrzuständen
7. Kraftstoffverbrauch zu hoch
8. Keine Endleistung
9. CO-Wert im Leerlauf zu hoch
10. CO-Wert im Leerlauf zu niedrig

1	2	3	4	5	6	7	8	9	10	Ursache
×	×									Kraftstoffpumpe läuft nicht
		×								Kraftstoffpumpe läuft nur während des Startvorganges
×	×		×				×		×	Kraftstoffdruck zu niedrig oder Null
						×		×		Kraftstoffdruck zu hoch
×										Kaltstartventil öffnet nicht
	×		×			×		×		Kaltstartventil undicht
			×							Zusatzluftschieber schließt nicht
×	×	×	×	×	×	×	×	×	×	Luftmengenmesser defekt

×	×		×			×	×	×	×	Ein oder mehrere Einspritzventile defekt
×	×	×				×		×		Temperaturfühler (Kühlflüssigkeit) defekt
×	×	×	×	×	×	×	×			Steuergerät defekt
			×	×			×			Drosselklappenschalter falsch eingestellt oder defekt
					×					Schlechte Zentralmasse, Wackelkontakte, fehlerhafte Steckverbindungen
			×							Drosselklappe schließt nicht
							×			Drosselklappe öffnet nicht vollständig
			×	×			×			CO-Einstellung zu fett
			×						×	CO-Einstellung zu mager
×	×		×	×					×	Ansaugsystem undicht
		×	×	×					×	Abdichtung des Öleinfülldeckels undicht
		×	×	×					×	Abdichtung des Ölmeßstabes undicht
×										Kühlflüssigkeitsstand nicht i.O.

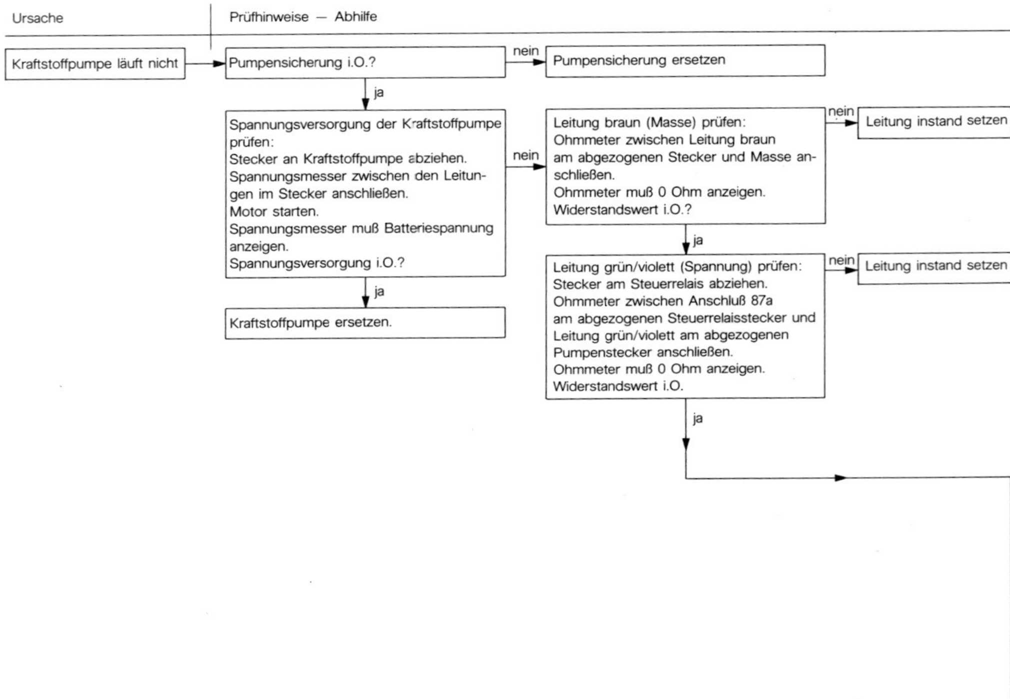
Ursache
Prüfhinweise — Abhilfe
Kraftstoffpumpe läuft nicht
Pumpensicherung i.O.?
nein
Pumpensicherung ersetzen
ja
Spannungsversorgung der Kraftstoffpumpe prüfen:
Stecker an Kraftstoffpumpe abziehen.
Spannungsmesser zwischen den Leitungen im Stecker anschließen.
Motor starten.
Spannungsmesser muß Batteriespannung anzeigen.
Spannungsversorgung i.O.?
ja
Kraftstoffpumpe ersetzen.
nein
Leitung braun (Masse) prüfen:
Ohmmeter zwischen Leitung braun am abgezogenen Stecker und Masse anschließen.
Ohmmeter muß 0 Ohm anzeigen.
Widerstandswert i.O.?
nein
Leitung instand setzen
ja
Leitung grün/violett (Spannung) prüfen:
Stecker am Steuerrelais abziehen.
Ohmmeter zwischen Anschluß 87a am abgezogenen Steuerrelaisstecker und Leitung grün/violett am abgezogenen Pumpenstecker anschließen.
Ohmmeter muß 0 Ohm anzeigen.
Widerstandswert i.O.
nein
Leitung instand setzen
ja

Kraftstoffpumpe läuft nur während des Startvorganges

→

Spannungsversorgung des Steuerrelais prüfen:
Stecker am Steuerrelais abziehen.

a) Spannungsmesser zwischen Anschluß 30 am abgezogenen Steuerrelaisstecker und Masse anschließen.
Spannungsmesser muß Batteriespannung anzeigen.
Spannungswert i.O.?

b) Spannungsmesser zwischen Anschluß 15 am abgezogenen Steuerrelaissockel und Masse anschließen.
Zündung einschalten.
Spannungsmesser muß Batteriespannung anzeigen.
Spannungswert i.O.?

c) Spannungsmesser zwischen Anschluß 50 am abgezogenen Steuerrelaisstecker und Masse anschließen.
Motor starten.
Spannungsmesser muß Batteriespannung anzeigen.
Spannungswert i.O.?

nein → Spannungsversorgung herstellen (s. Schaltplan).

ja ↓

Masseanschluß des Steuerrelais prüfen:
Ohmmeter zwischen Anschluß 31 am abgezogenen Steuerrelaisstecker und Masse anschließen.
Ohmmeter muß 0 Ohm anzeigen.
Widerstandswert i.O.?

nein → Leitung instand setzen.

ja ↓

Drehzahlsignal für Steuerrelais prüfen:
Spannungsmesser zwischen Anschluß 1 am abgezogenen Steuerrelaisstecker und Masse anschließen.
Spannungsmesser muß Spannung anzeigen.
Spannungsmesser zeigt Spannung an?

nein → Zündanlage prüfen. Zündanlage i.O.
ja ↓ Leitung instand setzen.

ja ↓

Steuerrelais ersezten.

Ursache	Prüfhinweise — Abhilfe		
Kraftstoffdruck zu niedrig oder Null? →	Kraftstoffdruck prüfen: Kraftstoffdruck i.O.?	nein →	Kraftstoffilter, Kraftstoffleitung und Druckregler prüfen.
Kraftstoffdruck zu hoch? →	Kraftstoffdruck prüfen: Kraftstoffdruck i.O.?	nein →	Druckregler, Kraftstoffleitung prüfen.
Kaltstartventil öffnet nicht →	Kaltstartventil prüfen: Kaltstartventil ausbauen (Kraftstoffleitung bleibt angeschlossen). Jetronic-Prüfkabel auf Kaltstartventil aufstecken und mit B+ und Masse verbinden. Kaltstartventil in Meßglas halten. Stecker vom Steuerrelais abziehen. Anschluß 87a am abgezogenen Steuerrelaissockel mit B+ verbinden (Kraftstoffpumpe läuft). Kaltstartventil muß einwandfrei abspritzen. Kaltstartventil spritzt ab?	nein →	Kaltstartventil ersetzen.
	↓		
	Spannungsversorgung am Kaltstartventil prüfen: Stecker vom Kaltstartventil abziehen. Spannungsmesser zwischen Anschluß 29 am abgezogenen Stecker und Masse anschließen. Motor starten. Während des Startvorganges muß Batteriespannung vorhanden sein. Spannung i.O.?	nein →	Spannungsversorgung herstellen (s. Schaltplan).
	↓		
	Temperaturzeitschalter prüfen: Stecker vom Temperaturzeitschalter abziehen. Jetronic-Prüfkabel auf Temperaturzeitschalter aufstecken. Mit Ohmmeter den Widerstand 1) zwischen Kabel rot (Kl. W) und Kabel schwarz (Kl. G), Kabel rot (Kl. W) und Masse sowie Kabel schwarz (Kl. G) und Masse messen. Widerstandswerte i.O.?	nein →	Temperaturzeitschalter ersetzen.

Ursache	Prüfhinweise — Abhilfe		
Kaltstartventil undicht	Kaltstartventil prüfen: Kaltstartventil ausbauen (Kraftstoffleitung bleibt angeschlossen). Jetronic-Prüfkabel auf Kaltstartventil aufstecken und mit B+ und Masse verbinden. Kaltstartventil in Meßglas halten. Stecker vom Steuerrelais abziehen. Anschluß 87a am abgezogenen Steuerrelaissockel mit B+ verbinden (Kraftstoffpumpe läuft). Kaltstartventil muß einwandfrei abspritzen. Kaltstartventil spritzt ab? Jetronic-Prüfkabel am Kaltstartventil wieder abschließen. Kaltstartventil darf nicht abspritzen. Kaltstartventil spritzt nicht ab?	nein	Kaltstartventil ersetzen.
Zusatzluftschieber öffnet nicht	Zusatzluftschieber prüfen (Sichtprüfung): Bei kaltem Motor muß der Zusatzluftschieber geöffnet sein. Schlauch vom Zusatzluftschieber abbauen und Kolbenstellung anschauen. Zusatzluftschieber bei kaltem Motor geöffnet?	nein	Zusatzluftschieber ersetzen.
Zusatzluftschieber schließt nicht	Zusatzluftschieber prüfen: Schlauch vom Zusatzluftschieber abbauen. Stecker vom Zusatzluftschieber abziehen. Jetronic-Prüfkabel auf Zusatzluftschieber aufstecken und mit B+ und Masse verbinden. Kolbenstellung im Zusatzluftschieber beobachten. Bei einer Temperatur von ca. 20 °C muß der Zusatzluftschieber nach ca. 1,5 ··· 3,5 min voll geschlossen sein. Zusatzluftschieber ist nach Sollzeit geschlossen?	nein	Zusatzluftschieber ersetzen.
	ja ↓		
	Zuleitungen für Zusatzluftschieber prüfen: Stecker am Zusatzluftschieber abziehen. Spannungsmesser zwischen beiden Anschlüssen am abgezogenen Zusatzluftschieberstecker anschließen. Motor starten. Spannungsmesser muß Batteriespannung anzeigen. Spannungswert i.O.?	nein	Zuleitungen prüfen und instand setzen (s. Schaltplan).

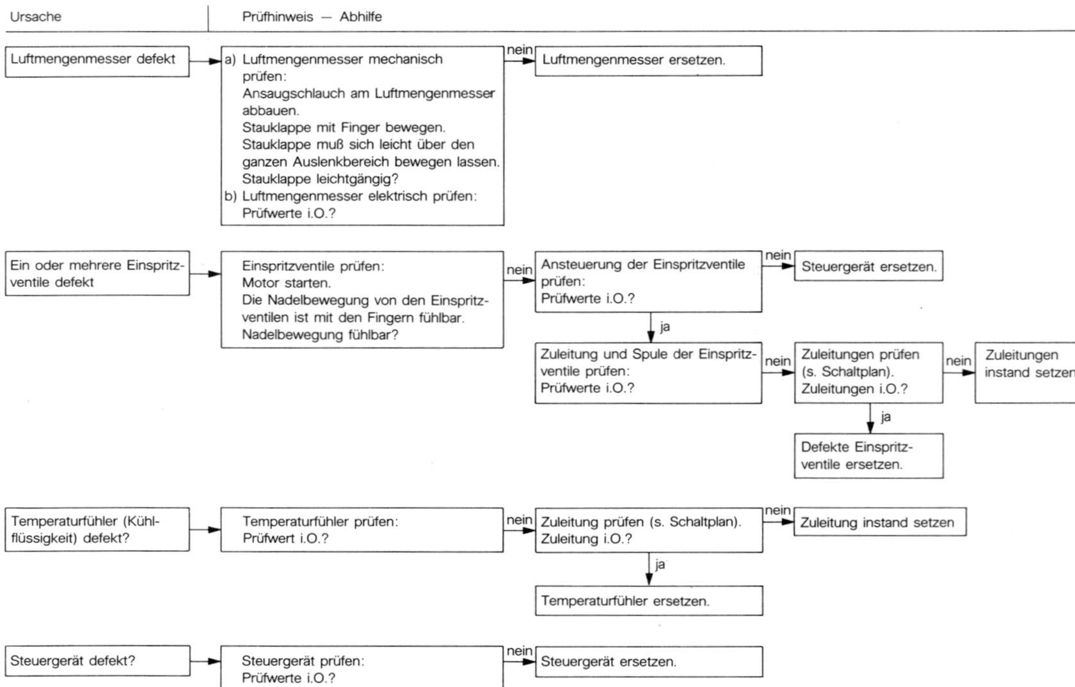
Ursache
Prüfhinweis — Abhilfe
Luftmengenmesser defekt
a) Luftmengenmesser mechanisch prüfen: Ansaugschlauch am Luftmengenmesser abbauen. Stauklappe mit Finger bewegen. Stauklappe muß sich leicht über den ganzen Auslenkbereich bewegen lassen. Stauklappe leichtgängig? b) Luftmengenmesser elektrisch prüfen: Prüfwerte i.O.?
nein
Luftmengenmesser ersetzen.
Ein oder mehrere Einspritzventile defekt
Einspritzventile prüfen: Motor starten. Die Nadelbewegung von den Einspritzventilen ist mit den Fingern fühlbar. Nadelbewegung fühlbar?
nein
Ansteuerung der Einspritzventile prüfen: Prüfwerte i.O.?
nein
Steuergerät ersetzen.
ja
Zuleitung und Spule der Einspritzventile prüfen: Prüfwerte i.O.?
nein
Zuleitungen prüfen (s. Schaltplan). Zuleitungen i.O.?
nein
Zuleitungen instand setzen.
ja
Defekte Einspritzventile ersetzen.
Temperaturfühler (Kühlflüssigkeit) defekt?
Temperaturfühler prüfen: Prüfwert i.O.?
nein
Zuleitung prüfen (s. Schaltplan). Zuleitung i.O.?
nein
Zuleitung instand setzen
ja
Temperaturfühler ersetzen.
Steuergerät defekt?
Steuergerät prüfen: Prüfwerte i.O.?
nein
Steuergerät ersetzen.

Ursache	Prüfhinweis – Abhilfe		
Drosselklappenschalter falsch eingestellt oder defekt?	Drosselklappenschalter prüfen: Prüfwerte i.O.?	nein → Zuleitungen prüfen (s. Schaltplan). Zuleitungen i.O.? ja ↓ Drosselklappenschalter einstellen bzw. ersetzen.	nein → Zuleitungen instand setzen.
Schlechte Zentralmasse, Wackelkontakte, fehlerhafte Steckverbindungen?	Störung beheben.		
Drosselklappe schließt nicht?	Drosselklappe instand setzen. Drosselklappe einstellen.		
Drosselklappe öffnet nicht vollständig	Gasseilzug einstellen Drosselklappe einstellen		
CO-Einstellung zu fett?	Leerlauf- und Abgastest		
CO-Einstellung zu mager?	Leerlauf- und Abgastest		
Ansaugsystem undicht?	Alle luftführenden Teile auf Dichtheit prüfen, ggf. abdichten.		
Abdichtung des Öleinfülldeckels undicht?	Öleinfülldeckel ersetzen.		
Abdichtung des Ölmeßstabes undicht?	Ölmeßstab muß fest in Führungsrohr stecken. Abdichtung ersetzen.		

5.4 L-Jetronic – 4. Generation ab 9.84

Bei der 4. Generation der L-Jetronic entfallen das Kaltstartventil und der dazugehörende Thermozeitschalter. Die Abgabe der für den Kaltstart notwendigen Kraftstoffmehrmenge erfolgt durch die Einspritzventile. Das bringt Vorteile bei der Gemischzuteilung zu den einzelnen Zylindern.

Beim Kaltstart wird von den Einspritzventilen so lange dreimal je Kurbelwellenumdrehung Kraftstoff abgespritzt, bis die Starterkennungsschwelle von 175/min oder eine maximale Startzeit von 2,5 bis 10 s erreicht ist. Ab diesem Zeitpunkt wird, wie üblich, nur noch einmal je Kurbelwellenumdrehung von den Einspritzventilen Kraftstoff abgegeben.

Für die Bemessung der für den Kaltstart erforderlichen Kraftstoffmehrmenge werden folgende Parameter herangezogen:

- □ Motordrehzahl maximal 750/min (Bild 5.52)
- □ Startzeit maximal 10 s (Bild 5.53)
- □ Kühlmitteltemperatur maximal bis +50 °C (Bild 5.54)

Ist eine dieser Größen erreicht, wird vom Steuergerät keine Kaltstartmehrmenge zugeteilt. Der Eingang Klemme 50 vom Starter ist bei der L-Jetronic der 4. Generation nur für den Nachstart verantwortlich.

Ebenfalls geändert wurde die Teillast- und Beschleunigungsanreicherung. Sie ist im Steuergerät integriert und den einzelnen Motortypen angepaßt. Die sonst bei verschiedenen Fahrzeugtypen erforderlichen Schalter und Druckdosen der Teillast- und Beschleunigungsanreicherung entfallen damit. Die Informationen erhält das Steuergerät über ein unkorrigiertes Lastsignal (tp) des Luftmengenmessers. Bewegt sich dieses Lastsignal in dem im Steuergerät integrierten Kennfeld, wird durch die Einspritzventile dem Motor eine Kraftstoffmehrmenge von 10 % zugeführt. Ist außerdem der Vollastkontakt geschlossen, so erhöht sich diese Mehrmenge auf insgesamt 20 %. Beide Anreicherungswerte kommen ausschließlich im Teillast- und im Beschleunigungsbereich zum Tragen (Bild 5.55).

Die Schubabschaltung der L-Jetronic 4. Generation wird adaptiv ausgebildet. Sie arbeitet mit zwei Wiedereinsetzdrehzahlen, nämlich der statischen Wiedereinsetzdrehzahl von 1000/min sowie der dynamischen Wiedereinsetzdrehzahl von 1600/min. Voraussetzung für beide Funktionen sind ein geschlossener Leerlaufkontakt und

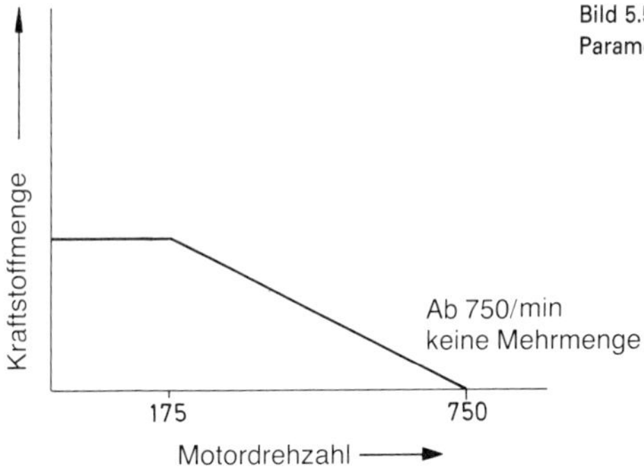

Bild 5.52 Kaltstartanreicherung: Parameter Motordrehzahl (BMW)

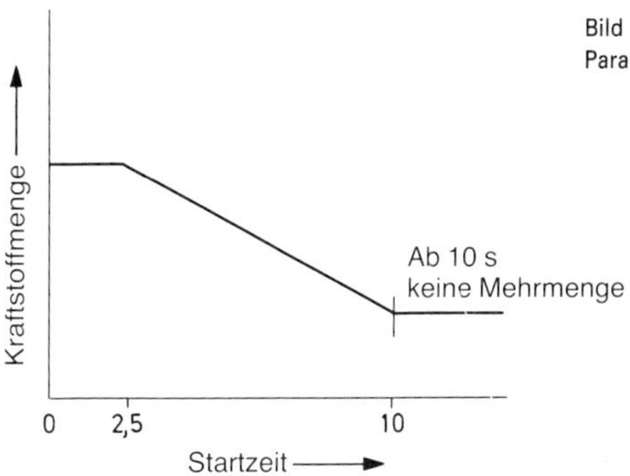

Bild 5.53 Kaltstartanreicherung: Parameter Startzeit (BMW)

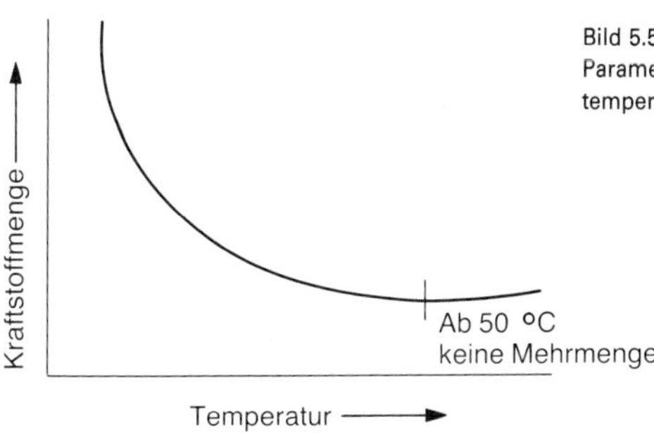

Bild 5.54 Kaltstartanreicherung: Parameter gemessene Kühlmitteltemperatur (BMW)

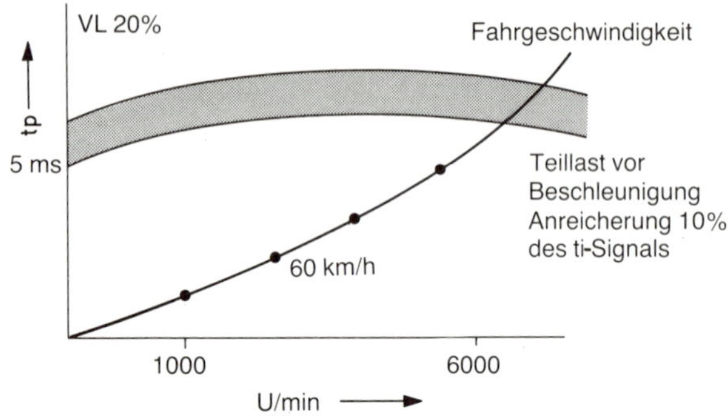

Bild 5.55 Teillast- und Beschleunigungsanreicherung der L-Jetronic 4. Generation
tp = unkorrigiertes Signal vom Luftmengenmesser
ti = korrigiertes Lastsignal an den Einspritzventilen

eine Motortemperatur von +80 °C. Ist die vorgegebene Temperatur nicht erreicht, verschieben sich beide Wiedereinsetzdrehzahlen bis zu 600/min nach oben. Diese Art der Schubabschaltung ist bei gehobenem Fahrkomfort verbrauchsgünstiger.

Die Funktion ist folgende:

Im Schubbetrieb mit langsamem Drehzahlabfall wird die untere Drehzahlschwelle von 1000/min angefahren, sofern die gemessene Kühlmitteltemperatur mindestens 80 °C beträgt. Wird während des Schubbetriebs ausgekuppelt, fällt die Motordrehzahl sehr schnell ab. Um ein «Durchsacken» des Motors zu vermeiden, wird die Wiedereinsetzdrehzahl auf 1600/min bei Betriebstemperatur angehoben.

Tritt nach einer Schubphase eine unmittelbare Drehzahlerhöhung ein, beispielsweise beim Schalten in den nächstniedrigeren Gang, so kommt es zu keiner Schubabschaltfunktion. Der Leerlaufschalter bleibt während dieser Schubphase ständig geschlossen.

Erfolgt vorübergehender oder ständiger Fahrbetrieb mit Motordrehzahlen, die im Bereich der Wiedereinsetzdrehzahlen liegen, kann die Schubabschaltung unterdrückt werden, um ständiges Abschneiden und Wiedereinsetzen zu vermeiden.

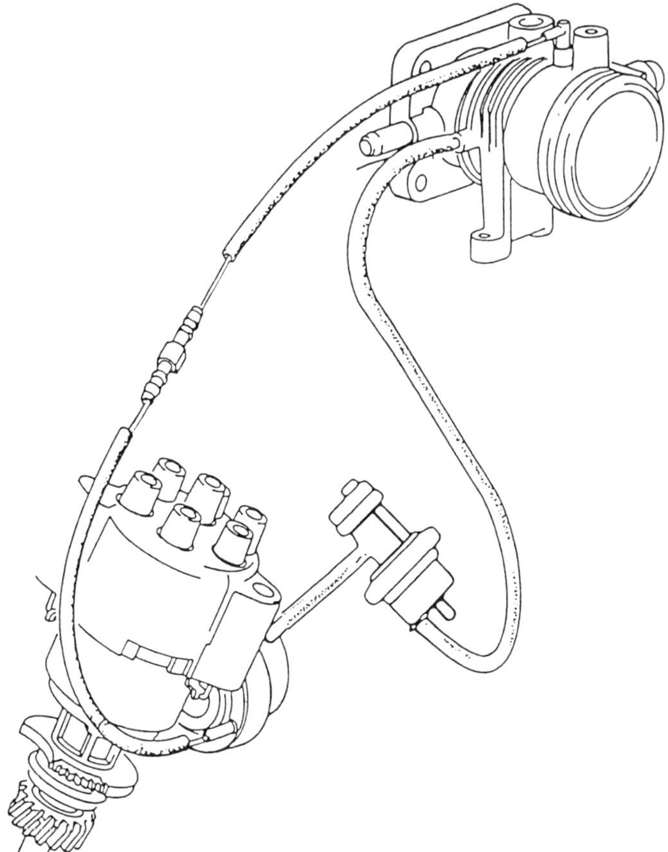

Bild 5.56 Schubabschaltung für BMW ab 9/84
Es bedeuten:
1 Drosselklappenteil
2 pneumatisches 3/2-Wege-Ventil
3 Zündverteiler

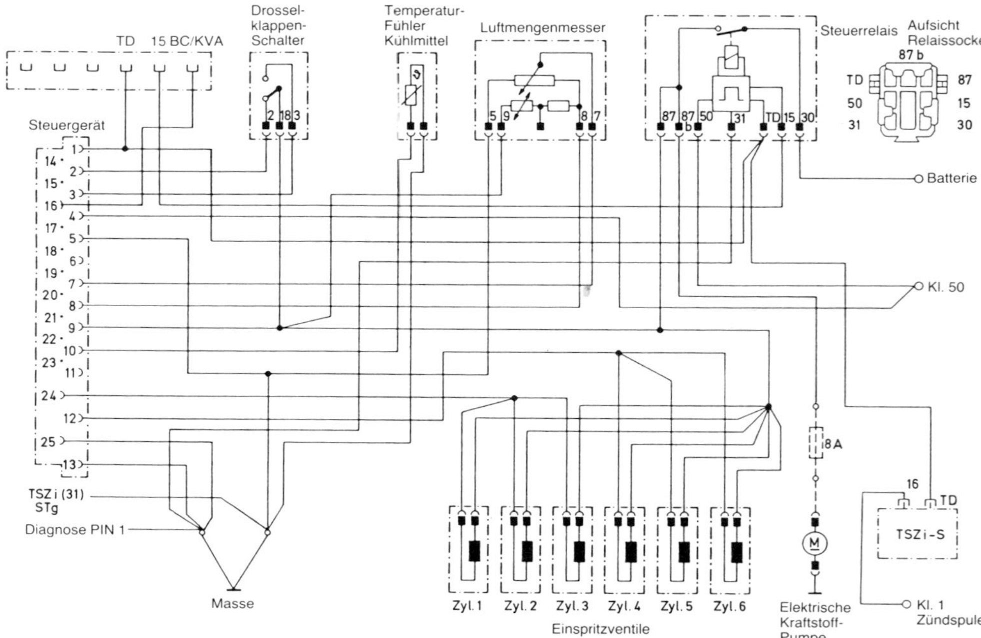

Bild 5.57 Schaltplan der L-Jetronic 4. Generation für BMW 2,0/2,3 l ab 9/84 (BMW)

5.5 Elektronische Kraftstoffeinspritzung – LU-Jetronic – in Kombination mit Katalysatoren

Als Katalysator werden Stoffe bezeichnet, die, ohne sich selbst zu verändern, chemische Reaktionen beschleunigen. Die Aufgabe des Katalysators im Fahrzeug ist es, die im Abgas enthaltenen Schadstoffe CO, CH und NO_x mittels nachgeschalteter Oxidation und Reduktion abzusenken. Sie werden weitestgehend in natürliche Gase umgewandelt.

Das Giftgas Kohlenmonoxid (CO) sowie die als Schadstoffe erkannten Kohlenwasserstoffe (CH) – in diesem Begriff sind rund 4000 Einzelstoffe zusammengefaßt – werden durch Oxidation mit dem im Autoabgas enthaltenen Sauerstoff (O_2) zu ungiftigem Kohlendioxid (CO_2) und Wasserdampf (H_2O) gewandelt.

Die Beseitigung der Stickoxide (NO_x) erfolgt mittels Reduktion. Als Reduktionsmittel wird das im Abgas enthaltene, schädliche Kohlenmonoxid, das Sauerstoff bindet, genutzt. Die Stickoxide werden in Kohlendioxid (CO_2) und Stickstoff (N_2) umgewandelt, die beide, neben dem Sauerstoff, Bestandteil unserer Atemluft sind.

Der Katalysator besteht aus
- ☐ dem Gehäuse
- ☐ dem Katalysatorträger
- ☐ der katalytischen Beschichtung.

Die katalytische Beschichtung repräsentiert den eigentlichen Katalysator. Gehäuse und Trägermaterial sind Beiwerk. Die katalytisch wirksame Substanz besteht bei Dreiwegekatalysatoren aus Platin und Rhodium sowie einer Kombination mehrerer Metalloxide. Die Metalle befinden sich auf einer Zwischenschicht, wash-coat genannt, aus Aluminiumoxid, die sich durch eine besonders hohe spezifische Oberfläche auszeichnet. Der Vergrößerungsfaktor beträgt etwa 6000. Der wash-coat ist auf die Wandung der Kanäle des Katalysatorträgers aufgebracht.

Schadstoffe können mittels eines Katalysators nur gemindert werden, wenn folgende Bedingungen erfüllt sind:

- ☐ Der Motor muß mit unverbleitem Kraftstoff betrieben werden, da bereits geringste Bleianteile die katalytische Schicht unwirksam machen.

- Der Katalysator muß so in das Auspuffsystem des Motors integriert sein, daß er schnellstmöglich eine Temperatur von 600 °C im Fahrbetrieb erreicht und diese weitestgehend auch halten kann. Unter 250 °C ist der Katalysator unwirksam. Bei Dauertemperaturen über 800 °C altert der Katalysator thermisch durch Sintern und Kristallwachstum. Seine Wirksamkeit läßt nach. Bei Temperaturen über 1200 °C wird der Katalysator thermisch zerstört.
- Der Katalysator muß von einem hochwirksamen System ergänzt werden, das die Zusammensetzung des Kraftstoff-Luft-Verhältnisses so regelt, daß ein möglichst hoher Wirkungsgrad erreicht wird.

Zur Erfüllung der in den USA gültigen Grenzwerte (US 83), die nach den Beschlüssen der EG-Umweltminister in der Bundesrepublik Deutschland und den weiteren EG-Ländern nun doch nicht erreicht werden müssen, konzentrierten sich alle Entwicklungen auf den Dreiwegekatalysator mit Keramik-Monolith für unverbleiten Kraftstoff. «Dreiwege» bedeutet dabei, daß alle drei Schadstoffe in unschädliche Gase umgesetzt werden.

Trägermaterial für die katalytische Beschichtung ist ein hochtemperaturbeständiger Keramik-Monolith, der in Strömungsrichtung bei den von der Adam Opel AG verwendeten Systemen von ca. 8000 parallelen Kanälen durchzogen wird. Je 65 Kanäle sind auf einem Quadratzentimeter angeordnet.

Der Monolith ist von einem Mineralfasergeflecht umgeben, um die unterschiedlichen Ausdehnungskoeffizienten auszugleichen, und in einem auspufftopfähnlichen Gehäuse gelagert. Eine Dichtung verhindert das Vorbeiströmen unbehandelter Abgase, und Schutzbleche reduzieren die Wärmeabstrahlung auf den Unterboden des Fahrzeugs.

Das Kraftstoff-Luft-Verhältnis muß im Katalysatorbetrieb dem stöchiometrischen Verhältnis angepaßt sein. Es entspricht dem Wert Lambda = 1. Nur im Bereich des Lambda-Fensters werden alle drei Schadstoffe (CO, CH und NO_x) gleichzeitig weitgehend abgebaut. Das ideale Kraftstoff-Luft-Verhältnis wird von einem geschlossenen Regelkreis, bei dem die Abgaszusammensetzung ständig gemessen wird, erreicht. Gemäß den gemessenen Istwerten werden die dem Motor zugeführten Kraftstoffmengen ständig korrigiert. Das Lambda-Fenster wird strikt eingehalten. Meßfühler in diesem Regelkreis ist die Lambda-Sonde, die vor dem Katalysator im

Auspuffrohr verschraubt ist. Ihre Funktion beruht auf dem Prinzip einer galvanischen Sauerstoffkonzentrationszelle mit einem Festkörperelektrolyten. Eine Seite der Elektrode steht mit der Außenluft in Verbindung, die andere Seite wird von den Abgasen berührt. Aus der Differenz der Sauerstoffpartialdrücke an den Elektroden ergibt sich eine Sauerstoffionenwanderung in Richtung des kleineren Partialdrucks, die ein Spannungspotential zur Regelung freisetzt. Bei $\lambda = 1$ beträgt diese Spannung zwischen 100 und 800 mV.

Die Lambda-Sonde wird beheizt, weil sie erst ab 250 °C ein auswertbares Signal abgibt. Die ungeregelte Zeitspanne in der Warmlaufphase des Motors wird somit verkürzt. Die Spannungsänderungen der Lambda-Sonde werden als Spannungssignale an das Steuergerät der elektronischen Einspritzung weitergegeben, das die Kraftstoffzumessung entsprechend der gemessenen Spannung korrigiert.

Die Produktion von Lambdasonden wurde 1976 von der Robert Bosch GmbH, Stuttgart, aufgenommen, 1982 mit der Serienfertigung eines beheizten Sondertyps ergänzt und 1985 mit der serienreifen Entwicklung einer beheizten Lambda-Sonde für Motoren im Magerbetrieb vervollständigt.

Die beheizte Lambda-Sonde ist für eine Lebensdauer von mehr als 160 000 km, das Doppelte der vom Gesetzgeber geforderten Mindestlebensdauer, ausgelegt und verfügt über eine Betriebstemperaturspanne von 200 bis 850 °C, im Gegensatz zu unbeheizten Sonden, bei denen die Temperaturbereiche mit 350 bis 850 °C ungünstiger liegen.

Die beheizte Magersonde ist für Temperaturbereiche von 150 bis 800 °C bei einer garantierten Lebensdauer von mindestens 80 000 km ausgelegt. Im Gegensatz zu bisherigen Lambda-Sonden ist sie mit verbleitem Kraftstoff (max. 0,4 g Pb/l) betreibbar. Aufgrund ihres stärkeren Heizelements zur sicheren Kalibrierung der Luftkennzahl ist sie für einen Regelbereich $\lambda = 1$ (exakt: $\lambda = 1{,}0$ bis 1,5) ausgelegt. Damit eignet sich dieser Sondertyp auch zur Regelung von Gas- und Dieselmotoren sowie von Öl- und Gasheizungen.

Als elektronisches Einspritzsystem findet bei Opel eine modifizierte L-Jetronic der 3. Generation (LE-Jetronic) Verwendung, die die Komponenten für den Katalysatorbetrieb enthält. Sie wird als LU-Jetronic bezeichnet.

Das Steuergerät ist neu konzipiert. Es verfügt über die Komponenten, die für eine exakte Regelung des Kraftstoff-Luft-Verhältnisses im Bereich des Lambda-Fensters erforderlich sind.

Der Kabelsatz ist für die LU-Jetronic entsprechend erweitert worden. Zur Prüfung des Regelkreises, die wesentlich aus der Messung der Integratorspannung des Steuergerätes besteht, ist ein Prüfanschluß im Motorraum vorhanden.

5.5.1 Prüfarbeiten an der LU-Jetronic

$$2CO + O_2 \rightarrow \text{Katalysator} \rightarrow 2CO_2$$

$$2C_2H_6^* + 7O_2 \rightarrow \text{Katalysator} \rightarrow 4CO_2 + 6\,H_2O$$

$$2NO + 2CO \rightarrow \text{Katalysator} \rightarrow N_2 + 2CO_2$$

Bild 5.58 Darstellung der Vorgänge im Katalysator in „Chemischer Schreibweise" (Adam Opel AG)

* Äthan, einer von vielen möglichen Kohlenwasserstoffen

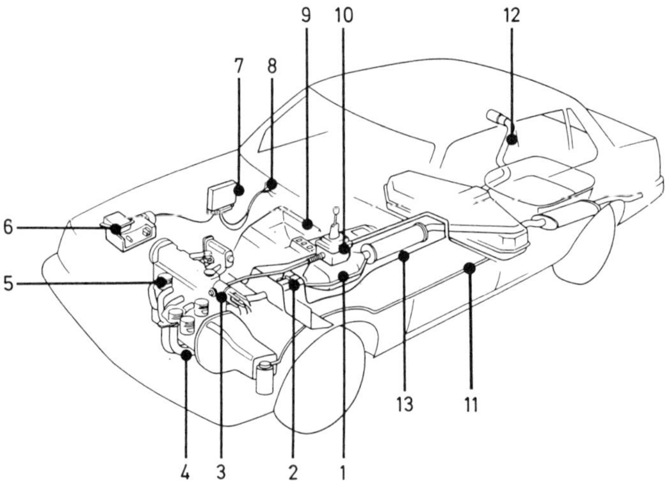

Bild 5.59 Komponenten, die durch den Katalysator Zugang in Serienfahrzeuge gefunden haben bzw. die auf den Betrieb mit einem Katalysator anzupassen oder abzustimmen sind (Adam Opel AG)

Es bedeuten:

1 Dreiwegekatalysator
2 Lambda-Sonde
3 Zündanlage
4 Auspuffleitung
5 Kolben
6 Luftmengenmesser
7 Steuergerät, Einspritzanlage
8 Kabelsatz
9 Unterbau, Tunnel, Stirnwand, Teppich
10 Schaltbetätigung
11 Verdampfungskontrollsystem
12 Kraftstoff-Einfüllrohr
13 Abschirmbleche

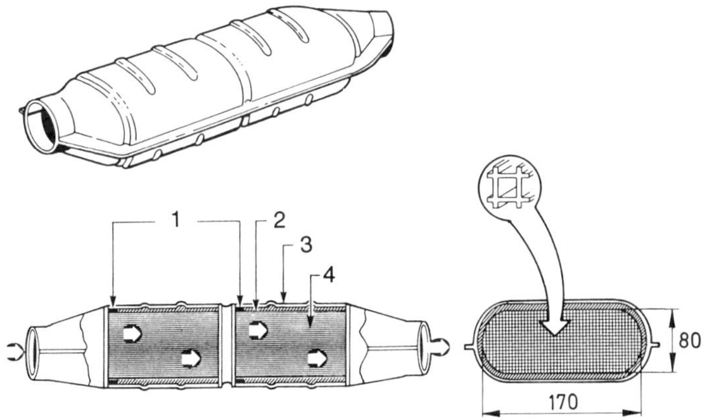

Bild 5.60 Der Katalysator (Adam Opel AG)
Es bedeuten:
1 Abdichtung
2 Ausgleichgewebe
3 Wärmeschutz
4 Keramik-Monolith

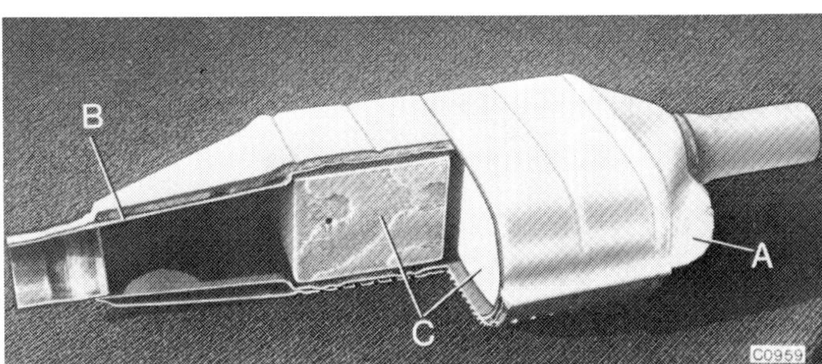

Bild 5.61 Schnitt durch einen Katalysator (Adam Opel AG)
Es bedeuten:
A Gehäuse
B Ausgleichgewebe
C Keramik-Monolith

Bild 5.62 Oberflächenstruktur einer beschichteten Zellwand im Monolith (Eberspächer)

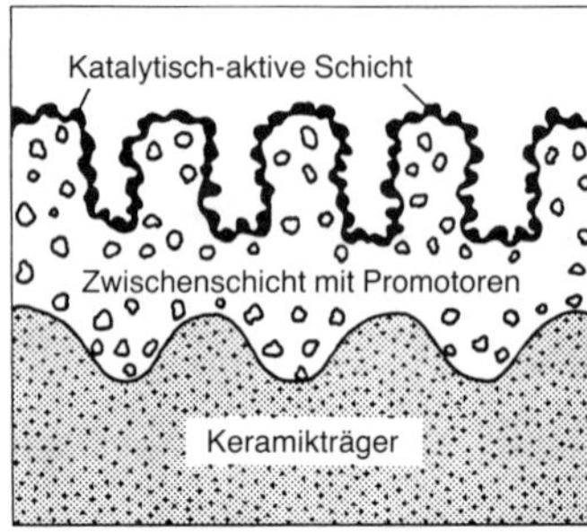

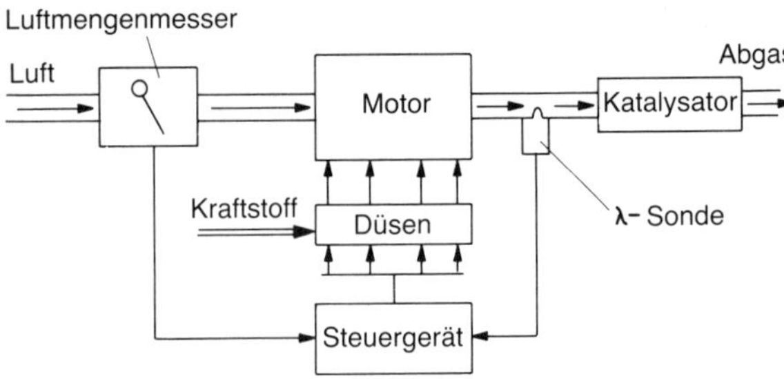

Bild 5.63 Regelkreis der katalytischen Schadstoffreinigung (Adam Opel AG)

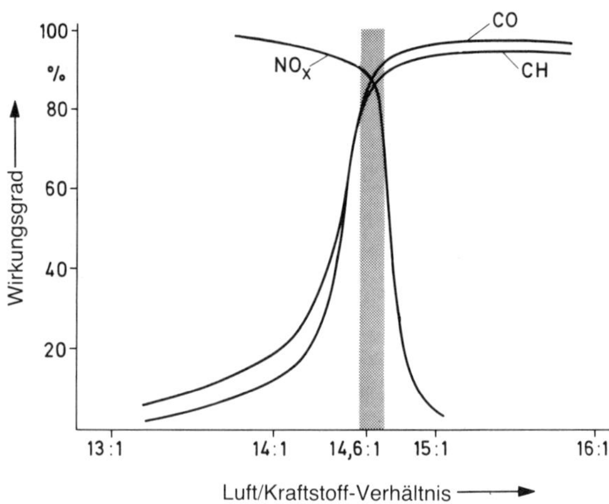

Bild 5.64 Regelung im Lambda-Fenster (Adam Opel AG)

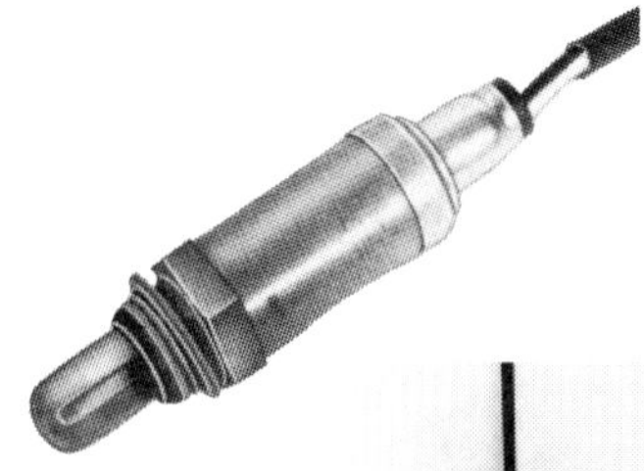

Bild 5.65 Lambda-Sonde (Adam Opel AG)

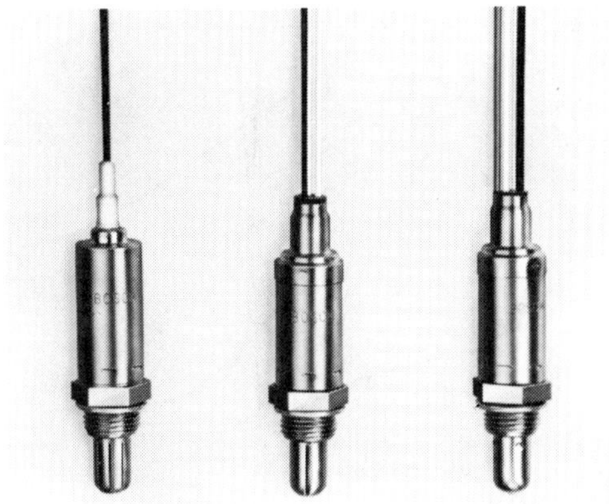

Bild 5.66 Gegenüberstellung der drei Lambda-Typen von links nach rechts: unbeheizt, beheizt, Magersonde (Robert Bosch GmbH)

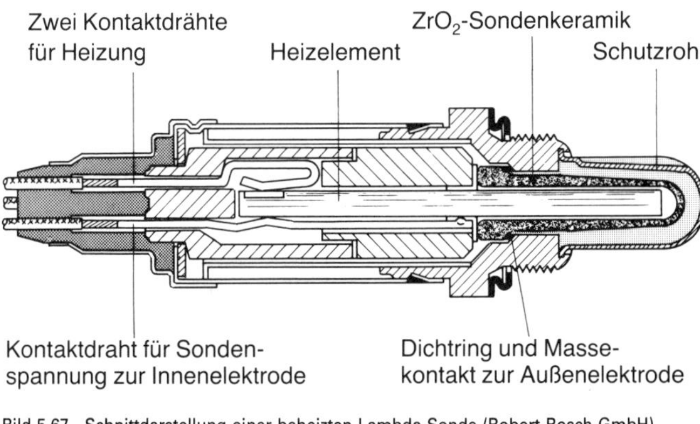

Bild 5.67 Schnittdarstellung einer beheizten Lambda-Sonde (Robert Bosch GmbH)

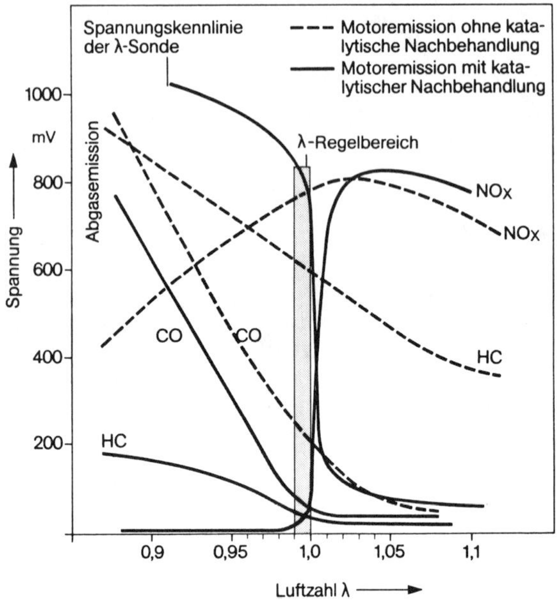

Bild 5.68 Darstellng des Abgasverhaltens eines Motors mit und ohne katalytische Nachbehandlung (Robert Bosch GmbH)

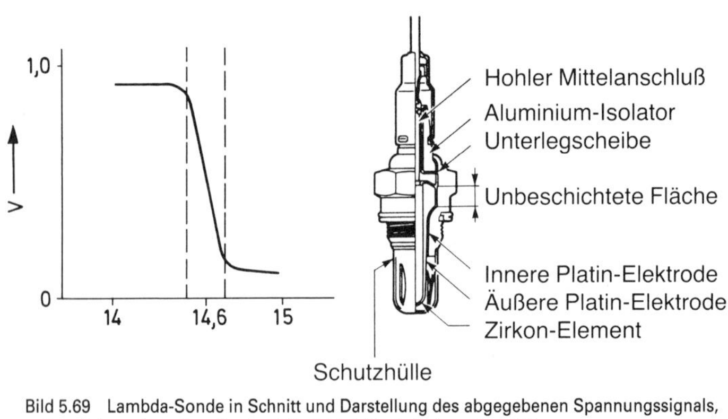

Bild 5.69 Lambda-Sonde in Schnitt und Darstellung des abgegebenen Spannungssignals, aufgezeichnet über dem Kraftstoff-Luft-Verhältnis (Adam Opel AG)

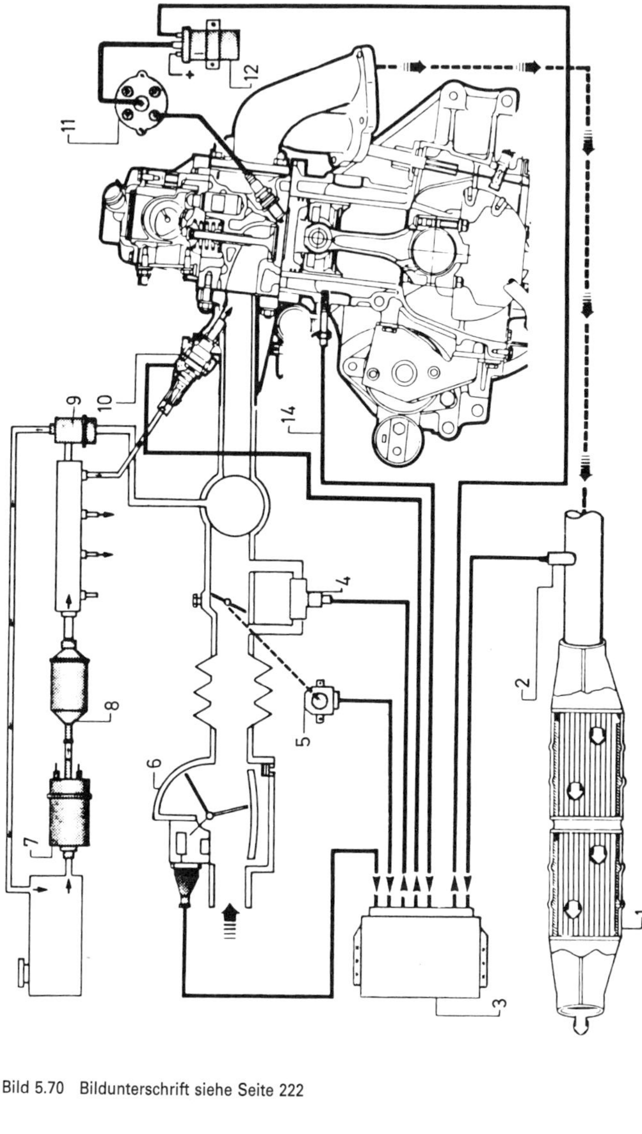

Bild 5.70 Bildunterschrift siehe Seite 222

Bild 5.70 (Seite 221) Funktionsschema und Regelkreis der LU-Jetronic innerhalb des Katalysatorsystems (Adam Opel AG)
Es bedeuten:

1 Dreiwegekatalysator
2 Lambda-Sonde
3 Elektronisches Steuergerät
4 Zusatzluftschieber
5 Drosselklappenschalter
6 Luftmengenmesser
7 Kraftstoffpumpe
8 Kraftstoffilter
9 Kraftstoffdruckregler
10 Einspritzventil
11 Verteiler
12 Zündspule
14 Temperaturfühler

Bild 5.71 Anschlußplan der LU-Jetronic (Adam Opel AG)
Es bedeuten:

1 Steckerleiste, Steuergerät
2 Steckverbindung, Kabelsatz
3 Steuerrelais
4 Sicherung (8 A)
5 Kraftstoffpumpe
6 Einspritzventile
7 Lambda-Sonde (beheizt), Signalleitung
8 Bordcomputer
9 Luftmengenmesser
10 Anschluß EZL (Zündanlage mit elektronischer Zündkennlinien-Steuerung)
11 Drosselklappenschalter
12 Zusatzluftschieber
13 Temperaturfühler
14 Massestecker 2
15 Massestecker 1

Leitungen: durchgezogene Linien = Kabelsatz der Einspritzanlage
gestrichelte Linien = Fahrzeug-Kabelsatz

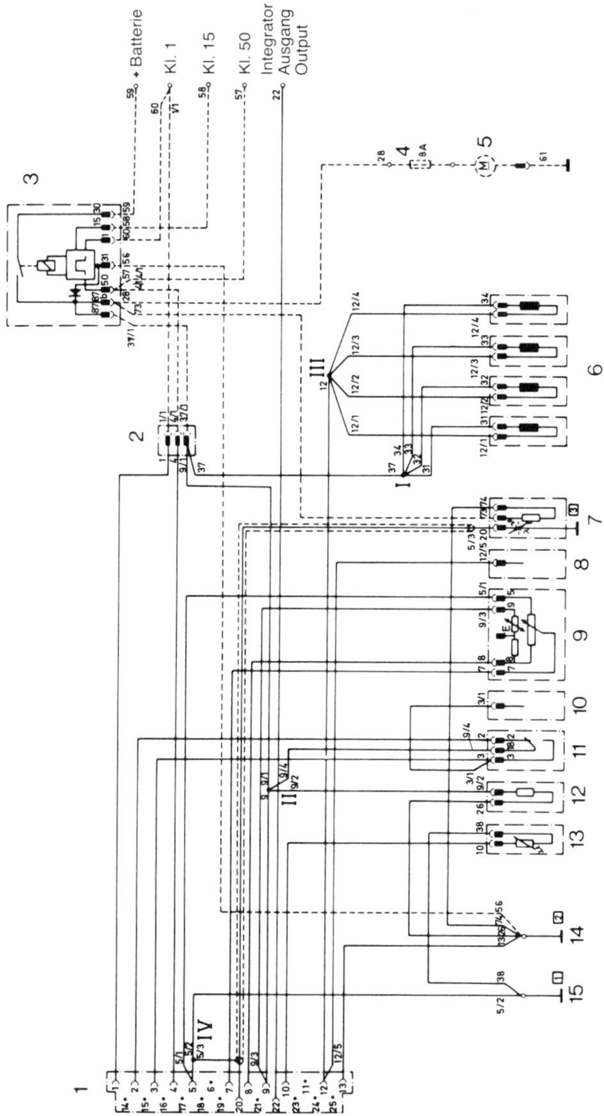
+ Batterie
Kl. 1
Kl. 15
Kl. 50
Integrator
Ausgang
Output
8 A
M

5.6 Bosch LH-Jetronic

Die neue LH-Jetronic unterscheidet sich von der L-Jetronic durch den Hitzedraht-Luftmassenmesser und durch das elektronische Steuergerät. Nach einer sehr langen Entwicklungszeit und umfangreicher Erprobung im Labor, am Prüfstand und in Testfahrzeugen wurde 1981 mit der Serienfertigung begonnen.

Wesentliches Kennzeichen des Hitzedraht-Luftmassenmessers ist ein auf rund 100 °C elektrisch aufgeheizter Platindraht von 0,07 mm Durchmesser. Die angesaugte Luft kühlt den Draht ab.

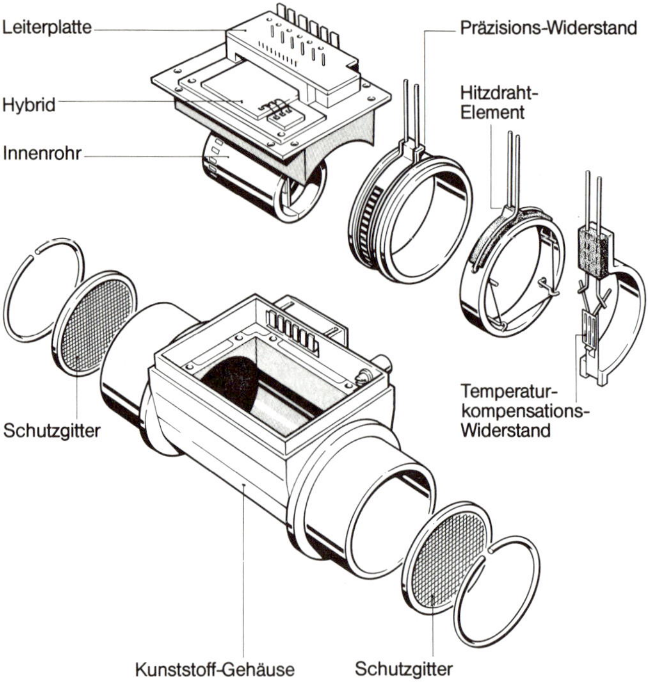

Bild 5.72 Aufbau des Hitzedraht-Luftmassenmessers der Bosch-LH-Jetronic (Robert Bosch GmbH)

Bild 5.73 Der Hitzedraht-Luftmassenmesser der Bosch-LH-Jetronic. Sehr deutlich zu erkennen ist der 0,07 mm dicke Platindraht, der durch ein Luftsieb geschützt wird (Robert Bosch GmbH)

Der Heizstrom für den Platindraht wird dann so vergrößert, daß die Temperatur im Mittel wieder 100 °C ist. Die Größe des benötigten Heizstroms wird damit ein Maß für die angesaugte Luftmasse.

Im Gegensatz zu allen anderen bisher im Kraftfahrzeug verwendeten Luftmengenmessern wird hier also erstmals die Luftmasse gemessen, also die für die Steuerung der Verbrennung tatsächlich richtige physikalische Bezugsgröße. Das Kraftstoff-Luft-Gemisch ist damit auch bei Fahrten in großen Höhen stets konstant. Ein weiterer Vorteil ist, daß bei einem Einsatz im Rennsport keinerlei hemmende Meßgeräte – wie bei den anderen Systemen – entgegengesetzt werden. Die Erzielung maximaler Motorleistung ohne Einwirkung fremder Drosseln ist damit möglich.

Bei dem elektronischen Steuergerät in Digitaltechnik wird ein Microcomputer verwendet, der aus drei hochintegrierten Bausteinen, der CPU (Central Processing Unit), der Input-Output-Unit und dem Speicherbaustein mit 2000 Worten zu je 10 bit, besteht. Um die Luftmasse auch bei Pulsation im Saugrohr genau zu erfassen, wird das Ausgangssignal des Hitzedraht-Luftmassenmessers in sehr kurzen zeitlichen Abständen abgefragt und vom Rechner verarbeitet. Im vorliegenden Fall erfolgt dies im Abstand von einer tausendstel Sekunde – oder anders ausgedrückt: tausendmal pro Sekunde!

Die LH-Jetronic ist besonders für die USA interessant, da dort die Abgasvorschriften auch in großen Höhen eingehalten werden müssen. Die höhenunabhängige Luftmassenmessung macht eine Korrektur durch eine Höhendose überflüssig.

Serienmäßig wird die Bosch LH-Jetronic in Europa im Audi Quattro Sport, dem Porsche 928S und dem Saab Turbo 16 eingesetzt.

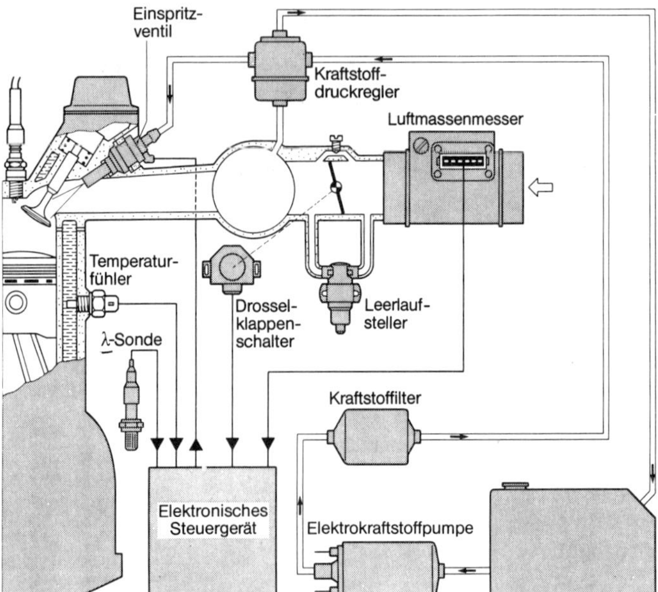

Bild 5.74 Schematische Darstellung einer Bosch-LH-Jetronic (Robert Bosch GmbH)

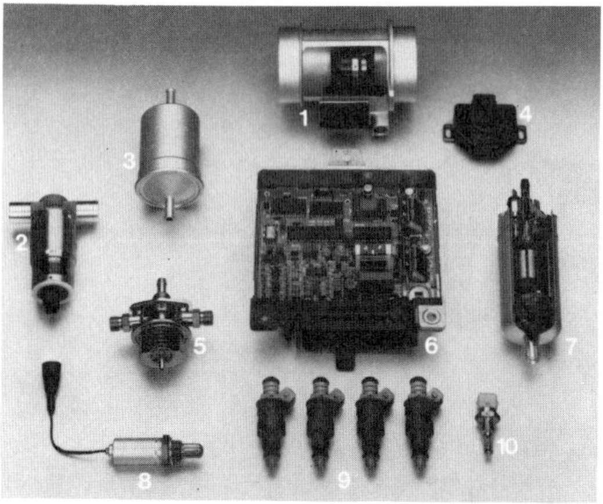

Bild 5.75 Bauteile der Bosch-LH-Jetronic (Robert Bosch GmbH)
Es bedeuten:

1 Luftmassenmesser
2 Leerlaufsteller
3 Kraftstoffilter
4 Drosselklappenschalter
5 Kraftstoff-Druckregler
6 elektronisches Steuergerät
7 Elektrokraftstoffpumpe
8 Lambda-Sonde
9 Einspritzventile
10 Temperaturfühler

5.7 Heißfilm-Luftmassenmesser

Zur IAA 1987 stellte Bosch einen neuen Luftmassenmesser vor, der zukünftig den Hitzedraht-Luftmassenmesser (HLM) im Serieneinbau ersetzen soll.

Der Heißfilm-Luftmassenmesser (HFM) kann kostengünstiger hergestellt werden und ist leistungsfähiger als das bisher verwendete System.

Beim Hitzedraht-Luftmassenmesser (HLM) wird ein Platindraht im Strom der angesaugten Luft mit elektrischer Energie erhitzt. Je mehr Luft an ihm vorbeiströmt, desto mehr Strom benötigt der Draht, um eine konstante Temperatur zu halten. Diesen Strombedarf mißt das elektronische Steuergerät der Jetronic und dosiert danach die Kraftstoffmenge. Ein solcher Meßfühler mit Platindraht, Temperaturfühler und Präzisionsmeßwiderstand ist allerdings verhältnismäßig aufwendig in der Herstellung.

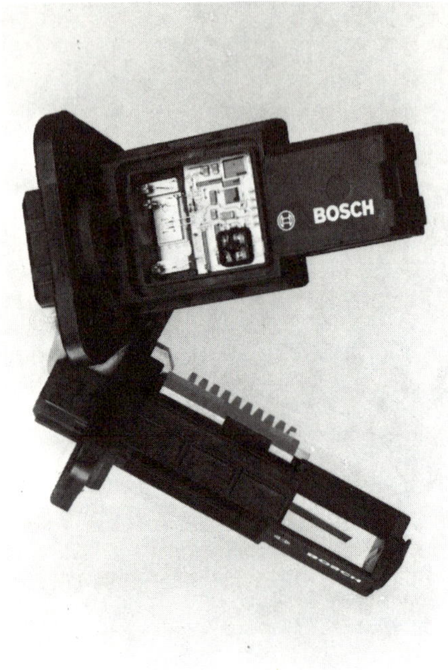

Bild 5.76 Heißfilm-Luftmassenmesser (HFL). Seine Vorteile sind in höherer Leistungsfähigkeit und kostengünstigerer Herstellung begründet (Robert Bosch GmbH)

Beim Heißfilm-Luftmassenmesser (HFM) sind dagegen diese drei Einzelkomponenten als Dickschichtwiderstände auf einem Keramiksubstrat integriert. Neben einem Kühlkörper sind nur noch zwei einfache Plastik-Gehäuseteile notwendig. Weil der HFM wesentlich weniger Wärmeverluste hat als das zur Zeit gebräuchliche HLM-System, kann der Kühlkörper verkleinert werden. Der Heißfilmwiderstand liegt im stromabwärts gelegenen Teil des Sensors und ist damit gegen Verschmutzungen unempfindlich. Durch optimale Gestaltung des Heizwiderstandes zeigt der neue HFM ein sehr günstiges Ansprechverhalten und erfüllt damit alle Anforderungen, die durch gewünschte Schadstoffarmut im Abgas an ein System gestellt werden können.

5.8 VW-Digijet

Die elektronische Einspritzanlage Digijet ist von der Volkswagen AG für den wassergekühlten 1,9-l-Boxermotor des Typ 2 entwickelt worden. Sie arbeitet mit programmiertem Einspritzkennfeld, Leerlaufstabilisierung und Schubabschaltung. Digijet arbeitet nach dem Prinzip der Luftmengenmessung. Die Errechnung der Einspritzmenge erfolgt digital entsprechend dem jeweiligen Betriebszustand.

In wesentlichen Merkmalen entspricht Digijet der Bosch-L-Jetronic.

Der Kraftstoff wird von einer Elektrokraftstoffpumpe aus dem Kraftstoffbehälter gesaugt und durch eine Ringleitung zu den Einspritzventilen gefördert, vor die jeweils ein Kraftstoffverteiler vorgeschaltet ist (Bild 5.77). Im Tank befindet sich vor dem Ansaugstutzen ein Vorfilter, um Verunreinigungen fernzuhalten. Der Kraftstoffdruck im System wird von einem Druckregler bestimmt.

Die vom Motor angesaugte Luftmenge wird vom Luftmengenmesser gemessen.

Ein zusätzliches Leerlauf-Stabilisierungsventil sorgt für ein konstantes Leerlaufverhalten des kalten und betriebswarmen Motors.

Zur Errechnung der Kraftstoffmenge gemäß Betriebszustand des Motors werden fünf Meßgrößen herangezogen, die vom Steuergerät zur Ansteuerung der Öffnungszeit der Einspritzventile verarbeitet werden (Bild 5.78). Es sind:

- ☐ das angesaugte Luftvolumen (Potentiometer)
- ☐ die Motordrehzahl (TSZ-H-Schaltgerät)
- ☐ die Ansauglufttemperatur (NTC-1)
- ☐ die Kühlmitteltemperatur (NTC-2)
- ☐ die Drosselklappenstellung (Drosselklappenschalter)

Über zwei Relais wird die Einspritzanlage mit Spannung versorgt. Relais 1 versorgt die Kraftstoffpumpe sowie die Einspritzventile. Relais 2 versorgt das Steuergerät mit Spannung.

Das Ventil für die Leerlaufstabilisierung gewährleistet sowohl bei kaltem als auch bei betriebswarmem Motor eine konstante Leerlaufdrehzahl, die auch unter Belastung gehalten wird. Ferner übernimmt es die Funktion des Zusatzluftschiebers.

Die Differenz zwischen Saugrohrdruck und Kraftstoffdruck wird dadurch konstant gehalten, daß der Druckregler über einen dritten

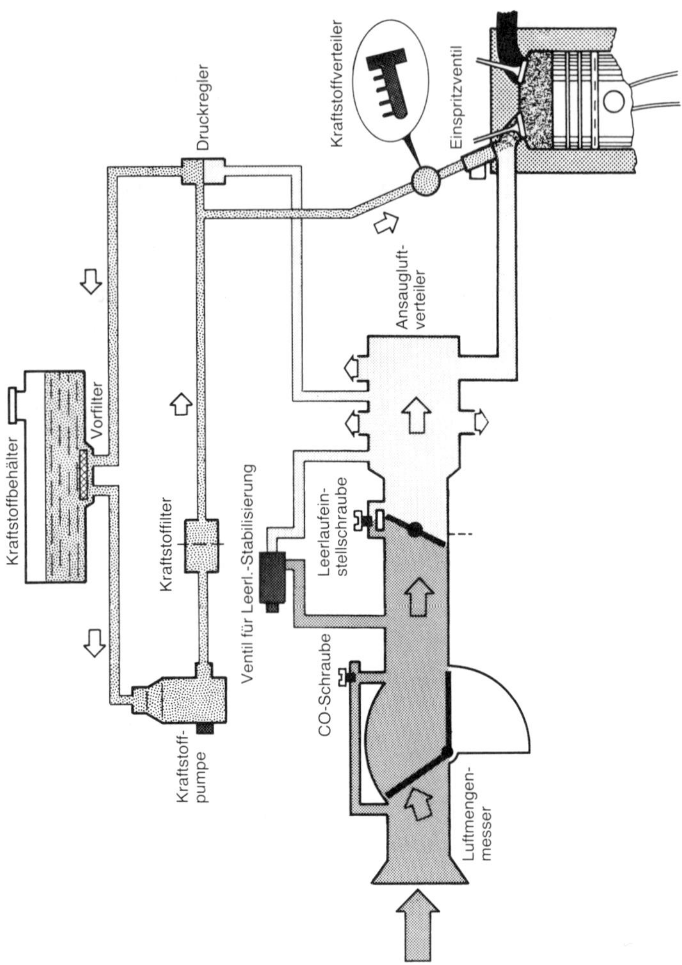

Bild 5.77 Das Kraftstoff-Luft-System der elektronischen Einspritzung Digijet (Volkswagen AG)

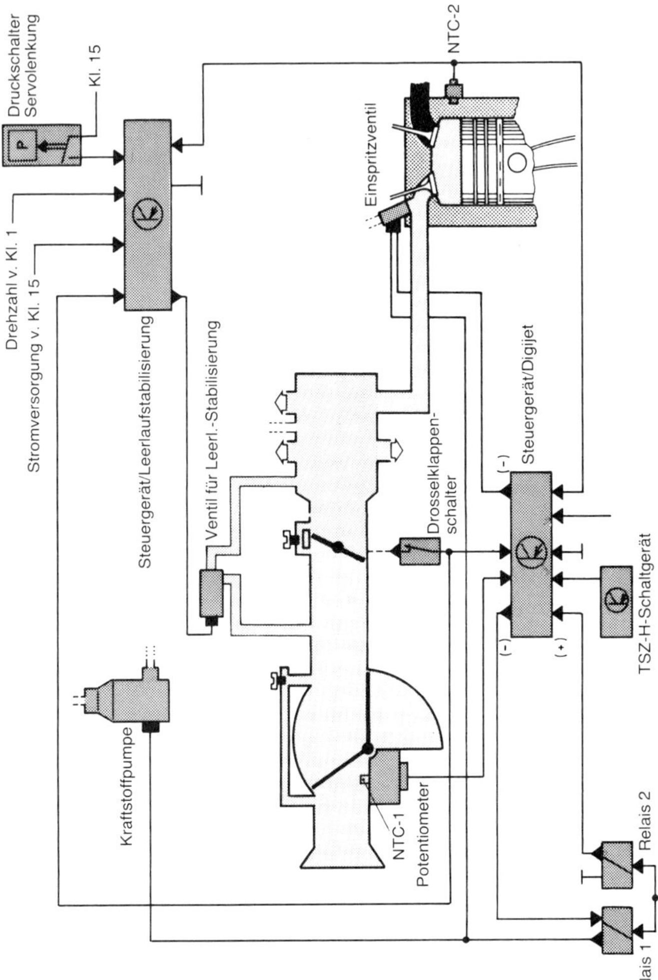

Bild 5.78 Die Komponenten des Einspritzsystems Digijet (Volkswagen AG)

Anschluß mit dem Ansaugrohr des Motors verbunden ist. Der Druckabfall über alle Lastzustände ist damit an allen Einspritzventilen gleich. Ändert sich der Saugrohrdruck, so ändert sich auch die Stellung der Membrane im Druckregler, die den Rücklauf zum Tank mehr oder minder weit freigibt (Bild 5.79). Der Betriebsdruck beträgt im Leerlauf 2,0 bar, bei Vollast 2,5 bar.

Die Einspritzventile arbeiten intermittierend. Sie spritzen pro Kurbelwellenumdrehung die Hälfte der für einen Ansaugtakt erforderlichen Kraftstoffmenge ab.

Jeweils zwei Einspritzventile sind an einen Kraftstoffverteiler angeschlossen.

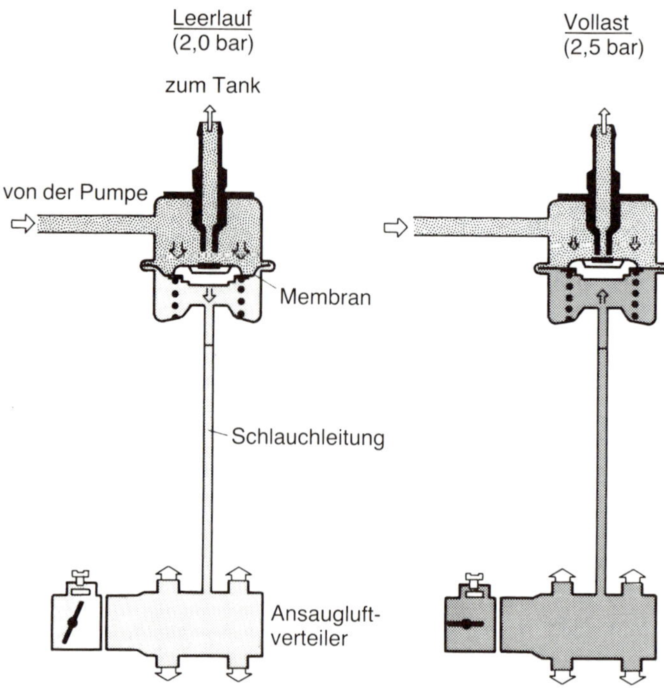

Bild 5.79 Der Kraftstoffdruck im Einspritzsystem wird vom Druckregler definiert (Volkswagen AG)

Der Luftmengenmesser (Bild 5.80) gibt zwei Spannungssignale an das Steuergerät ab. Das von einem Potentiometer erzeugte Signal entspricht der angesaugten Luftmenge, das vom NTC-1 abgegebene Signal der Ansauglufttemperatur.

Funktion

Der Ansaugluftstrom öffnet die Stauklappe im Luftmengenmesser entgegen der Kraft einer genau eingestellten Spiralfeder. Die Drehbewegung der Stauklappe betätigt ein Potentiometer und bestimmt die Größe des Spannungssignals. Die im Luftmengenmesser eingebaute Kompensationsklappe dämpft Schwingbewegungen der Stauklappe (Bild 5.81).

Vom TSZ-H-Schaltgerät wird gleichzeitig eine Drehzahlinformation geliefert. Luftmengen- und Drehzahlsignal sind die Hauptkomponenten, aus denen das Steuergerät die Einspritzzeit ermittelt.

Wird die Zündung eingeschaltet, aber der Motor nicht angelassen, so erfolgt kein Drehzahlsignal aus dem TSZ-H-Schaltgerät von Klemme 7 an Klemme 1 des Steuergerätes. Nach ca. 1 s werden die Elektrokraftstoffpumpe und die Einspritzventile abgeschaltet. Dazu wird die minusseitige Ansteuerung vom Steuergerät Klemme 20 zum Pumpenrelais Klemme 86 unterbrochen.

Von einem Spannungssignal über Klemme 50 des Anlassers wird im Startvorgang der Betrieb der Elektrokraftstoffpumpe sichergestellt.

Wie bei anderen Einspritzsystemen auch, muß Digijet neben den Hauptgrößen Luftmenge und Drehzahl Korrektureinheiten zur genauen Bemessung der Einspritzzeit verarbeiten (Bild 5.82).

Der im Luftmengenmesser integrierte NTC-1 (Negativer Temperatur Coeffizient – sein elektrischer Widerstand verringert sich mit zunehmender Temperatur) liefert ein Korrektursignal abhängig von der temperaturbedingten Luftdichte.

Die Zumessung der Kaltstartmehrmenge erfolgt mittels eines Korrektursignals vom Temperaturfühler 2, der im Kühlmittelreglergehäuse integriert ist. Mit zunehmender Motortemperatur wird die Kaltstartmehrmenge kontinuierlich abgeregelt.

Ferner erhält das Steuergerät vom Temperaturfühler 2 Informationen in Form eines Spannungssignals für die Warmlaufanreicherung in Abhängigkeit von der aktuellen Kühlmitteltemperatur.

Die für Vollast notwendige Kraftstoffmehrmenge wird mittels eines Vollastkontaktes im Drosselklappenschalter angezeigt. Das Steuergerät errechnet eine längere Einspritzdauer.

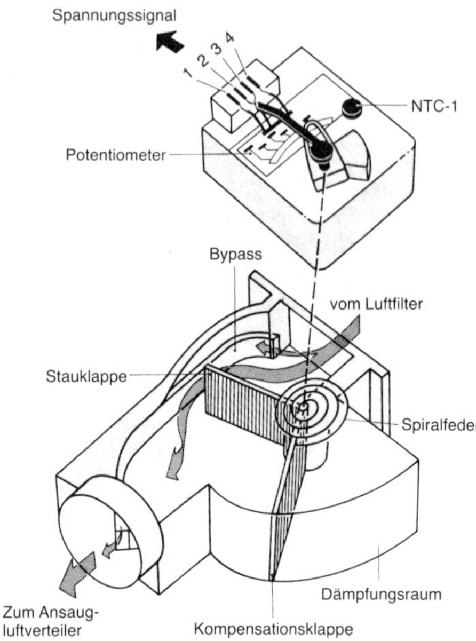

Bild 5.80 Der Potentiometer sowie der NTC 1 im Luftmengenmesser geben Spannungssignale zur Bestimmung der Einspritzzeit an das Digijet-Steuergerät (Volkswagen AG)

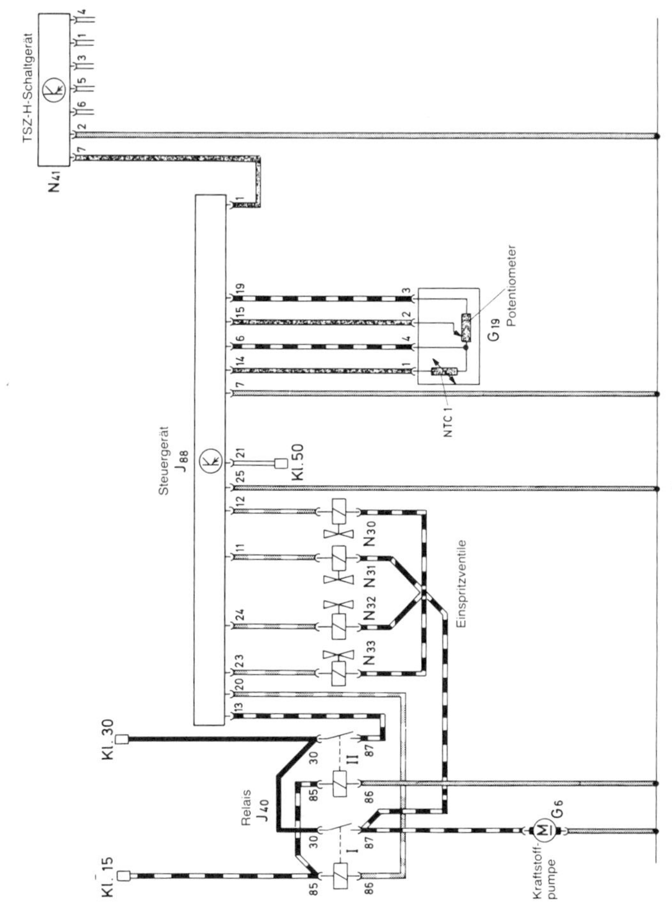

Bild 5.81 Grundschaltplan mit Hauptinformationsgebern des Digijet-Einspritzsystems (Volkswagen AG)

Funktionsfarben

- Dauerplus/rot
- geschaltetes Plus/rot-weiß
- Signal für Einspritzzeitenermittlung/grün
- Dauermasse/braun
- geschaltete Masse/braun/weiß

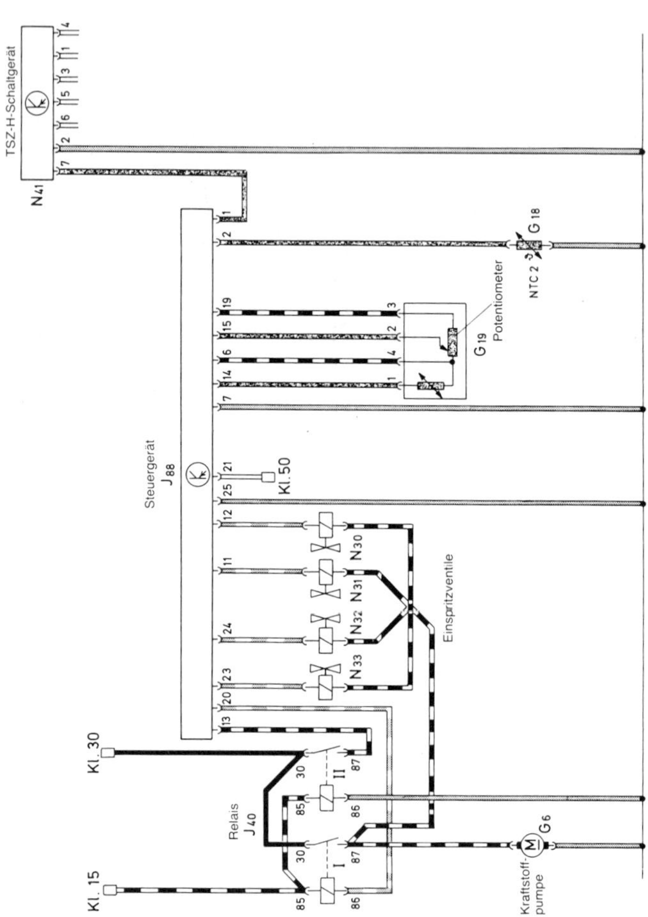

Bild 5.82 Elektrische Schaltung des Temperaturfühlers (NTC-2) (Volkswagen AG)

- Dauerplus
- geschaltetes Plus
- Signal für Einspritzzeitenermittlung
- Dauermasse
- geschaltete Masse

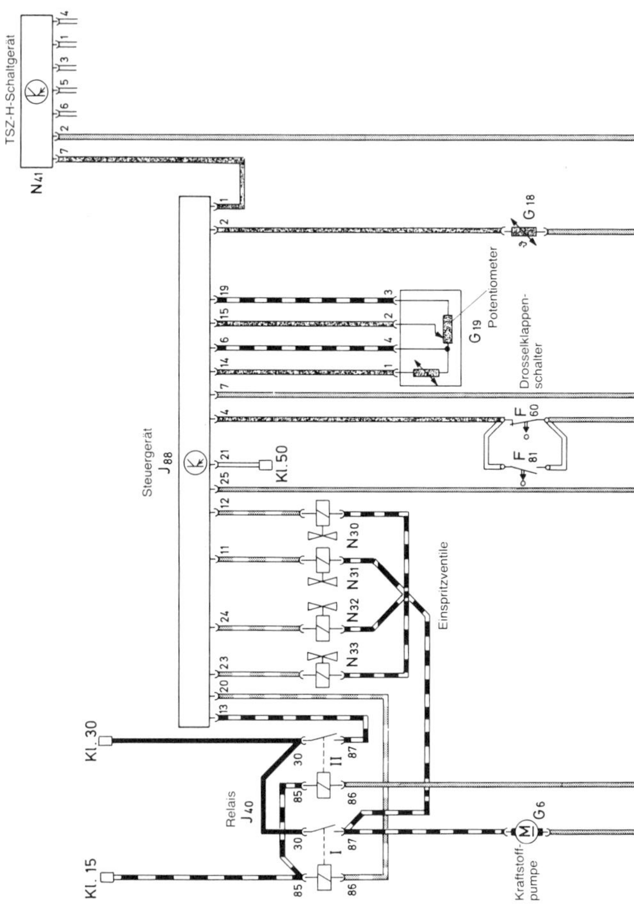

Bild 5.83 Elektrische Schaltung des Drosselklappenschalters (Volkswagen AG)

- Dauerplus
- geschaltetes Plus
- Signal für Einspritzzeitenermittlung
- Dauermasse
- geschaltete Masse

Der Drosselklappenschalter muß bei Leerlaufbetrieb und bei Vollastbetrieb geschlossen sein. Die Erkennung, welcher Betriebszustand vorliegt, erfolgt im Steuergerät anhand der gemessenen Luftmenge (Bild 5.83).

Digijet ist mit einer Schubabschaltung ausgerüstet. Sie setzt unter folgenden Bedingungen ein und schaltet über das Steuergerät die Einspritzventile ab:

- ☐ betriebswarmer Motor, Information über NTC-2
- ☐ Motordrehzahl höher als 1500/min, Information vom TSZ-H-Schaltgerät – Klemme 7
- ☐ Drosselklappe geschlossen, Information vom Drosselklappenschalter – Kontakt geschlossen.

Zur Verbesserung des Leerlaufs ist das elektronische Einspritzsystem Digijet mit einer Leerlaufstabilisierung versehen (siehe hierzu Kap. 8).

Um bei Ausfall einer Hauptfunktion das Fahrzeug sicher bis zur nächsten V.A.G-Werkstatt fahren zu können, ist Digijet mit einem Notlaufsystem versehen. Fällt beispielsweise das Signal vom Luftmengenmesser aus, schaltet das Steuergerät derart auf Notlauffunktion, daß die Kraftstoffzumessung nach dem Kennfeld der Straßenteillast in Abhängigkeit von der Motordrehzahl erfolgt. Das Fahrzeug kann mit «geringem Gas» weiter gefahren werden.

Beträgt das Spannungssignal vom Luftmengenmesser unter Last jedoch mehr als 2,19 Volt, erfolgt die Vollastanhebung. Der Kraftstoffverbrauch steigt, da der Motor zu fett läuft, und es kann zu Heißstartschwierigkeiten kommen.

Fällt der Temperaturfühler 2 aus, dann errechnet das Steuergerät die Einspritzzeiten bezogen auf 20 °C. Damit steigt der Kraftstoffverbrauch, weil das Gemisch für den betriebswarmen Motor zu fett ist. Ebenfalls sind Heißstartschwierigkeiten möglich.

Wird eine höhere Drehzahl als 5400/min vom TSZ-H-Schaltgerät als Information eingegeben, schaltet das Steuergerät die Einspritzventile ab.

In allen Fällen aber bleiben Notlauffunktionen erhalten.

5.8.1 Prüf- und Einstellarbeiten an Fahrzeugen mit Digijet-Einspritzsystem

Allgemeine Hinweise:

Grundsätzlich gelten alle Richtlinien, wie sie bereits bei der Prüfung der D- und L-Jetronic aufgestellt werden. Wir bitten Sie, diesbezüglich in den Abschnitten 5.1, 5.2 und 5.3 nachzulesen.

Zusätzlich sollten Sie beachten:

- ☐ an Kontakt 20 des Steuergerätes darf keine Prüflampe angeschlossen werden, da sonst das Steuergerät zerstört wird
- ☐ an die Leitungen des Drosselklappenschalters darf bei angeschlossenem Steuergerät keine Prüflampe angeschlossen werden, da sonst das Steuergerät zerstört wird
- ☐ der Zentralstecker des Steuergerätes darf nur bei ausgeschalteter Zündung abgezogen oder aufgesteckt werden
- ☐ alle Leitungen sind zur besseren Identifikation mit Nummern versehen.

Fördermenge der Elektrokraftstoffpumpe prüfen

Die Rücklaufleitung vom Druckregler ist abzuziehen und zu verschließen. Danach einen passenden Schlauch auf den freien Anschluß des Druckreglers stecken und in einen Meßbehälter halten. Nun für ca. 30 s die Klemmen 30 und 87 am Adapter (C) überbrücken und aufgefangene Meßmenge ablesen. Sollwert: mindestens 500 cm^3/30 s (Bild 5.92).

Druckregler prüfen

Druckmeßvorrichtung V.A.G 1318 mit Adapter und Schlauch an das Abzweigstück (1) der Kraftstoffleitung anschließen und darauf achten, daß der Hebel an der Druckmeßvorrichtung während des Meßvorganges geschlossen bleiben muß. Drücke bei laufendem Motor ablesen. Sollwerte: Unterdruckschlauch (2) aufgesteckt = ca. 2,0 bar, Unterdruckschlauch (2) abgezogen = ca. 2,5 bar (Bild 5.84).

Einspritzventil prüfen

Zuerst wird der **Einsspritzstrahl** geprüft. Dazu sind die Einspritzventile paarweise auszubauen. Die Stecker und Kraftstoffleitungen bleiben dabei angeschlossen. Nun werden die Stecker von dem nicht ausgebauten Paar Einspritzventile abgezogen und der Anlasser

Bild 5.84 Kraftstoffdruckmessung (Volkswagen AG)

Bild 5.85 Prüfen des Einspritzstrahles (Volkswagen AG)

kurz betätigt. Der Kraftstoffstrahl muß kegelförmig austreten. Beim Ventileinbau darauf achten, daß die Dichtringe (1) vorhanden sind und richtig sitzen (Bild 5.85).

Als nächstes wird die **Dichtheit** der Einspritzventile kontrolliert. Dazu werden alle Stecker von den Einspritzventilen abgezogen und die Einspritzventile paarweise ausgebaut. Die Kraftstoffleitungen bleiben angeschlossen. Jetzt wird die Zündung ca. 5 s eingeschaltet. Es dürfen nicht mehr als 2 Tropfen je Ventil in 1 min austreten.

Zuletzt wird die **Spannungsversorgung** der Einspritzventile geprüft. Dazu müssen alle Stecker von den Einspritzventilen abgezogen werden. Kurzschließen der Steckerkontakte ist zu vermeiden, weil sonst das Steuergerät beschädigt wird. Nun sind mit einer Prüflampe beide Kontaktfahnen in jedem einzelnen Stecker nacheinander zu überbrücken (Bild 5.86) und dabei jeweils der Anlasser zu betätigen. Die Prüflampe muß während des Prüfvorgangs getaktet aufflackern. Flackert die Prüflampe nicht, so sind die Masseverbindung für das Steuergerät am Zylinderkopf des Motors auf richtigen Sitz, das Spannungsversorgungsrelais und die Impulsauslösung im TSZ-H-Schaltgerät – Klemme 7 – zu prüfen.

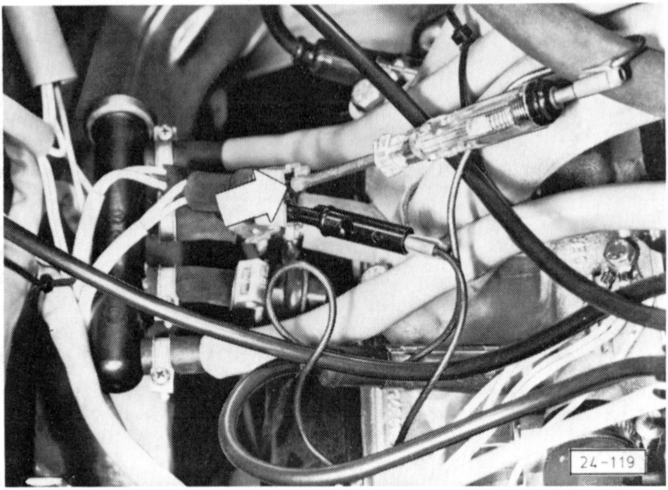

Bild 5.86 Spannungsversorgung der Einspritzventile prüfen (Volkswagen AG)

Luftmengenmesser prüfen

Die Prüfung ist mit einem Ohmmeter vorzunehmen. Zuerst werden der Stecker und der Schlauch vom Luftmengenmesser abgezogen. Ohmmeter zwischen Klemmen 3 und 4 am Potentiometer anklemmen und Meßwert ablesen. Sollwert: ca. 560 Ω. Danach Ohmmeter zwischen den Klemmen 2 und 3 anschließen und die Stauklappe bewegen. Der Meßwert muß sich mit der Stauklappenbewegung verändern. Die letzte Messung erfolgt zwischen den Klemmen 1 und 4. Gemessen wird die Funktion des NTC-1. Sollwert: bei 20 °C = 2,3 bis 2,7 kΩ, über 20 °C = weniger als 2,3 kΩ und unter 20 °C = größer als 2,7 kΩ (Bild 5.87). Werden die Sollwerte nicht erreicht, muß in der Regel der Luftmengenmesser ersetzt werden.

Leerlaufeinstellung durchführen

Zu den Prüf- und Einstellbedingungen gehört:

- ☐ Motoröltemperatur mind. 60 °C
- ☐ Elektrische Verbraucher ausgeschaltet (auch der Lüfter des Kühlsystems darf bei dieser Prüfung nicht laufen)

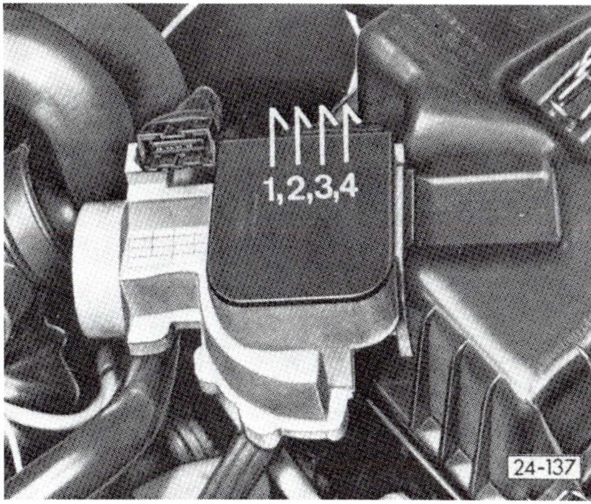

Bild 5.87 Anschlüsse am Luftmengenmesser (Volkswagen AG)

- ☐ Schlauch für Kurbelgehäuseentlüftung am Ölentlüfter abgezogen und dicht verschlossen
- ☐ Zündeinstellung einwandfrei
- ☐ Schalter für Schubabschaltung/Leerlauf eingeschaltet
- ☐ Leerlaufstabilisierung einwandfrei

Sind diese Bedingungen erfüllt, werden die Prüfgeräte für Zündzeitpunkt, Drehzahl und CO-Gehalt bei ausgeschalteter Zündung angeschlossen und die Steckverbindung Kabel 1 (Bild 5.88) getrennt. Motor starten und Leerlaufdrehzahl bzw. CO-Gehalt im Abgas ablesen. Durch wechselweises Drehen der Leerlaufdrehzahl-Einstellschraube (1) bzw. der CO-Einstellschraube (2) (Bild 5.89) auf den jeweiligen Mittelwert einstellen.

Sollwert:

Leerlaufdrehzahl	820 bis 920/min
CO-Gehalt	0,8 bis 1,8 Vol. %

Steckverbindung Kabel 1 wieder schließen und nach einer Korrektur CO-Einstellschraube mit blauer Sicherungskappe abdecken.

Bild 5.88 Zur Leerlaufprüfung Kabel 1 (mit Pfeil markiert) trennen (Volkswagen AG)

Bild 5.89 Einstellschrauben der Leerlaufregulierung (Volkswagen AG)

Drosselklappenschalter prüfen

Zuerst werden die Leitungen am Drosselklappenschalter abgezogen und ein Ohmmeter zwischengeschaltet. Bei geschlossener Drosselklappe ist der Schalter eingeschaltet, der Meßwert muß 0 Ω betragen. Bei halb geöffneter Drosselklappe ist der Schalter ausgeschaltet, der Meßwert muß ∞ Ω betragen.

Nun wird die Leitung wieder aufgesteckt und der Motor kurz im Leerlauf betrieben. Danach ist der Motor abzustellen und die Zündung einzuschalten. Die Leitungen am Drosselklappenschalter und am Schalter für die Vollastanreicherung abziehen und die Spannung zwischen den Anschlußfahnen der Leitungen des Drosselklappenschalters messen.

Sollwert: ca. 5 V.

Wird dieser Sollwert nicht erreicht, liegt eine Leitungsunterbrechung vor. Leitungen mit einem Ohmmeßgerät prüfen. Sind die Leitungen einwandfrei, dann ist das Steuergerät auszutauschen.

Die letzte Prüfung gilt der Schubabschaltung. Dazu werden die Leitungen am Drosselklappenschalter aufgesteckt und der Drosselklappenschalter von Hand eingeschaltet. Wird nun langsam Gas gegeben, muß die Motordrehzahl schwanken, weil die Schubabschaltung einsetzt. Ist das nicht der Fall, ist das Steuergerät defekt.

Bild 5.90 Prüfung und Einstellung des Drosselklappenschalters (Volkswagen AG)

Drosselklappenschalter einstellen

Die Drosselklappe muß bei diesem Einstellvorgang geschlossen sein. Die Einstellschraube (2) wird so gedreht, daß der Einschaltpunkt des Drosselklappenschalters (1) gerade erreicht ist. Von diesem Punkt aus ist die Einstellschraube (1) weiter hineinzudrehen (Bild 5.90). Anschließend wird die Einstellschraube mit Sicherungslack abgedeckt.

Schalter für Vollastanreicherung prüfen

Die erste Prüfung gilt auch hier dem Schalterwiderstand. Zuerst werden die Leitungen am Anreicherungsschalter abgezogen und ein Ohmmeter zwischengeschaltet. Bei geschlossener Drosselklappe ist der Schalter ausgeschaltet, der Meßwert muß ∞ Ω betragen. Bei voll geöffneter Drosselklappe ist der Schalter eingeschaltet, der Meßwert muß 0 Ω betragen.

Nun wird die Leitung wieder aufgesteckt und der Motor kurz im Leerlauf betrieben. Danach ist der Motor abzustellen und die Zündung einzuschalten. Die Leitungen am Drosselklappenschalter und am Schalter für die Vollastanreicherung abziehen und die Spannung zwischen den Anschlußfahnen der Leitungen des Schalters für die Vollastanreicherung messen.

Sollwert: ca. 5 V.

Wird dieser Sollwert nicht erreicht, liegt eine Leitungsunterbrechung vor. Leitungen mit einem Ohmmeßgerät prüfen. Sind die Leitungen einwandfrei, dann ist das Steuergerät auszutauschen.

Jetzt werden die Leitungen am Drosselklappenschalter wieder aufgesteckt. Am Temperaturfühler 2 müssen mindestens 60 °C und 550 Ω meßbar sein. Ein Drehzahlmesser und ein CO-Tester werden angeschlossen. Der Motor muß ca. 2 min im Leerlauf betrieben werden. Danach ist der Stecker vom Temperaturfühler 2 abzuziehen und langsam Gas zu geben, bis ca. 4000/min erreicht sind. Nun den CO-Wert ablesen. Bei gleicher Drehzahl (ca. 4000/min) den Vollastschalter von Hand betätigen. Der CO-Wert muß um mindestens 1,5 Vol. % ansteigen. Andernfalls ist das Steuergerät defekt.

Vollastschalter einstellen

Zuerst Befestigungsschrauben des Schalters lösen und dann die Drosselklappe voll öffnen, bis der Einschaltpunkt gerade erreicht ist. Die Rolle sollte dabei in der Mitte der Kurvenscheibe (Pfeil) am Vollastschalter (3) anliegen. Befestigungsschrauben für den Vollastschalter festziehen (Bild 5.91).

Bild 5.91 Prüfung und Einstellung des Vollastschalters (Volkswagen AG)

Relais prüfen
Die beiden Relais bleiben bei dieser Prüfung eingebaut. Die Stecker sind von den Einspritzventilen abzuziehen, die Minusleitung des Prüfgerätes V.A.G 1315 A an Masse anschließen und mit der Plusleitung prüfen, ob an den Klemmen Spannung vorhanden ist.

Die Belegung der Anschlüsse ist folgende:
Verbinder (A) = rote Leitung, Klemme 30
Adapter (B) = Klemmen 30, 85 und 87
Adapter (C) = Klemmen 30 und 85

Jetzt wird die Zündung eingeschaltet und der Anlasser betätigt. Spannung muß an Klemme 87 anliegen. Ist das nicht der Fall, Leitung und Relais prüfen. Erst wenn sichergestellt ist, daß weder ein Leitungs- noch ein Relaisdefekt vorliegt, ist das Steuergerät für Digijet zu ersetzen. Bei allen Prüfungen ist strikt darauf zu achten, daß an Klemme 86 des Adapters (C) bei angeschlossenem Steuergerät keine Prüflampe angeschlossen werden darf (Bild 5.92).

Im nächsten Schritt wird das Relais des Adapters (B) geprüft. Dazu ist bei eingeschalteter Zündung das Prüfgerät V.A.G 1315 A an den Klemmen 30 und 86 anzuschließen.

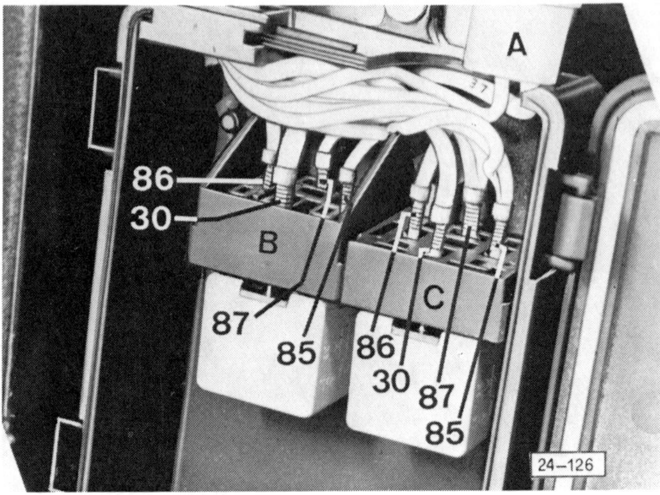

Bild 5.92 Digijet-Versorgungsrelais, Anordnung und Klemmenbezeichnung (Volkswagen AG)

Sollwert: Batteriespannung.

Anschließend wird die Messung an den Klemmen 86 und 87 wiederholt. Auch hier gilt als Sollwert die Batteriespannung.

Wird sie nicht erreicht, muß das Relais ersetzt werden. Nun wird die Zündung ausgeschaltet und das Relais des Adapters (C) geprüft. Dazu das Relais von Adapter (B) und (C) abziehen und Relais von Adapter (C) in den Adapter (B) stecken. Die Zündung wird wieder eingeschaltet und mit dem V.A.G-Prüfgerät 1315 an den Klemmen 86 und 87 des Adapters (B) die Spannung gemessen. Sollwert: Batteriespannung. Wird sie nicht erreicht, ist das Relais zu ersetzen.

Temperaturfühler 2 prüfen

Der Widerstand des NTC-2 wird in Abhängigkeit von der gemessenen Temperatur festgestellt (Bild 5.93).

Sollwert: siehe Bild 5.94

Einspritzventile-Zusatzprüfung: Impulsauslösung vom TSZ-H-Schaltgerät – Klemme 7 – prüfen (nur wenn Spannungsversorgung defekt und Masseverbindung sowie Relais i. O.)

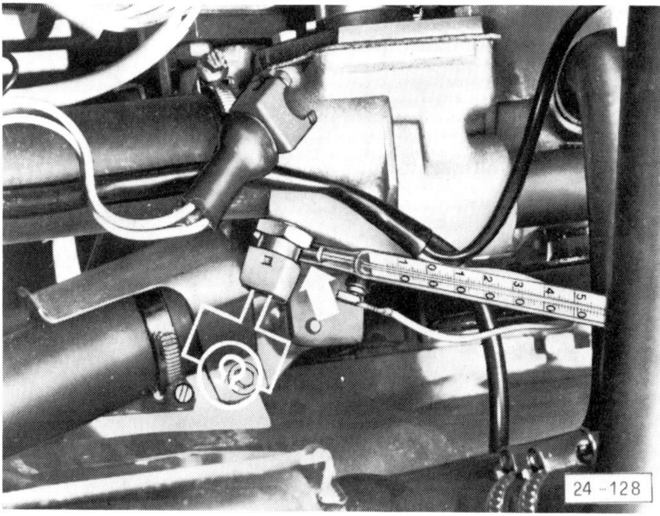

Bild 5.93 Temperatur- und Widerstandsmessung am NTC-2 (Volkswagen AG)

Bild 5.94
Sollwerte-Diagramm
für NTC-2
(Volkswagen AG)

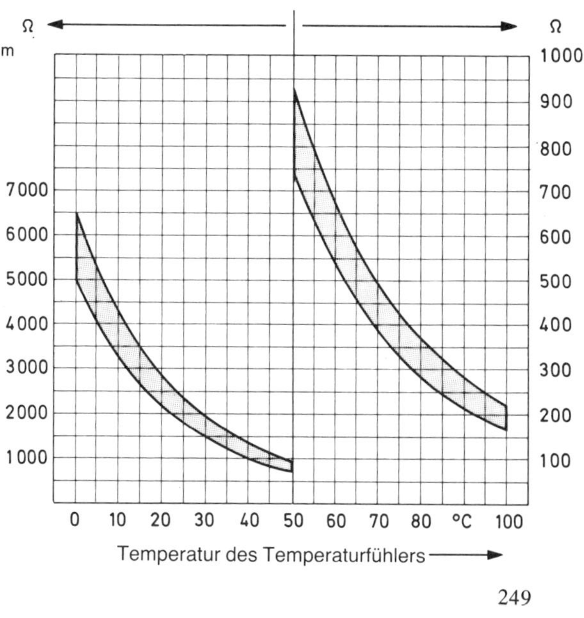

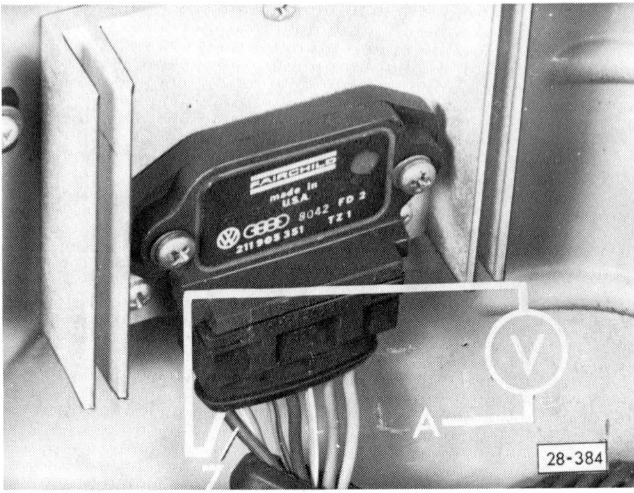

Bild 5.95 Prüfen der Impulsauslösung vom TSZ-H-Schaltgerät (Volkswagen AG)

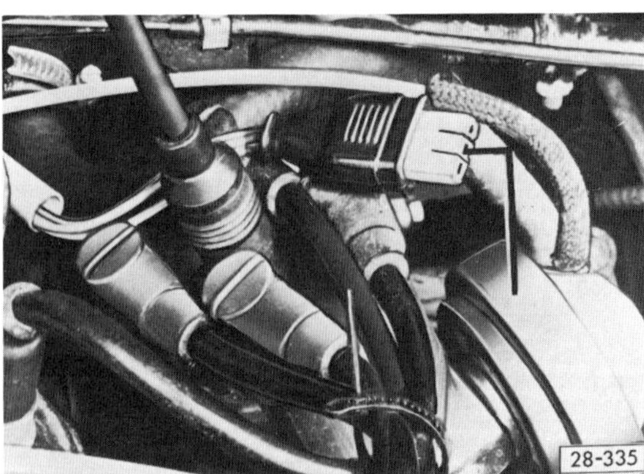

Bild 5.96 Die mittlere Leitung der Steckverbindung wird kurz an Masse angetippt (Volkswagen AG)

Zwischen Klemme 7 und Klemme A des TSZ-H-Schaltgerätes einen Voltmeter anschließen.

Bei AEG-Schaltgeräten liegt eine Masseverbindung vor.

Bei Fairchild-Schaltgeräten muß bei eingeschalteter Zündung in etwa Batteriespannung anliegen (Bild 5.95).

Danach mittlere Leitung der Steckverbindung am Zündverteiler kurz an Masse tippen (Bild 5.96). Die Spannung muß kurzzeitig unter 1,5 V abfallen. Werden die vorgenannten Werte nicht erreicht, ist das TSZ-H-Schaltgerät zu ersetzen.

Elektrische Prüfung Digijet mit V.A.G 1315 A

Zur elektrischen Prüfung sind der Zentralstecker des Steuergerätes sowie das Steuergerät der Leerlaufstabilisierung von ihren Adaptern bei ausgeschalteter Zündung abzuziehen. Gemessen wird in der nachstehenden Reihenfolge:

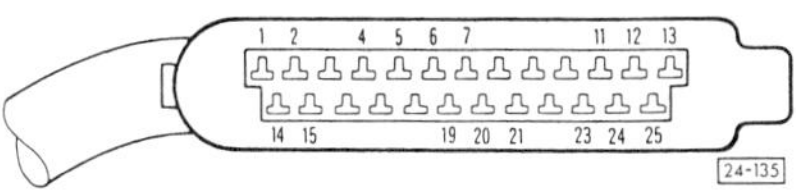

Anschluß Zentral-stecker	Geprüft wird	Prüfbedingungen	Sollwert
7, 25 und 13	Masseleitungen – 7, 25 – zum Zylinderkopf, + Leitung – 13 – zum linken Relais-Adapter – B –, Klemme – 87 – einschließlich Relais	Zündung eingeschaltet	Batterie-spannung
7 und 1	Leitung – 1 zum TSZ-H-Schaltgerät Klemme 7 (Drehzahlimpuls) einschl. AEG-Schaltgerät	– Zündung eingeschaltet – Mittlere Leitung der Steckverbindung am Zündverteiler an Masse tippen	Batteriespannung kleiner 1,5 V
1 und Zündspule Kl. 15	FAIRCHILD-Schaltgerät		
7 und 21	Leitung – 21 – über Steckverbinder an der Relais-Dose: – Zum Anlasser (rot-schwarz) – Zum Adapter für Steuergerät der Leerlaufstabilisierung Anschluß – 50 –	Stecker von den Einspritzventilen abziehen. Anlasser betätigen (Wählhebel in P und N) Nach Prüfung: Stecker auf Einspritzventile stecken	mind. 8 V

Anschluß Zentral-stecker	Geprüft wird	Prüfbedingungen	Sollwert
7 und 20 überbrücken	Leitung – 20 – zum rechten Relais-Adapter – C –, Klemme – 86 – einschließlich Relais	Zündung eingeschaltet	Kraftstoffpumpe muß hörbar laufen
7 und 11, 12, 23, 24	Leitung Nr. – Einspritzventil Zylinder 11 – II 12 – I 23 – IV 24 – III einschl. Einspritzventil	–	15–20 Ω
7 und 2	Leitung – 2 –: – zum Temperaturfühler II einschl. Temperaturfühler – zum Adapter für Steuergerät der Leerlaufstabilisierung (Anschluß 1)	Widerstand bei 20 °C	ca. 2,5 kΩ
7 und 4	Leitung – 4 –: – zum Leerlauf- und Vollastschalter – zum Adapter für Steuergerät der Leerlaufstabilisierung Anschluß LS	in Leerlauf- und Vollaststellung (Schalter geschlossen – Durchgang)	ca. 0 Ω
6 und 14	Temperaturfühler I: Leitung – 6 – zum Luftmengenmesser Klemme – 4 – und Leitung – 14 – zum Luftmengenmesser Klemme – 1 –	Widerstand bei ca. 20 °C über 20 °C unter 20 °C	2,3–2,7 kΩ Ω kleiner Ω größer
6 und 19	Potentiometer: Leitung – 19 – zum Luftmengenmesser Klemme – 3 –	–	ca. 560 Ω
15 und 19	Potentiometer: Leitung – 15 – zum Luftmengenmesser Klemme – 2 –	Stauklappe des Luftmengenmessers bewegen	Ω-Veränderung

6 Zentrale Einspritzsysteme

Als 1966 das erste Serienfahrzeug der Welt, der VW 1600 E, mit einer elektronischen Benzineinspritzanlage ausgerüstet wurde, standen Leistungsgewinn und bedingt auch Kraftstoffersparnis im Vordergrund. Mit den heutigen Einspritzanlagen ist es, im Verbund mit anderen Komponenten, gelungen, den Verbrauch unserer Serienfahrzeuge bis zu 20 % im Vergleich zu den Durchschnittsverbrauchswerten der Serienfahrzeuge der 60er Jahre zu senken. Ein gewaltiger Erfolg, der die weitere Sicherung der Weltenergiereserven, aber auch niedrigere Betriebskosten unserer Fahrzeuge bedeutet. Die Fahrleistungen haben zugenommen und die Fahrzeuglebensdauer ebenfalls. Unsere heutigen Serienfahrzeuge sind schneller und verschleißfester als die der 60er Jahre. Neue Komponenten sind jedoch hinzugekommen: das verschärfte Umweltbewußtsein des Autofahrers und die zunehmende gesetzliche Verankerung des Umweltschutzes. Gerade aber die Minderung der Schadstoffanteile im Autoabgas durch konstruktive Maßnahmen bzw. durch den Einsatz der Katalysatortechnik läßt sich am einfachsten und zweckmäßigsten mittels einer elektronisch gesteuerten Benzineinspritzung bewerkstelligen.

Die elektronische Benzineinspritzung hat jedoch einen gravierenden Nachteil: Sie ist in der Herstellung wesentlich aufwendiger und damit natürlich auch teurer als ein Vergaser. Das ist der Grund, warum auch heute noch elektronische Benzineinspritzungen der gehobenen Mittel- und Luxuswagenklasse vorbehalten sind. Zielstrebig wird jedoch an der Vereinfachung bekannter Systeme gearbeitet, wobei man bemüht ist, die Vorteile der einzelnen Einspritzsysteme voll zu erhalten. Über vier dieser Entwicklungen wollen wir Sie nachfolgend informieren.

6.1 Bosch Mono-Jetronic

Seit längerer Zeit arbeitet Bosch an Zentraleinspritzsystemen und liefert das System Mono-Jetronic weltweit an mehrere Hersteller für den Serienfahrzeugbau. Zentraleinspritzsysteme stellen eine

Lösung zwischen einem herkömmlichen Vergaser und einem Einspritzsystem dar.

Die Zentraleinspritzung ist dadurch gekennzeichnet, daß sie über ein einziges, zentral angeordnetes elektromagnetisches Einspritzventil verfügt; im Gegensatz zu der K- oder L-Jetronic, wo je Ansaugkanal des Motors ein separates Einspritzventil erforderlich ist. Dadurch wird, neben der Einsparung von drei zusätzlichen Einspritzventilen bei einem 4-Zylinder-Motor, eine wesentliche Vereinfachung der Steuerelektronik erreicht, die sich in erheblicher Kostenersparnis bemerkbar macht.

Die Kraftstoffverteilung auf die einzelnen Motorzylinder erfolgt wie bei einem Vergasermotor durch das Sammelsaugrohr. Das elektromagnetische Einspritzventil ist in eine zentrale Einspritzeinheit (ZEE) integriert. Es spritzt den Kraftstoff intermittierend vor die Drosselklappe ab und nutzt damit den Bereich der höchsten Ansaugluftgeschwindigkeit aus. Zwar wird aufgrund der elektronischen Berechnung und Steuerung der Einspritzzeit die Zumeßgenauigkeit gegenüber einem Vergasermotor, der als Einvergasermaschine ausgelegt ja auch einen zentralen Gemischbildner darstellt, verbessert, jedoch dürfen die Verbesserung der Zumeßgenauigkeit und der Kostenvorteil gegenüber einer herkömmlichen K- oder L-Jetronic nicht darüber hinwegtäuschen, daß eine zentrale Benzineinspritzung typische Nachteile einer Einvergaseranlage übernimmt. Diese sind besonders in der problematischeren Gemischverteilung und der nicht ausbleibenden erhöhten Benetzung der Saugrohrwände bei kaltem Motor zu sehen.

Die Ermittlung der Betriebsdaten, die für die optimale Steuerung der Einspritzung erforderlich sind, erfolgt ähnlich wie bei der L-Jetronic mittels Sensoren. Das elektronische Steuergerät berechnet, wie bei der L-Jetronic, die Ansteuersignale für das zentrale Einspritzventil. Wie von der L-Jetronic bekannt, verfügt die Zentraleinspritzung von Bosch über vier Funktionsbereiche:

- ☐ Bereich 1: Kraftstoffversorgung
- ☐ Bereich 2: Betriebsdatenerfassung
- ☐ Bereich 3: Kraftstoffzumessung
- ☐ Bereich 4: Ergänzungs-/Sonderfunktionen

Kraftstoffversorgung

Die Elektrokraftstoffpumpe ist in den Kraftstoffbehälter eingebaut. Der Kraftstoff wird durch den Feinfilter zum Einspritzventil und dem Druckregler gefördert. Wie bei der L-Jetronic hält der Druckregler die Druckdifferenz zwischen dem Kraftstoffdruck und dem Druck am Einspritzventil konstant, so daß die abzugebende Kraftstoffmenge ausschließlich von der Öffnungszeit des Einspritzventils bestimmt wird. Überschüssiger Kraftstoff fließt vom Druckregler durch die Rücklaufleitung zum Tank zurück. Der Betriebsdruck ist auf 1 bar einreguliert.

Die Elektrokraftstoffpumpe EKP5 ist von Bosch besonders für den Einsatz in Niederdruckeinspritzsystemen, wie der Mono-Jetronic, entwickelt worden. Sie ist als Intankpumpe ausgebildet und benötigt kein Überdruckventil. Da sie aufgrund des Niederdrucksystems als Schaufelradpumpe ausgebildet ist, entfällt auch der bei den Rollenzellenpumpen (K-, KE- und L-Jetronic aller Generationen) erforderliche Druckdämpfer zum Abbau der Pulsationsgeräusche (Bild 6.1).

Zur Dosierung kleinster Kraftstoffmengen ist das Einspritzventil (Bild 6.6) mit einem Flachanker, der die Ventilkugel betätigt, versehen. Aufgrund der geringen Massen ist eine Schaltzeit von weniger als einer Millisekunde möglich.

Das Einspritzventil wird ringförmig vom Kraftstoff umspült. Dampfblasenbildung, besonders beim Heißstart ein Problem, wird dadurch vermieden.

Das neu für die Mono-Jetronic entwickelte Einspritzventil «EV 2.1» wird in fünf Größen zur Anpassung an die geforderte Motorleistung im Bereich von 30 (41) bis 80 (109) kW (PS) geliefert.

Das Einspritzventil ist Element der Zentralen Einspritzeinheit (ZEE), zu der auch das Drosselklappenteil gehört. Die ZEE ist mit 65 mm Bauhöhe bewußt kompakt gehalten, um den schwierigen Einbaubedingungen unter den aufgrund der angestrebten c_W-Werte und Luftwiderstandsflächen immer mehr abgeflachten Motorhauben und Frontpartien unserer Fahrzeuge gerecht werden zu können. Die Zentrale Einspritzeinheit wird in insgesamt 16 Versionen hergestellt, die zur Abdeckung der Hubvolumen für Vierzylindermotoren im Bereich von 1,0 l bis 2,2 l im Drosselklappendurchmesser von 28 mm bis 48 mm mit jeweiligem Stufensprung von 2 mm ausgebildet sind und sich zudem aus den fünf möglichen Größen des Einspritzventils «EV 2.1» ergeben.

Um eine optimale Gemischaufbereitung zu erzielen, ist das Einspritzventil mit mehreren schräg verlaufenden Bohrungen versehen. Der Kraftstoff tritt unter Druck feinzerstäubt und drallförmig aus. Die Öffnungszeit des Einspritzventils wird vom

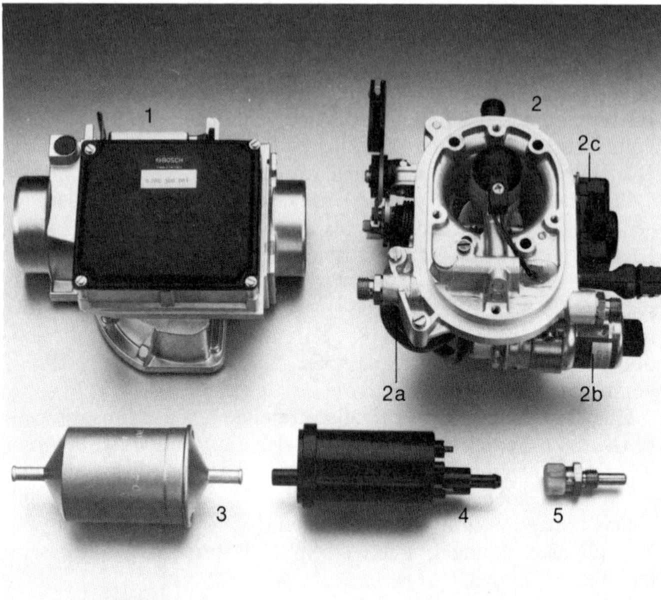

Bild 6.1 Bauelemente der Mono-Jetronic mit Luftmengenmessung (Robert Bosch GmbH)
Es bedeuten:

1 Luftmengenmesser mit angebautem Steuergerät
2 Zentrale Einspritzeinheit, angebaut sind:
2a Kraftstoffdruckregler
2b Leerlaufsteller
2c Drosselklappenpotentiometer
3 Kraftstoffilter
4 Elektrokraftstoffpumpe
5 Kühlmitteltemperaturfühler (NTC-2)

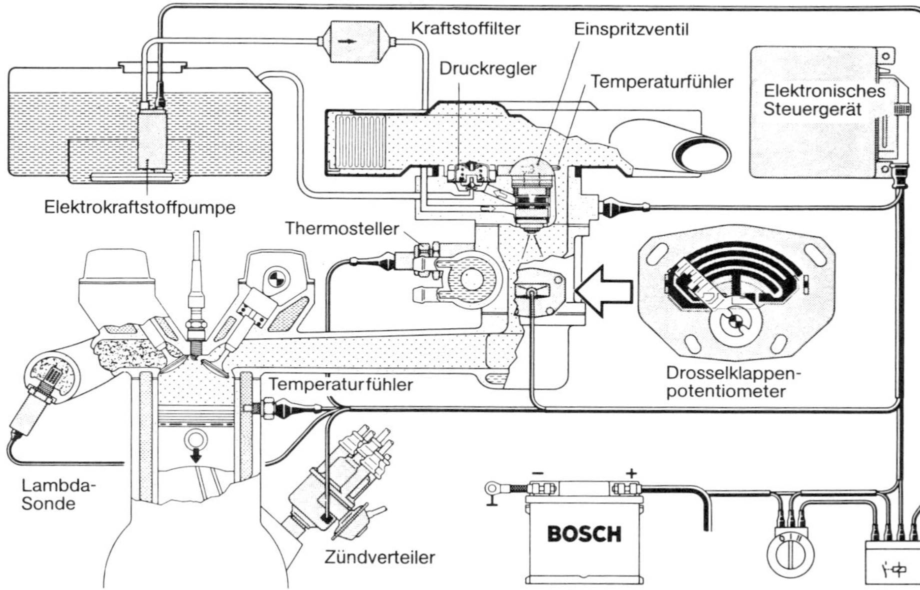

Bild 6.2 Systemdarstellung der Mono-Jetronic mit α/n-Steuerung und Selbstadaption (Robert Bosch GmbH)

Steuergerät errechnet und als Ansteuersignal auf den Elektromagneten des Einspritzventils gegeben. Eingespritzt wird bei jeder Zündung, so daß für die einzelnen Motorzylinder fast gleiche Gemischvoraussetzungen gegeben sind.

Erfassung der Betriebsdaten
Wie bei der L-Jetronic stehen zwei Möglichkeiten der Messung der Ansaugluft zur Verfügung:

- ☐ Messung der Ansaugluftmenge mittels einer Stauklappe
- ☐ Messung der angesaugten Luftmasse mittels Hitzedraht.

In dem Bestreben, den Bauaufwand und somit die Kosten der Mono-Jetronic im Vergleich zu K- oder L-Jetronic deutlich geringer zu halten, ist abweichend zu den bekannten Messungen der Ansaugluft ein weiteres System entwickelt worden, das ein vereinfachtes Kennfeld aus der Drosselklappe α und der Motordrehzahl n ableitet (α/n-Steuerung). Ein vereinfachtes Kennfeld benötigt jedoch zusätzlich eine Optimierungsschaltung, die über Selbstadaption in der Lage ist, Abweichungen vom Sollwert zu erkennen und selbst zu korrigieren. Dazu dient das Spannungssignal der Lambdasonde, aus dem der Korrekturfaktor abgeleitet und in einem Adaptionskennfeld gespeichert wird. Damit wird eine sehr exakte und hochdynamische Gemischsteuerung sichergestellt. Die konventionellen Systeme zur Luftmengenmessung arbeiten wie nachfolgend beschrieben:

Von der Stauklappe im Luftmengenmesser wird die gesamte angesaugte Luftmenge gemessen. Die Stauklappe ist mit einem Drehpotentiometer verbunden. Jeder einer bestimmten Luftmenge

Bild 6.3 Systemübersicht: Mono-Jetronic mit separatem Luftmengenmesser (Robert Bosch GmbH) ▶

Es bedeuten:

1 Elektrokraftstoffpumpe
2 Kraftstoffbehälter
3 Kraftstoffilter
4 elektromagnetisches Einspritzventil
5 Druckregler
10 Steuergerät am Luftmengenmesser
11 Zündverteiler
12 Temperaturfühler
13 separater Luftmengenmesser
15 Drosselklappenpotentiometer
16 Zusatzluftschieber
19 Batterie
20 Zünd-Start-Schalter
21 Steuerrelais

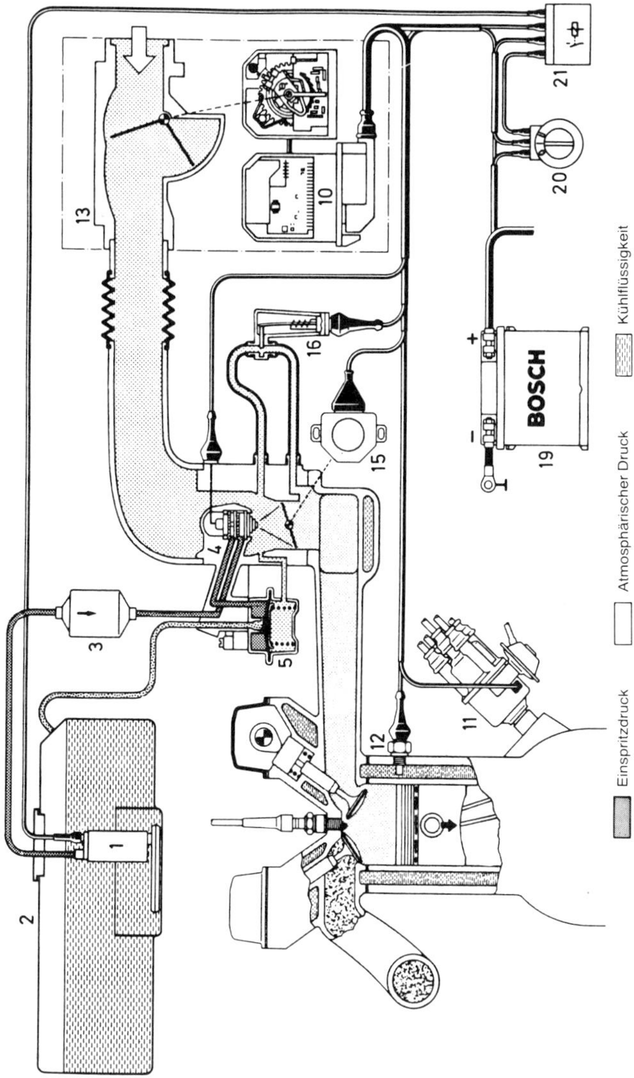
1
2
3
4
5
10
11
12
13
15
16
19
20
21
BOSCH
+
−
Einspritzdruck
Rücklauf
Atmosphärischer Druck
Druck im Saugrohr
Kühlflüssigkeit
Abgas

entsprechende Anstellwinkel der Stauklappe wird dadurch auf den Schleifer des Potentiometers übertragen und als Spannungssignal an das Steuergerät gemeldet. Die Messung der Luftmenge hat den Vorteil, daß verschleißbedingte Veränderungen am Motor, beispielsweise das Absinken der Reibleistung oder sich verändernde Ventileinstellungen, bei der Bestimmung der Grundeinspritzzeit berücksichtigt werden können. Da das Spannungssignal des Potentiometers am Luftmengenmesser dem Verbrennungsvorgang im Motor voreilt, wird eine optimale Gemischanpassung bei jedem Lastwechsel des Motors ohne besondere Zusatzeinrichtungen möglich.

Alternativ zur Messung der Luftmenge kann die Mono-Jetronic auch mit einer Hitzedraht-Luftmassenmessung (14 in Bild 6.3) ausgerüstet sein. Als Hitzedraht findet ein dünner, extern beheizter Platindraht in einem Bypass zum Ansaugluftstrom Verwendung. Je nach Luftdurchsatz kühlt sich der Platindraht ab. Sein elektrischer Widerstand wird geringer. Die geänderten Spannungsverhältnisse werden in einer Brückenschaltung registriert und führen zu einer sofortigen Erhöhung des Heizstroms für den Platindraht mittels der Regelschaltung im Luftmassenmesser. Der Heizstrom des Platindrahtes wird somit zum Maß der angesaugten Luftmasse.

Um das Verschmutzen des Hitzedrahtes zu vermeiden, wird dieser zur Selbstreinigung hoch erwärmt.

Das Messen der Luftmasse mittels Hitzedraht bietet zwei Vorteile:

- Die Messung ist genauer als eine Luftmengenmessung, da unterschiedliche Luftdichten mit berücksichtigt werden. Ein Vorteil, der sich besonders bei Fahrzeugeinsätzen in Gebirgslandschaften bemerkbar macht.
- Die Messung der Luftmasse erfolgt in der zentralen Einspritzeinheit. Das System kann deshalb wie ein Vergaser zwischen Ansaugverteiler und Luftfilter angeordnet werden.

Die gemessene Luftmenge bzw. Luftmasse ist eine der beiden Hauptinformationen zur Berechnung der Grundeinspritzzeit durch das elektronische Steuergerät.

Die zweite Hauptinformation zur Ermittlung der Grundeinspritzzeit, die aktuelle Motordrehzahl, erhält das System wie bei der L-Jetronic über die Batteriezündanlage.

Der jeweilige Lastzustand des Motors wird vom Drosselklappenpotentiometer (15) ausgewertet. Es erkennt die Betriebszustände

«Leerlauf» und «Vollast», welche für den Einsatz der Schubabschaltung bzw. der Vollastanreicherung Merkmale sind.

Bei kaltem Motor ist der Kraftstoffbedarf höher. Eine Korrektur der Einspritzdauer wird erforderlich. Aus der aktuellen Kühlmitteltemperatur wird analog die Motortemperatur abgeleitet. Ein im Kühlmittelkreislauf eingesetzter Temperaturfühler (NTC-2) gibt ein entsprechendes Signal an das elektronische Steuergerät.

Bei Anlagen mit Luftmengenmessung ist ein zusätzlicher Temperaturfühler erforderlich. Kalte Luft hat eine höhere Dichte als warme. Bei gleichem Ausschlag der Stauklappe im Luftmengenmesser wird daher die Masse der angesaugten Luft mit zunehmender Lufttemperatur immer geringer. Ein im Luftmengenmesser angeordneter Temperaturfühler (NTC-1) mißt die aktuelle Ansauglufttemperatur und gibt zur Korrektur der Grundeinspritzzeit ein entsprechendes Signal an das elektronische Steuergerät.

Bei Hitzedraht-Luftmessern wird die Veränderung der Luftdichte direkt vom Hitzedraht erfaßt. Eine zusätzliche Korrektur ist deshalb nicht erforderlich.

Abhängig von der Batteriespannung ist die Anzugs- und Abfallzeit des elektromagnetischen Einspritzventils. Um Ansprechverzögerungen des Einspritzventils auszugleichen, korrigiert das Steuergerät durch Änderung der Einspritzzeit die Schwankungen der Bordnetzspannung.

Die Zumessung des Kraftstoffs

Alle Eingangssignale erreichen das Steuergerät (10) als veränderliche gradlinige Momentanwerte oder aber sinusförmig mit variablen Frequenzen, jedoch immer als Analogwert (das Wort «Analog» entstammt der griechischen Sprache und bedeutet «entsprechend» oder «ähnlich»). Da das Steuergerät in digitaler Technik (das Wort «Digital» entstammt der englischen Sprache und bedeutet «Ziffer» oder «Stelle») aufgebaut ist, müssen alle Eingaben in einem Analog-Digital-Wandler umgeformt werden. Das Steuergerät verfügt ferner über einen Mikrocomputer sowie einen Programm- und Datenspeicher. Das Steuergerät wird, wie bei der L-Jetronic auch, separat mit Spannung versorgt. Der stabile Grundtakt, in dessen Zeitraster die Rechenvorgänge ablaufen, wird von einem Quarz-Oszillator gegeben.

Die Einspritzgrundzeit wird der Motorbelastung entsprechend aus den Informationen «angesaugte Luftmenge» bzw. «Luftmasse»

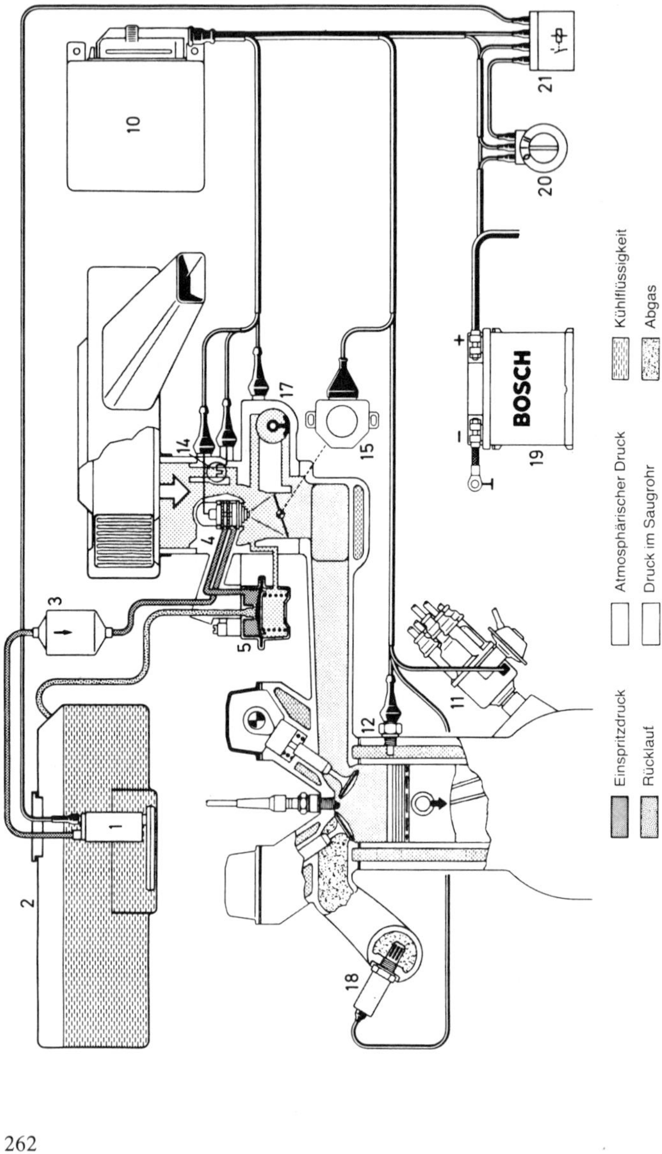
1
2
3
4
5
10
11
12
14
15
17
18
19
20
21
BOSCH
+
−
Einspritzdruck
Rücklauf
Atmosphärischer Druck
Druck im Saugrohr
Kühlflüssigkeit
Abgas

und dem Drehzahlsignal errechnet. Entsprechend den sonstigen Betriebszuständen wird die Grundzeit korrigiert.

Beim Kaltstart des Motors wird wegen der höheren Reibleistung der Maschine und Abmagerung des Kraftstoff-Luft-Gemisches aufgrund der unvermeidbaren Saugrohrwandbenetzung eine größere Einspritzmenge erforderlich. Die erhöhte Einspritzmenge wird durch eine Verlängerung der Öffnungszeit des Einspritzventils erreicht.

Eine eventuell erforderliche Nachstartanreicherung wird motortemperatur- und zeitabhängig in Form einer Verlängerung der Öffnungszeit des Einspritzventils gesteuert.

Bei niedrigen Temperaturen wird zum Erreichen eines einwandfreien Motorrundlaufs eine zusätzliche Kraftstoffmenge als Warmlaufanreicherung temperaturabhängig in Form von Verlängerung der Öffnungszeit des Einspritzventils durch das elektronische Steuergerät bewirkt.

Wie bereits von der L-Jetronic bekannt, wird vom Zusatzluftschieber (16 in Bild 6.3) dem Motor im Leerlaufbereich unter Umgehung der Drosselklappe eine Mehrluftmenge zugeführt. Die erforderliche Leerlaufdrehzahl läßt sich damit auch bei kaltem Motor und erhöhter Reibleistung sicher erreichen. Der Öffnungsquerschnitt im Zusatzluftschieber wird von einem elektrisch beheizten Bimetall gesteuert.

Beim Beschleunigen muß für ein gutes Übergangsverhalten das Brenngemisch angereichert werden. Aus dem Signal vom Drosselklappenpotentiometer wird vom Steuergerät ein Beschleunigungsvorgang erkannt und in Abhängigkeit von der Motortemperatur und der Drosselklappenbewegung die Anreicherungsrate in Form einer verlängerten Öffnungszeit des Einspritzventils zugeteilt.

Bild 6.4 Systemübersicht: Mono-Jetronic mit integriertem Hitzedraht-Luftmassenmesser (Robert Bosch GmbH)

Es bedeuten:

1 Elektrokraftstoffpumpe
2 Kraftstoffbehälter
3 Kraftstoffilter
4 elektromagnetisches Einspritzventil
5 Druckregler
10 separates Steuergerät
11 Zündverteiler
12 Temperaturfühler
14 Hitzedraht-Luftmassenmesser
15 Drosselklappenpotentiometer
17 Leerlaufsteller
18 Lambda-Sonde
19 Batterie
20 Zünd-Start-Schalter
21 Steuerrelais

Im Teillastbereich steuert die Mono-Jetronic das Kraftstoff-Luft-Verhältnis orientiert am geringsten Verbrauch und den niedrigsten Emissionswerten.

Für die Höchstleistung des Motors im Vollastbetrieb muß angereichert werden. Der Zusatzkraftstoffbedarf bei Vollast ist motorspezifisch im Steuergerät der Mono-Jetronic programmiert. Angereichert wird durch eine Verlängerung der Öffnungszeit des Einspritzventils. Die Information «Vollast» erhält das Steuergerät über die Drosselklappenstellung, gemessen vom Drosselklappen-Potentiometer.

Mögliche Ergänzungsfunktionen

Im Schiebebetrieb kann die Kraftstoffzufuhr, gesteuert wie bei der L-Jetronic, abgeschnitten werden. Neben einem günstigen Abgasverhalten ist eine zusätzliche Kraftstoffverbrauchsenkung realisierbar. Auch die Funktion einer Drehzahlbegrenzung durch Abschneiden der Kraftstoffzufuhr ist einfach zu realisieren.

Anstelle des Zusatzluftschiebers (16) kann eine Leerlauf-Füllungsregelung adaptiert werden. Damit läßt sich die Leerlaufdrehzahl senken und stabilisieren.

Ein Drehschieber, Leerlaufsteller (17) genannt, öffnet einen Bypass zur Drosselklappe und teilt so dem Motor mehr oder weniger Luft, je nach Abweichung der momentanen Leerlaufdrehzahl von der Solldrehzahl, zu. Das Stellersignal liefert in Abhängigkeit von der Motordrehzahl und Motortemperatur das elektronische Steuergerät. Die Luftmehrmenge wird vom Luftmengenmesser bzw. vom Luftmassenmesser erfaßt, so daß ebenfalls eine Korrektur der Einspritzmenge erfolgt. Neben stabiler Leerlaufdrehzahl werden damit auch konstante Leerlauf-Abgasemissionswerte erreicht.

Auch die Adaption einer Lambda-Regelung ist für die Mono-Jetronic vorgesehen. Hierbei liefert die Lambda-Sonde (18), die an repräsentativer Stelle im Abgasstrom angeordnet ist, bei Abweichungen des augenblicklichen Kraftstoff-Luft-Verhältnisses vom idealen Wert ($\lambda = 1$) ein Signal, das eine unmittelbare Korrektur durch Veränderung der Einspritzzeit bewirkt. Mit diesem System läßt sich der Kraftstoff so exakt zuteilen, daß in allen Betriebszuständen das Kraftstoff-Luft-Verhältnis nur minimal vom idealen Wert ($\lambda = 1$) abweicht.

Auch bei der Mono-Jetronic mit α/n-Steuerung ist die Adaption verschiedener Systeme möglich. So werden mittels der Zusatzfunktionen Kaltstart-, Warmlauf- und Beschleunigungsanreicherung sowie Schubabschaltung und Leerlaufregelung alle Ansprüche an komfortables und verbrauchsgünstiges sowie umweltfreundliches Fahrverhalten erfüllt.

Als weitere Ausbaustufe können Kennfeldzündung und Klopfregelung realisiert werden, so daß aus einer Mono-Jetronic eine Mono-Motronic wird.

Bild 6.5 Schnitt durch die Elektrokraftstoffpumpe EKP 5 (Robert Bosch GmbH)

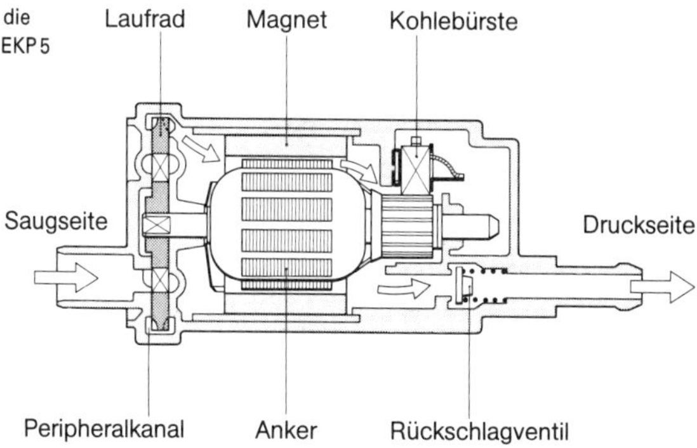

Bild 6.6 Schnittdarstellung des Mono-Einspritzventils EV 2.1 (Robert Bosch GmbH)

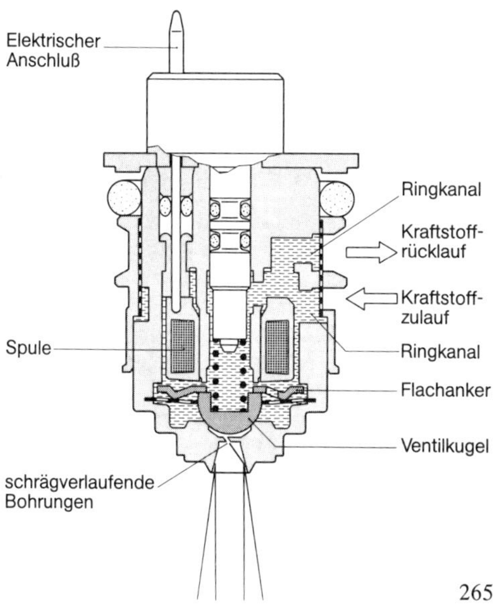

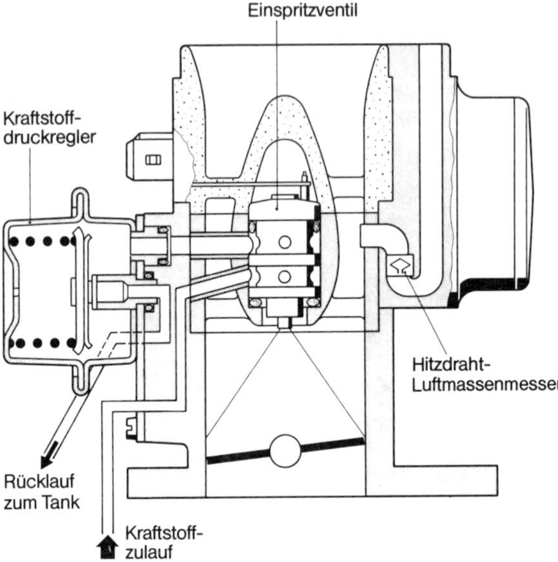

Bild 6.7 Mono-Jetronic mit Hitzedraht-Luftmassenmessung (Robert Bosch GmbH)

6.2 Kontinuierliche Zentraleinspritzung (ZEK)

Auf der Basis der K-Jetronic entwickelte die Robert Bosch GmbH ein vereinfachtes Zentraleinspritzsystem. Damit soll der bauliche Mehraufwand einer Benzineinspritzung gegenüber einem Vergaser verringert werden. Es wird an einer zentralen Stelle in das Saugrohr des Motors eingespritzt, wobei die Steuerung der zuzumessenden Kraftstoffmenge mit Einspritzaggregaten erfolgt.

Bei der kontinuierlichen Zentraleinspritzung wird zur Luftmengenmessung ein Drehschieber verwendet. Der an ihm entstehende Druckabfall wird auf einen Arbeitsflügel geleitet, so daß sich im Gleichgewicht mit einer fein regelnden Spiralfeder ein nahezu konstanter Druckabfall am Drehschieber ergibt. Die Winkelöffnung des Drehschiebers wird damit proportional dem Luftdurchsatz angepaßt. Entsprechend der K-Jetronic wird durch die Bewegung dieses Meßsystems ein Drehschlitz auf dem Umfang einer Welle gesteuert, durch den der Kraftstoff austritt. Der Druckabfall über dem Schlitz wird wie bei der K-Jetronic konstant gehalten und somit Proportionalität von Luft und Kraftstoff erreicht. Der Feinanpassung über das Kennfeld des Motors dient hier eine Kontur in dem vom Drehschieber geöffneten Fenster für die Luft, entsprechend der Kegelkontur der K-Jetronic. Ein vom Drehschieber gesteuerter Unterdruck leitet den Kraftstoff an die Stelle höchster Luftgeschwindigkeit im Saugrohr und zerstäubt ihn dort. Der Warmlauf erfolgt durch Erhöhung des Kraftstoffdrucks. Die Baugröße der ZEK wird in etwa der eines Fallstromvergasers entsprechen.

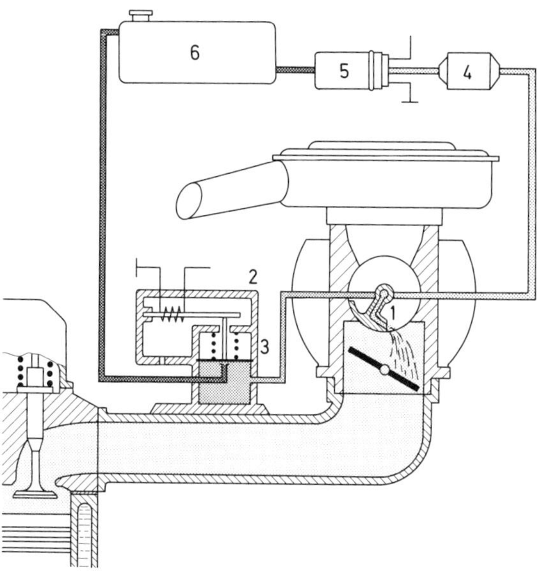

Bild 6.8 Schematische Darstellung der kontinuierlichen Zentraleinspritzung ZEK (Robert Bosch GmbH)

1 Drehschieber
2 Warmlaufregler
3 Druckregler
4 Kraftstoffilter
5 Elektrokraftstoffpumpe
6 Kraftstoffbehälter

6.3 Opel-Multec-Zentraleinspritzung

Die erste serienmäßige Zentraleinspritzanlage in der Kompaktwagenklasse wird im Opel Corsa und im Opel Kadett angeboten. Die Multec-Zentraleinspritzung (Multec steht für: multiple technology) wird in Verbindung mit einem 1,3-l-Vierzylinder-HOC-Motor mit Dreiwegekatalysator und Lambda-Sonde geliefert. Die Motorleistung beträgt 44 kW (60 PS).

Das neue Einspritzsystem ist eine Weiterentwicklung der Adam Opel AG auf der Basis der von General Motors in den Vereinigten Staaten schon seit einigen Jahren verwendeten Throttle Body Injektion, TBI genannt (Throttle body steht für Drosselklappengehäuse). TBI ist zwischenzeitlich in den USA in vielen Millionen Motoren bewährt.

Das Multec-Zentraleinspritzsystem wird von digitaler Elektronik gesteuert und verfügt über ein äußerst präzise arbeitendes elektronisch gesteuertes Einspritzventil im Drosselklappeneinspritzgehäuse. Die Elektronik der Multec regelt neben der Einspritzdauer auch den Zündzeitpunkt, die Leerlauffüllung und die Schubabschaltung. Sie ist mit einem Eigendiagnoseprogramm zur Fehlererkennung ausgestattet.

Das Multec-Zentraleinspritzsystem besteht aus den Hauptkomponenten Drosselklappeneinspritzgehäuse und elektronisches Steuergerät. Das Drosselklappenteil sitzt zentral auf dem Saugrohr. Durch die Einspritzdüse wird der Kraftstoff, von einem Systemdruckregler konstant auf 0,76 bar gehalten, kegelförmig vor der Drosselklappe eingespritzt. Die Leerlaufdrehzahl wird von einem Leerlaufluftventil, das die Öffnung des Luft-Bypasses zur Drosselklappe regelt, bestimmt.

Die elektronische Steuerung des Zentraleinspritzsystems verfügt über ein programmiertes Zünd- und Kraftstoffkennfeld. Für jeden Betriebszustand des Motors ist damit von vornherein die optimale Datenkombination gespeichert. Die Elektronik ist lernfähig ausgelegt. Sie speichert und verarbeitet die sich im Laufe eines Motorlebens ergebenden Veränderungen, beispielsweise den sich reduzierenden Reibungswiderstand des Triebwerkes nach der Einlaufzeit.

Die Berechnung der Einspritzdauer, die Bestimmung des Zündzeitpunktes und die Stellung des Drosselklappen-Bypasses erfolgt aufgrund folgender Informationen:

- ☐ Sauerstoffkonzentration im Abgas (Lambda-Sonde)
- ☐ Unterdruck im Saugrohr (Membrane)
- ☐ Stellung der Drosselklappe (Potentiometer)
- ☐ Temperatur des Kühlmittels (NTC)
- ☐ Motordrehzahl (Induktivgeber-Zündverteiler).

Der Einsatz der Schubabschaltung wird in Abhängigkeit von der Fahrgeschwindigkeit, der Kühlmitteltemperatur und der Motordrehzahl geregelt. Die präzise Funktion der Multec-Zentraleinspritzung garantiert das sichere Unterschreiten der bereits heute in den USA geforderten Abgasschadstoffgrenzwerte und die ab 1990 in Europa zu erwartenden Grenzwerte für Fahrzeuge mit weniger als 1,4 l Hubraum.

Zur weiteren Anpassung an die gewünschte Umweltentlastung sind Fahrzeuge des Typs Opel Corsa und Kadett, die mit der Multec-Zentraleinspritzung ausgerüstet sind, mit einem Aktivkohlebehälter

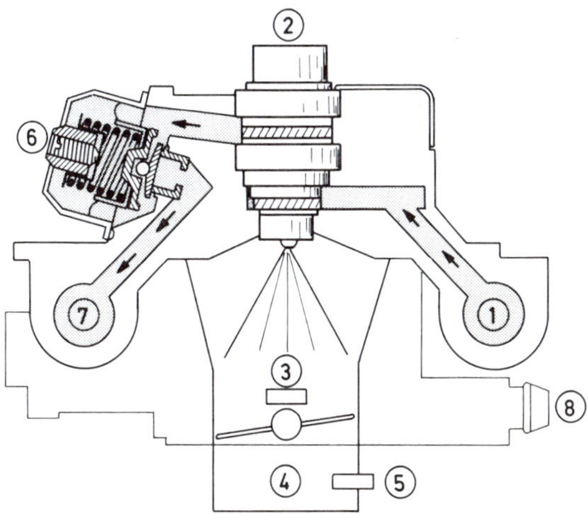

Bild 6.9 Opel-Multec-Zentraleinspritzung: Drosselklappen-Einspritzgehäuse (Adam Opel AG)

1 Kraftstoff-Zufuhr
2 Einspritzdüse
3 Drosselklappensensor
4 Motor/Auspuffsystem
5 Lambda-Sonde
6 Systemdruckregler
7 Kraftstoff-Rückführung zum Tank
8 Anschluß Tankentlüftung

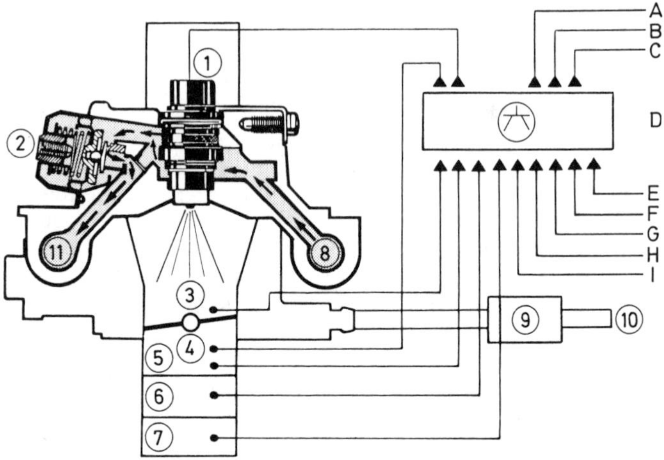

Bild 6.10 Opel-Multec-Zentraleinspritzung mit digitaler Motorelektronik (Adam Opel AG)

Es bedeuten:

1	Einspritzdüse	7	Lambda-Sonde
2	Systemdruckregler	8	Kraftstoffzufuhr
3	Drosselklappensensor	9	Aktivkohlebehälter
4	Leerlauf-Luftventil	10	Tankentlüftung
5	Saugrohrdruckmesser	11	Kraftstoffrückführung zum Tank
6	Kühlwasser-Temperatursensor		

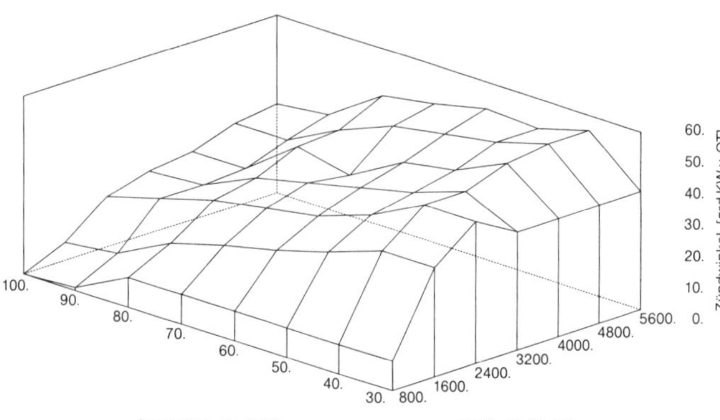

Bild 6.11 Opel-Multec-Zentraleinspritzung: Programmiertes Zünd- und Kraftstoffkennfeld (Adam Opel AG)

ausgestattet. Bei diesen Fahrzeugen erfolgt die Tankentlüftung nicht nach außen ins Freie, so daß Kohlenwasserstoffe (HC), die aus dem Kraftstoff verdunsten, nicht in die Atmosphäre gelangen können. Sie passieren den Aktiv-Kohlebehälter, werden dort gesammelt und, sobald der Motor läuft, mit der Ansaugluft der Verbrennung zugeführt.

Das System besitzt hervorragende Notlaufeigenschaften. Fällt ein Informationsgeber im Fahrbetrieb aus, wird automatisch ein programmierter Mittelwert als Ersatzinformation weiterverarbeitet. Die Weiterfahrt ist somit gesichert, und das katalytische Abgasreinigungssystem wird vor Schäden bewahrt. Der Ausfall eines Informationsgebers wird per Kontrolleuchte angezeigt. Die Fehlerbehebung ist denkbar einfach. Aufgrund der integrierten Eigendiagnoseeinrichtung kann der Monteur in der Werkstatt den Fehler anhand eines angezeigten Code-Schlüssels ablesen.

Gemäß Bild 6.12 ist das Multec-Einspritzsystem in das Fahrzeug integriert. Das Bild stellt die von dem bisherigen Einspritzsystem abweichenden Komponenten und ihre Einbaulage dar.

Mit Bild 6.13 wird eine Übersicht über den Motorraum der C-13-N-Motoren gegeben, in denen die Anordnung der Komponenten des Multec-Systems dargestellt ist.

Bild 6.14 stellt schematisch die Eingabe-/Ausgabeinformationen des Multec-Systems, kombiniert mit einem Abgaskatalysator, dar.

Der C-13-N-Motor mit Multec-Zentraleinspritzung ist aus dem S-13-S-Motor der Schweden-/Schweiz-Ausführung entwickelt worden. Er verfügt über eine modifizierte Nockenwelle, welche im unteren Drehzahlbereich eine bessere Brennraumfüllung gewährleistet. Das Verdichtungsverhältnis ist mit 9,0 : 1 festgelegt.

Die Kraftstoffversorgung erfolgt mittels einer Zweiturbinenpumpe, die als Intankpumpe angeordnet ist. Der Kraftstoff wird durch das Vorfilter aus dem Schlingertopf durch das Feinfilter zum Einspritzventil gefördert (Bild 6.15). Um Dampfblasenbildung zu verhindern, ist der Förderdruck auf 0,7 bis 0,8 bar bei einer Leistung von 80 bis 100 l/h bei 13,5 V Versorgungsspannung ausgelegt, und der Rücklauf des überschüssigen Kraftstoffs zurück in den Schlingertopf erfolgt mit max. 0,3 bar, ausgelöst von einer kalibrierten Bohrung im Schlingertopf.

Der Kraftstoff wird am Turbinengehäuse (Bild 6.16) angesaugt und durch das Rückschlagventil hindurch gefördert. Angetrieben werden die beiden Turbinenräder der «feuchten» Pumpe von einem Elektromotor, der vom Steuergerät über ein Relais geschaltet wird.

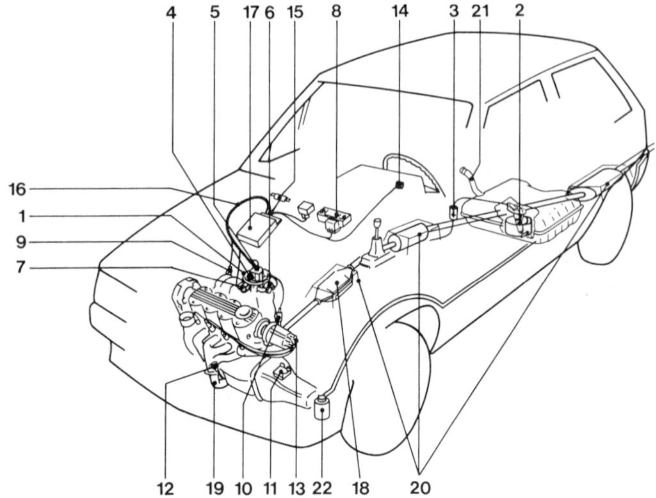

Bild 6.12 In das Fahrzeug integriertes Opel-Multec-Einspritzsystem (Adam Opel AG)

1 Drosselklappeneinspritzgehäuse
2 Kraftstoffpumpe
3 Filter
4 Kraftstoffdruckregler
5 Einspritzventil
6 Drosselklappenpotentiometer
7 Leerlauffüllungsschrittmotor
8 Druckfühlersaugrohr
9 Temperaturfühler – Kühlmittel
10 Wegstrecken-Frequenzgeber
11 Park-/Neutral-Schalter nur in Verbindung mit AT-Getrieben
12 Lambda-Sonde, unbeheizt
13 Zündverteiler
14 Motorkontrolleuchte
15 ALDL-Stecker
16 Kabelsatz
17 Steuergerät
18 Dreiwege-Zweibett-Katalysator
19 Auspuffanlage
20 Abschirmbleche
21 Tankeinfüllstutzen
22 Verdampfungskontrollsystem

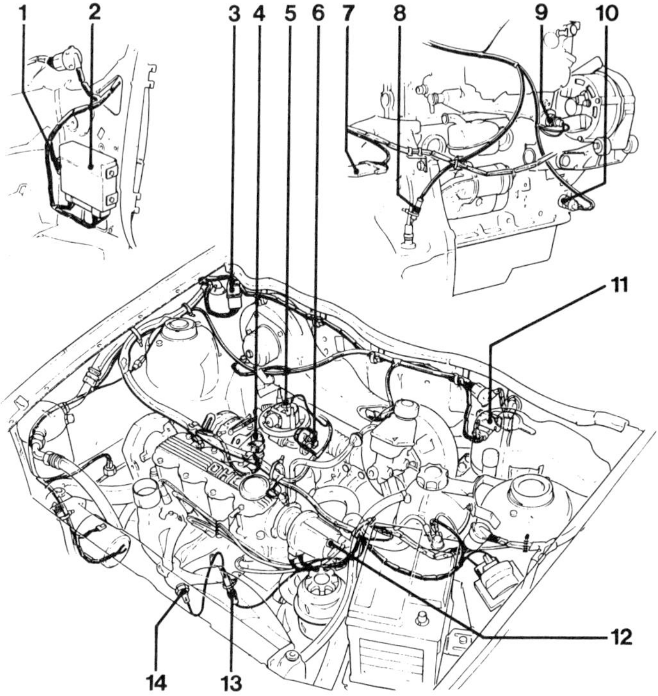

Bild 6.13 Motorraum von C-13-N-Motoren mit den Komponenten des Opel-Multec-Systems (Adam Opel AG)

1 ALDL-Stecker
2 Steuergerät MULTEC
3 Relais Kraftstoffpumpe
4 Leerlauffüllungsschrittmotor
5 Einspritzventil
6 Drosselklappenpotentiometer
7 Park-/Neutral-Schalter
8 Wegstrecken-Frequenzgeber
9 Temperaturfühler – Kühlmittel
10 Öldruckschalter
11 Druckfühlersaugrohr
12 Zündverteiler
13 Steckverbindung Lambdasonde
14 Lambda-Sonde

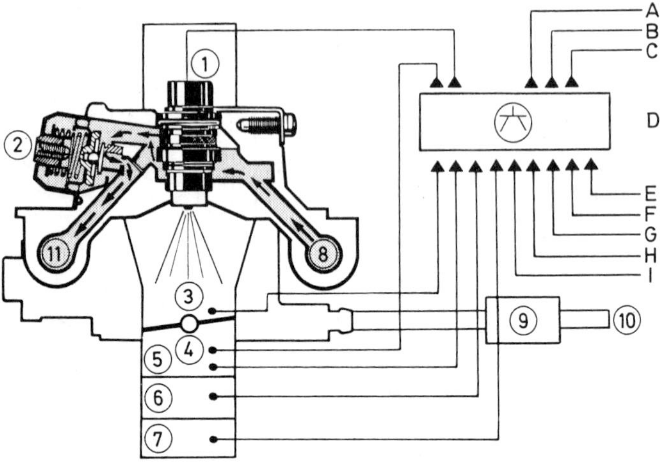

Bild 6.14 Eingabe-/Ausgabeinformationen des Opel-Multec-Systems, kombiniert mit einem Abgaskatalysator (Adam Opel AG)

	Einspritzventil	A	Kraftstoffversorgung
2	Systemdruckregler	B	Motorkontrolleuchte
3	Drosselklappenpotentiometer	C	Zündverteiler
4	Leerlauffüllungsschrittmotor	D	Elektronisches Steuergerät
5	Druckfühlersaugrohr	E	Zündschloß
6	Temperaturfühler – Kühlmittel	F	Zündverteiler
7	Lambda-Sonde	G	Batterie +
8	Kraftstoffzufuhr	H	Wegstrecken-Frequenzgeber
9	Verdampfungskontrollsystem	I	Park-/Neutral-Schalter
10	Tankentlüftung		
11	Kraftstoffrückführung zum Tank		

Bild 6.15 Kraftstoffversorgung mittels Zweiturbinenpumpe (Adam Opel AG)

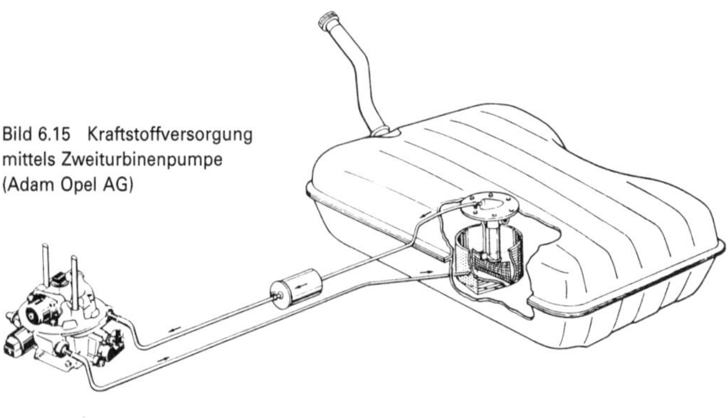

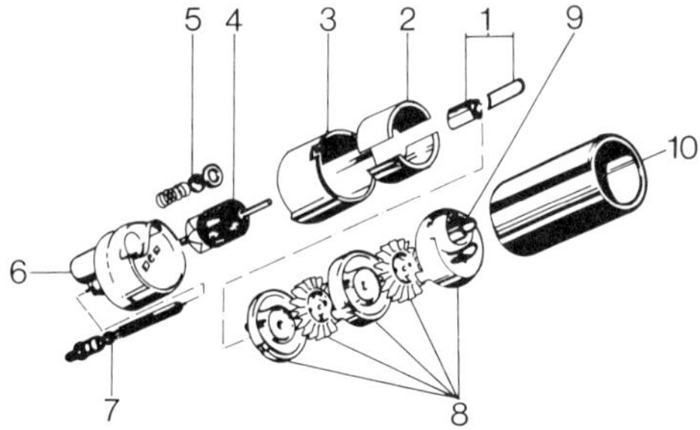

Bild 6.16 Kraftstoff-Turbinenpumpe (Adam Opel AG)

1 Befestigung Permanentmagnete
2 Permanentmagnete
3 Träger Permanentmagnete
4 Anker
5 Rückschlagventil
6 Förderausgang, Druckseite
7 Kohlenbürsten
8 Turbinenräder mit Aufnahmen
9 Fördereingang, Saugseite
10 Pumpengehäuse

Beim Einschalten der Zündung läuft die Kraftstoffpumpe an und baut den Druck von 0,7–0,8 bar auf. Wird der Motor nicht gestartet, schaltet die Pumpe nach ca. 2 s ab. Der Motorstartvorgang wird an Drehzahlsignalen, vom Zündverteiler kommend, vom Steuergerät erkannt.

Durch Koppelung des Öldruckschalters in den Stromkreislauf zur Kraftstoffpumpe (Bild 6.17) werden deren Notlaufeigenschaften bei defektem Steuerrelais sichergestellt. Dazu wird bei aufgebautem Öldruck ein Parallelstromkreis zum Relais Kl. 30 und Kl. 87 hergestellt.

Das Kraftstoff-Feinfilter muß in Fließrichtung montiert werden (Pfeilmarkierung). Es ist alle 45 000 km zu erneuern.

Vom Kraftstoff-Feinfilter gelangt der Kraftstoff zum Drosselklappeneinspritzgehäuse (Bild 6.18), dem Einspritzventil und dem Kraftstoffdruckregler. Er besteht aus Feder- und Kraftstoffkammer, die von einer Membrane mit eingebautem Entlastungsventil getrennt sind (Bild 6.19). In der Federkammer wird die Membrane von der Druckfeder und dem Atmosphärendruck beaufschlagt, in der Kraftstoffkammer vom geförderten Kraftstoff. Steigt der Kraftstoffdruck auf 0,75 bar an, wird die Membrane in Richtung Federkammer verschoben, das Entlastungsventil öffnet, und der Rücklaufkanal wird freigegeben.

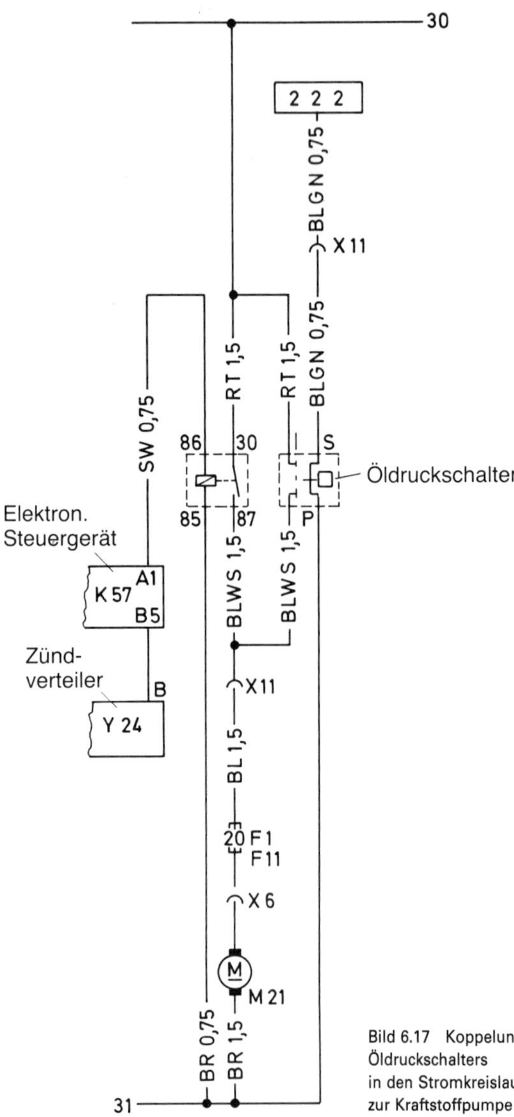

Bild 6.17 Koppelung des Öldruckschalters in den Stromkreislauf zur Kraftstoffpumpe

Bild 6.18 Drosselklappeneinspritzgehäuse (Adam Opel AG)

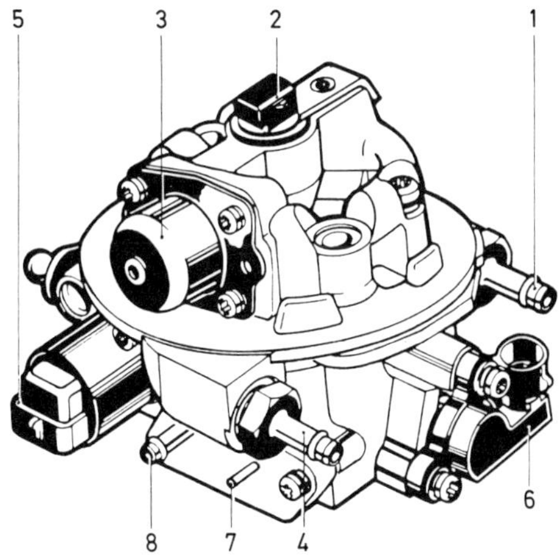

1 Kraftstoffzulauf
2 Einspritzventil Y 32
3 Kraftstoffdruckregler
4 Kraftstoffrücklauf
5 Leerlauffüllungs-Schrittmotor M 33
6 Drosselklappenpotentiometer P 34
7 Luftfiltersteuerung
8 Spülleitung Aktivkohlebehälter

Bild 6.19 Kraftstoffdruckregler (Adam Opel AG)

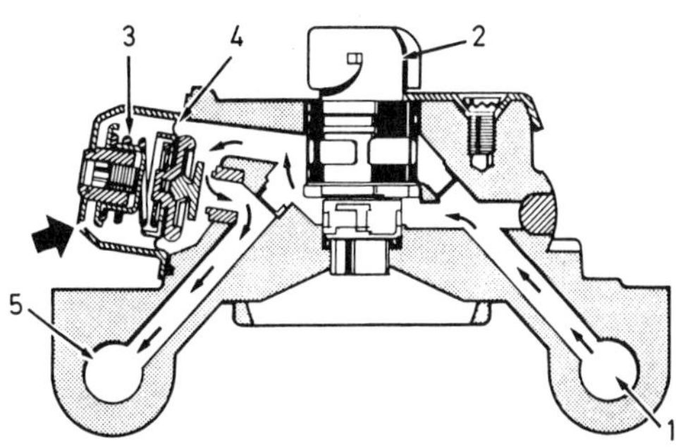

Es bedeuten:
1 Kraftstoffeinlaßstutzen
2 Einspritzventil
3 Druckfeder
4 Membrane
5 Rücklaufleitung

Das elektromagnetisch betätigte Einspritzventil ist mittig über der Drosselklappe angeordnet. Die Magnetspule ist mit Kl. 15 verbunden. Es wird durch Massetaktung geöffnet. Dabei wird der Ventilkolben aufwärts bewegt und der Kraftstoff durch ein Feinsieb hindurch in einem konischen Strahl oberhalb der Drosselklappe gegen die Lufttrichteröffnung gespritzt. Die Häufigkeit der Massetaktungen (Öffnungstaktung) bestimmen die Drehzahlsignale des Zündverteilers. Die Öffnungszeit des Einspritzventils wird vom Steuergerät errechnet. Da Öffnungsquerschnitt und Kraftstoffdruck konstant sind, erfolgt die Zumessung der eingespritzten Kraftstoffmenge ausschließlich durch die errechnete Ventilöffnungszeit. Die Öffnungszeit beträgt bei Leerlauf ca. 1,5 ms, bei Vollast ca. 5,5 ms. Mittels einer Stromregelung werden die Anzugs- und Abfallzeiten des Ventilkolbens gering gehalten.

Von einem Drosselklappenpotentiometer (Bild 6.20) wird die jeweilige Stellung der Drosselklappe erfaßt und in ein elektrisches Signal verwandelt, welches zur Berechnung der Einspritzzeit erforderlich ist.

Mittels eines Leerlauffüllungs-Schrittmotors (Bild 6.21) wird die Warmlauffunktion gesteuert, die Leerlaufdrehzahl unter allen Belastungszuständen konstant gehalten, einer Ausmagerung bei Schub durch kurzzeitiges Öffnen eines Luftbypasses entgegengewirkt und eine Gestängedämpfungsfunktion übernommen. Im Gehäuse des Motors befinden sich zwei Spulen, deren Rotor als Permanentmagnet ausgelegt ist. Die Drehbewegung des 24poligen Rotors mit abwechselnd Nord/Südpol wird mittels Gewindespindel in eine Linearbewegung übersetzt. Je nach Betriebszustand wird der Rotor mit dem verbundenen Ventilkegel im gesamten Drehzahlbereich schrittweise in 0 bis 255 Schritte bei einer Verstellgeschwindigkeit von 160 Schritten pro Sekunde verstellt. 0 Schritte stehen dabei für einen voll ausgefahrenen Ventilkegel, gleichbedeutend mit der niedrigsten Leerlaufdrehzahl, 255 Schritte hingegen für einen voll eingefahrenen Ventilkegel und maximale Leerlaufdrehzahl.

Von einem Druckfühlersaugrohr (Bild 6.22) wird der Lastzustand des Motors in Form eines Spannungssignals gemeldet, das zur Korrektur der Kraftstoffmenge und zur Regelung des Zündzeitpunktes verwendet wird. Die beim Fahrbetrieb entstehenden Druckänderungen werden von druckempfindlichen Piezowiderständen gemessen, die in einem 3 mm^2 großen und 250 µm starken Silicon-Chip eingegossen sind. Eine Vakuumzelle des Silicon-Chips (Bild 6.23) wird auf der Saugrohrseite von einer 25 µm dicken

Bild 6.20 Drossel-
klappenpotentiometer
(Adam Opel AG)

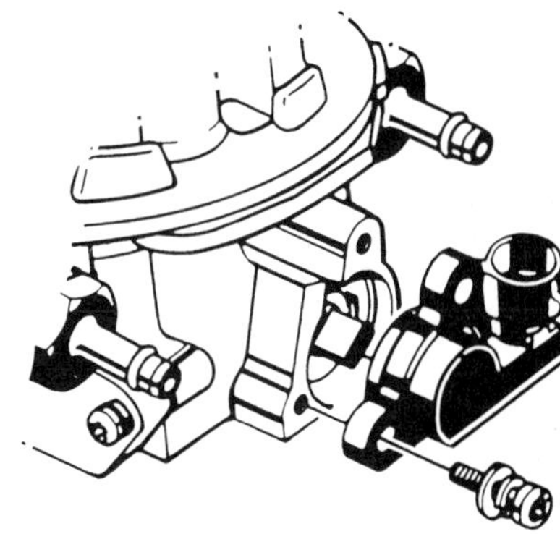

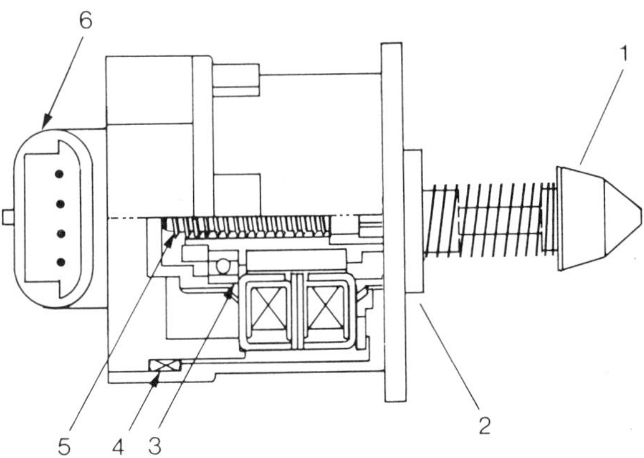

Bild 6.21 Leerlauf-
füllungs-Schrittmotor
(Adam Opel AG)
1 Ventilkegel
2 vorderes Lager
3 hinteres Lager
4 O-Ring
5 Gewindespindel
6 Anschlußstecker

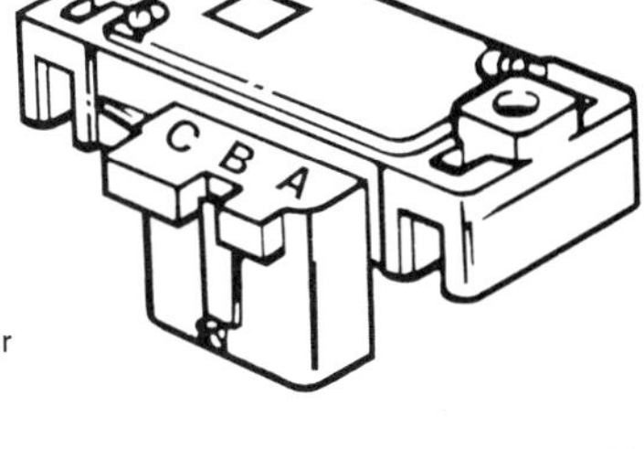

Bild 6.22 Druckfühlersaugrohr
(Adam Opel AG)

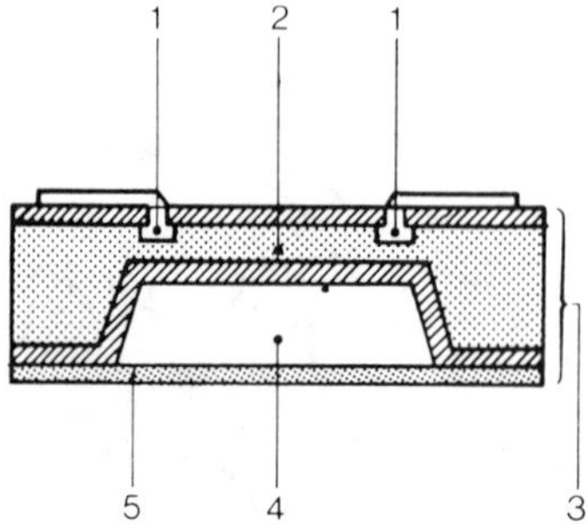

Bild 6.23 Vakuumzelle eines Silicon-Chips (Adam Opel AG)
1 Piezowiderstand
2 Deckschicht (Membran)
3 Silicon-Chip (250 μm stark)
4 Vakuumkammer
5 Pyrex-Glas-Platte

Bild 6.24 Temperaturmessung im Kühlmittelkreislauf (Adam Opel AG)

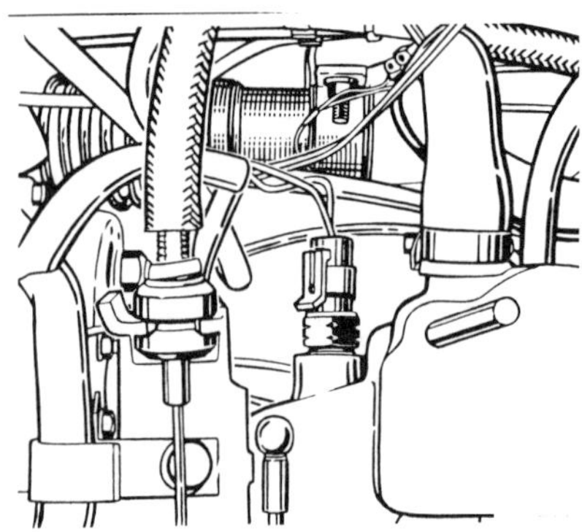

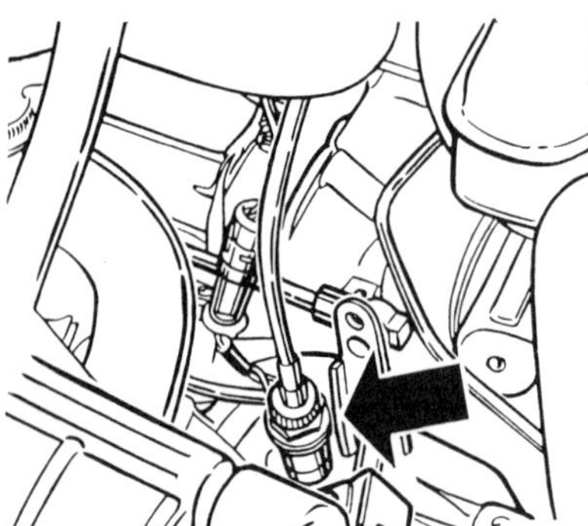

Bild 6.25 Wegstreckenfrequenzgeber (Adam Opel AG)

Deckschicht, die die Wirkung einer Membrane hat, und auf der Außenseite von einer Pyrex-Glas-Platte umschlossen. Druckänderungen im Saugkanal üben auf die Deckschicht eine Kraft aus, die den elektrischen Widerstand der Piezoelemente verändert. Die somit bewirkte Spannungsveränderung wird vom Steuergerät aufgenommen.

Mittels eines NTC (Negative Temperature Coefficient) wird die Temperatur im Kühlmittelkreislauf als Korrekturglied herangezogen (Bild 6.24).

Um zu erkennen, ob das Fahrzeug bei laufendem Motor fährt oder steht, wird ein Wegstreckenfrequenzgeber eingebaut, der als Hallgeber ausgebildet ist und zwischen Getriebe und Tachowelle eingesetzt wird (Bild 6.25). Bei stehendem Fahrzeug erhält das Steuergerät eine niedrige Spannung, bei hoher Geschwindigkeit eine ansteigende. Ein Mikroprozessor zählt die Signale und errechnet daraus die Fahrzeuggeschwindigkeit.

Im Zündverteiler (Bild 6.26) werden mittels Induktivgeber zusätzlich zu seinen Normalfunktionen die Drehzahlsignale erzeugt. Ferner ist ein fester Zündwinkel von 10° v.o.T. für Drehzahlen unterhalb 450/min in der Endstufe seines Moduls einprogrammiert, das über eine zusätzliche Zündkennlinie für den Motorstart und Motornotlauf verfügt. Der Zündverteiler enthält keine Fliehkraft- oder Unterdruckzündverstellung, sie ist elektronisch geregelt. Bei Leitungsunterbrechung der elektronischen Regelung wird das Motornotlaufprogramm aktiviert.

Eine Motorkontrolleuchte (Bild 6.27) zeigt Fehler in der Zünd- bzw. Einspritzanlage und im Verbrennungsablauf mittels Aufleuchten an. Sie dient auch als Diagnoseleuchte bei der Blinkcodeausgabe im Beanstandungsfall.

Der ALDL-Stecker (Bild 6.28) ist als Prüfstecker für die Werkstatt zur Abfrage der Blinkcodes ausgebildet.

Das Multec-Einspritzsystem verfügt über einen eigenen Kabelsatz, der alle Sensoren und Stellglieder mit dem Steuergerät verbindet.

Das digitale Steuergerät ist in Mikroprozessortechnik aufgebaut. Es vergleicht die Eingangssignale mit den gespeicherten Daten, wertet diese aus und steuert die Stellglieder an. Das Blockschema ergibt sich aus Bild 6.29. Der Informationsfluß ist in Bild 6.30 dargestellt.

Eine Besonderheit der Multec-Einspritzung ist die Gemischkorrektur mittels Block Learn (Lernblock-Multiplikator). Seine Aufgabe besteht darin, die Einspritzimpulse in langsamen Schritten

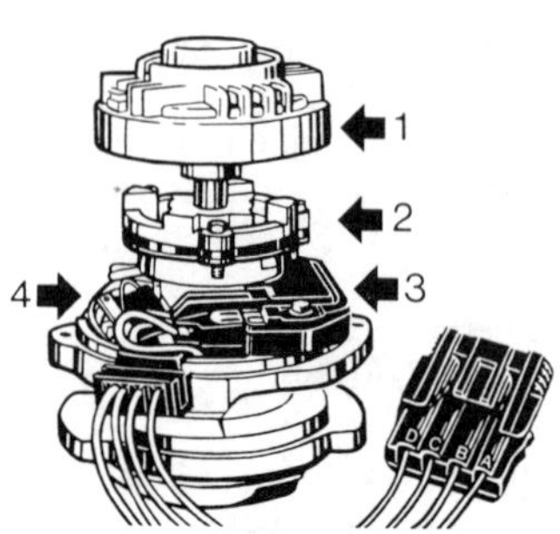

Bild 6.26 Zündverteiler (Adam Opel AG)
1 Verteilerläufer
2 Induktionsgeber
3 Zündmodul
4 Entstörkondensator

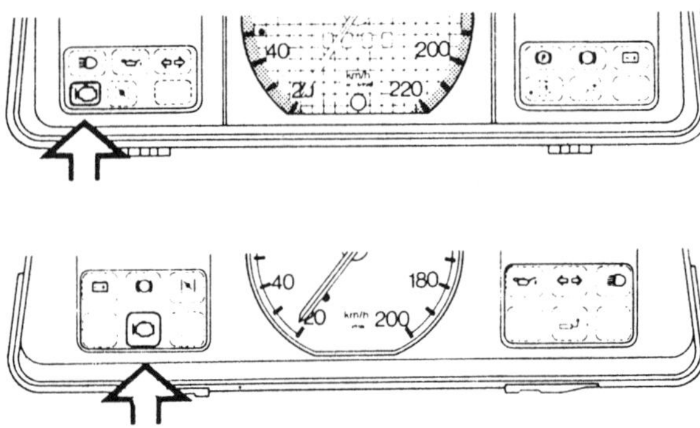

Bild 6.27 Motorkontrolleuchte (Adam Opel AG)

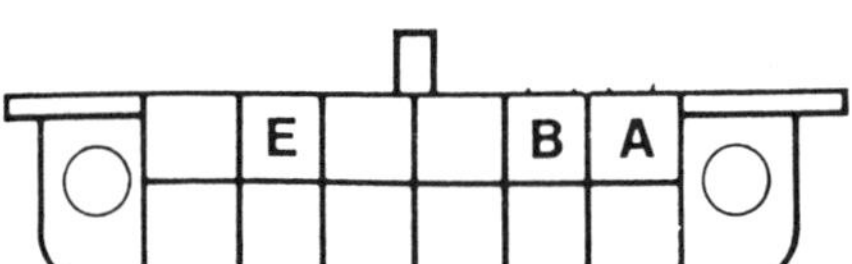

Bild 6.28 ALDL-Stecker (Adam Opel AG)

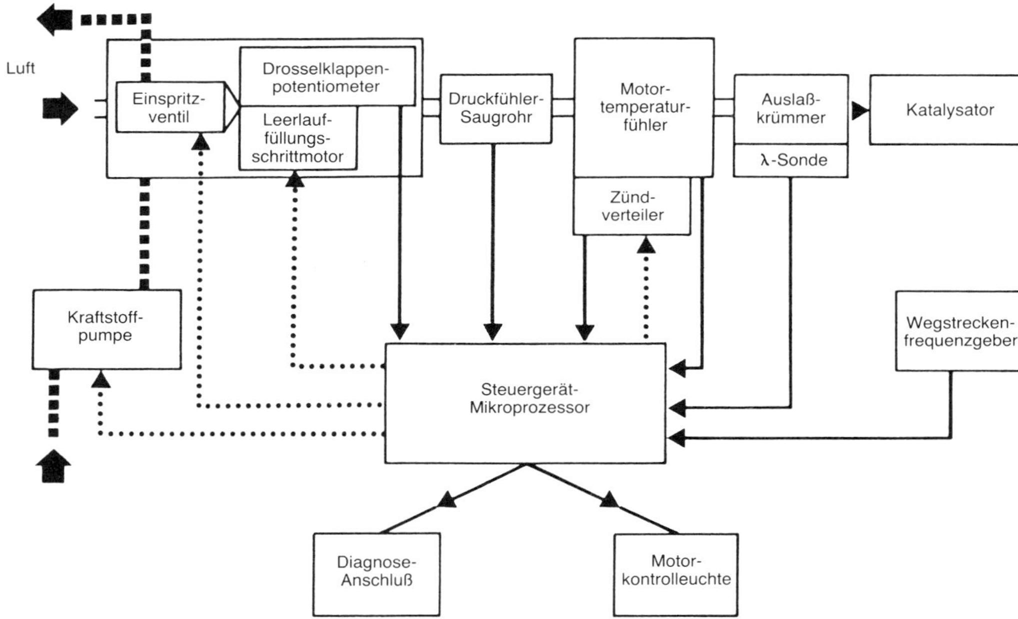

Bild 6.29 Blockschema (Adam Opel AG)

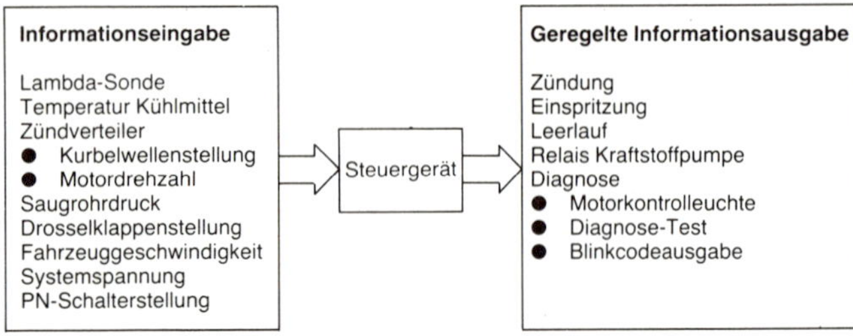

Bild 6.30 Informationsfluß (Adam Opel AG)

von jeweils 3 s an den Idealzustand, der mit Lambda = 1 gekennzeichnet ist, anzupassen. Abweichungen in der Gemischzusammensetzung, die durch nicht optimierte Gemischkorrektur über den Integrator, aber auch als Folge von Produktionstoleranzen am Einspritzventil, Druckfühlersaugrohr, Drosselklappenpotentiometer und anderen Bauteilen sowie als Folge des Verschleißes entstehen können, werden dadurch voll kompensiert.

Das Kraftstoffkennfeld ist in die Blöcke Leerlauf und Teil- sowie Vollast untergliedert. Die in den Blöcken «gelernten» Werte werden in einem nicht löschbaren Speicher (Non Volatile Memory) abgelegt und stehen bei Wiederstart des Motors zur Verfügung. Sie gehen allerdings bei einem Abklemmen der Batterie verloren, so daß ein erneuter Lernprozeß beginnt.

Die Multec-Zentraleinspritzung verfügt über ein Notlaufprogramm, das den Totalausfall des Systems nachhaltig verhindert. Dazu ist ein Software-Notlauf integriert, der bei Ausfall eines Informationsgebers diesen vom Meßkreislauf ausschließt und einen ersatzweisen konstanten Wert in das System einspeist. Da bei Ausfall des Programmspeichers kein Software-Notlauf möglich wäre, verfügt das Multec-System zusätzlich über einen Hardware-Notlauf, in dem die Widerstandsparameter gespeichert sind.

Die Multec-Zentraleinspritzung von Opel verfügt über ein Eigendiagnoseprogramm, welches dem Fahrer Systemstörungen signalisiert, die in der Werkstatt anhand von Fehlercodes per Blinkcodeausgabe analysiert werden können. Bild 6.31 stellt die möglichen Fehleranzeigen dar. Sie können in Opel-Vertragswerkstätten bzw. unter Einsatz des zugehörigen Diagnosegerätes abgerufen werden.

Gespeicherter Fehlercode	Informationsgeber	Fehlerursache
13	Lambda-Sonde	keine Spannungswechsel
14	Temperaturfühler — Kühlmittel	Spannung zu niedrig
15	Temperaturfühler — Kühlmittel	Spannung zu hoch
21	Drosselklappenpotentiometer	Spannung zu hoch
22	Drosselklappenpotentiometer	Spannung zu niedrig
24	Wegstreckenfrequenzgeber	keine Wegimpulse
33	Druckfühlersaugrohr	Spannung zu hoch
34	Druckfühlersaugrohr	Spannung zu niedrig
35	Leerlauffüllungsregler	keine oder schlechte Leerlaufdrehzahlregelung
42	Elektr. Zündverstellung	keine elektr. Zündverstellung
44	Lambda-Sonde	Luft-Kraftstoff-Gemisch zu mager
45	Lambda-Sonde	Luft-Kraftstoff-Gemisch zu fett
51	Programmspeicher	Programmfehler (PROM)

Bild 6.31 Fehleranzeigen im Diagnoseprogramm (Adam Opel AG)

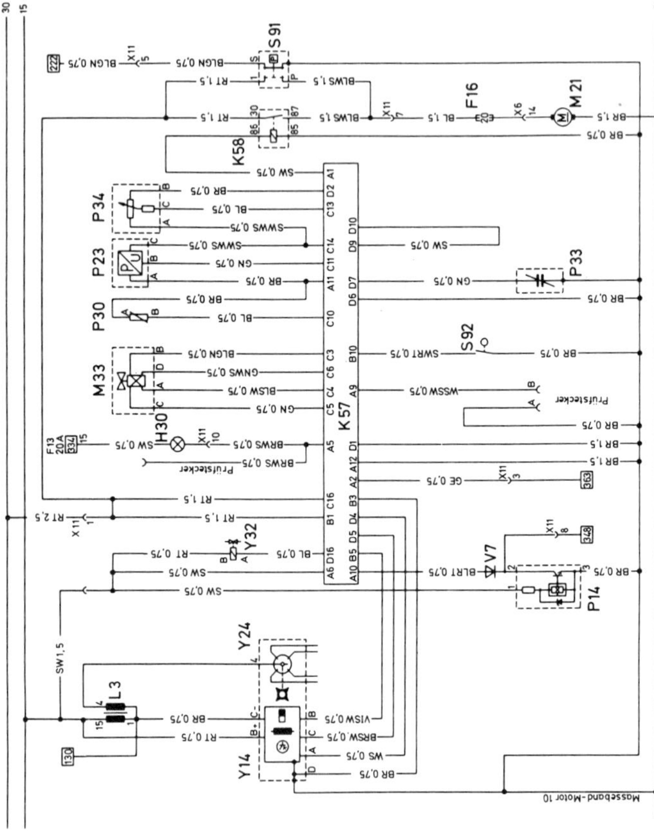

Bild 6.32 Schaltplan Multec-Zentraleinspritzung (Adam Opel AG)

6.3.1 Diagnose der Opel Multec-Zentraleinspritzung

Das System verfügt über eine Eigendiagnose. Darunter ist die Selbstüberwachung einschließlich der Peripherie derart zu verstehen, daß Fehler erkannt, abgespeichert und durch Aufleuchten der Motorkontrolleuchte signalisiert bzw. über geeignete Testgeräte abgerufen werden können.

Wird die Zündung eingeschaltet, so leuchtet auch die Motorkontrolleuchte auf. Bei Fehlerfreiheit erlischt die Motorkontrollleuchte nach Starten des Motors.

Bei einem fehlerhaften Zustand des Motors leuchtet die Motorkontrolleuchte weiter, und der entsprechende Fehlercode wird im Speicher abgelegt. Tritt der Fehler nur einmalig auf, so erlischt die Motorkontrolleuchte wieder, jedoch bleibt der Fehlercode gespeichert.

Eine automatische Löschung des Fehlercodes erfolgt, wenn der Fehler bei den nächsten 20 Motorstarts bei Drehzahlen von mehr als 450/min nicht mehr festgestellt wird. Auch wird der Speicherinhalt automatisch gelöscht, wenn die Fahrzeugbatterie für mindestens 10 s abgeklemmt wird.

Blinkcodeausgabe für Fehlercodes

Zum Ablesen der Blinkcodeausgabe ist ein Prüfgerät erforderlich, mit dem die Diagnosereiz- und Masseleitung kurzgeschlossen werden kann. Von der Motorkontrolleuchte wird bei eingeschalteter Zündung in einer Blinksequenz der gespeicherte Fehlercode angezeigt. Die charakteristischen Zeiten einer Blinkfolge sind:

Kontrolleuchte ein:	0,4 s	Kontrolleuchte aus:	0,4 s
Pause zwischen den Ziffern:	1,2 s	Pause zwischen den Codes:	3,2 s

Die Fehlercodes werden in numerischer Reihenfolge wie folgt angezeigt:

- Blinken der Zehnerstelle in Abständen von 0,4 s
- Pause 1,2 s
- Blinken einer Einerstelle in Abständen von 1,2 s

Als Erkennung für den Beginn der Fehlercodeausgabe wird zuerst immer die Zahl 12 ausgeblinkt. Danach erfolgt in dreimaliger Wiederholung die Anzeige des Fehlercodes. Sind mehrere Fehler-

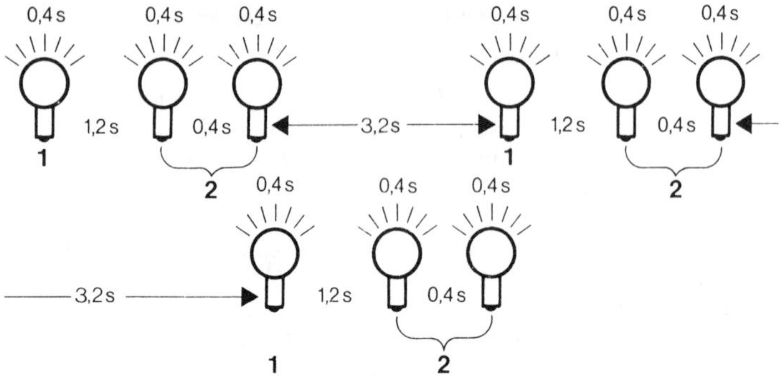

Bild 6.33 Darstellung der Blinksequenz für den Code 12 (Adam Opel AG).
Es bedeuten:
Ziffer 1 = Wertigkeit 1 × 1 (Zehnerstelle)
Ziffer 2 = Wertigkeit 2 × 1 (Einerstelle)
Ziffer 1 und Ziffer 2 = Code 12.

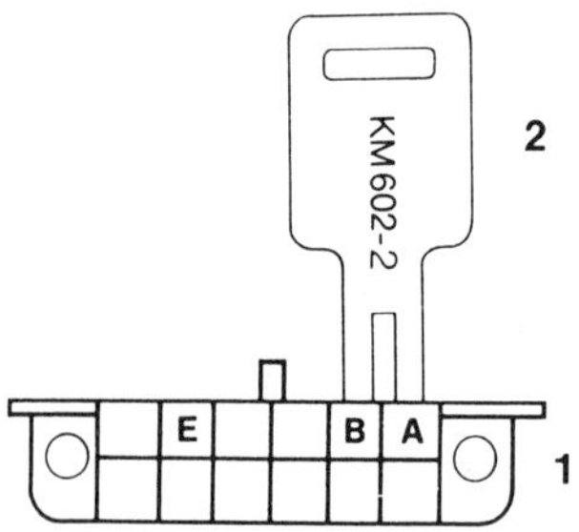

Bild 6.34 Prüfanordnung zum Abruf des Fehlercodes (Adam Opel AG)
Es bedeuten:
1 ALDL-Stecker (neben dem Steuergerät)
2 Opel-Diagnoseschlüssel KM 602-2
A Masse
B Diagnosereizleitung
E Motorkontrolleuchte

codes gespeichert, werden sie in numerischer Reihenfolge ausgeblinkt. Nach Codeausgabe wird die gesamte Blinkfolge so lange wiederholt, bis die Verbindung zwischen Diagnosereiz- und Masseleitung durch Abnahme des Testgerätes unterbrochen wird.

Zum Abruf der Blinkcodeausgabe ist der Opel-Diagnoseschlüssel KM 602-2 erforderlich, mit dem die Diagnosereiz- und Masseleitung am ALDL-Stecker des Steuergerätes kurzgeschlossen wird (Bild 6.34).

Zum Abruf des Blinkcodes ist wie folgt vorzugehen:

1. Zündung einschalten, Motorkontrolleuchte muß leuchten.
2. ALDL-Steckerleiste mit Diagnoseschlüssel kurzschließen, Code 12 muß dreimal hintereinander blinken.
3. Weitere Blinkcodes, falls gespeichert, notieren.
4. Falls keine Fehlercodes gespeichert sind, wiederholt sich Code 12 fortlaufend.

Als Beispiel für die Blinkcodeausgabe soll ein Fehler am Druckfühler-Saugrohr dienen. Im Rhythmus von jeweils 0,4 s mit jeweils 0,4 s Pause blinkt die Motorkontrolleuchte auf. Damit wird die Zehnerstelle «30» angezeigt. Nach 1,2 s Pause blinkt die Motorkontrolleuchte viermal hintereinander 0,4 s lang auf mit jeweils 0,4 s Pause zwischen den einzelnen Blinkvorgängen. Das entspricht der Anzeige «4» (Bild 6.35).

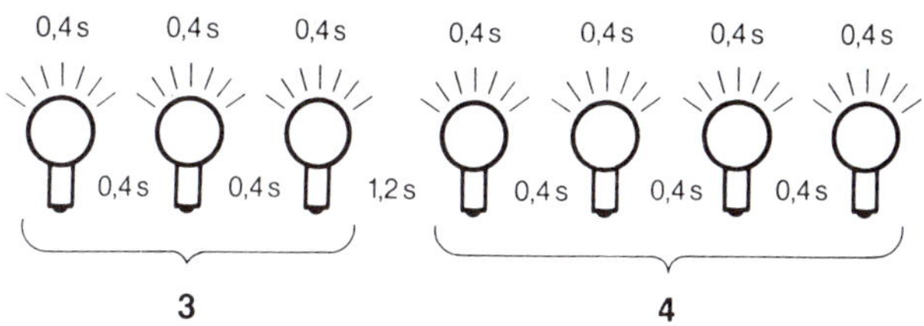

Bild 6.35 Beispiel für die Fehlercodeausgabe 34 (Adam Opel AG)
Es bedeuten:
Ziffer 3 = 3 × 1 (Zehnerstelle)
Ziffer 4 = 4 × 1 (Einerstelle)
Ziffer 3 und 4 = Fehlercode 34

Blinkcodeausgabe für Gemischstatus

Der Verbrennungsablauf kann bei laufendem Motor durch Kurzschließen der Diagnosereiz- und Masseleitung als Blinkcodeausgabe erkannt werden. Dazu wird der Diagnoseschlüssel wie bei der normalen Fehlercodeerkennung am ALDL-Stecker angebracht. Die Prüfergebnisse zeigt Bild 6.36.

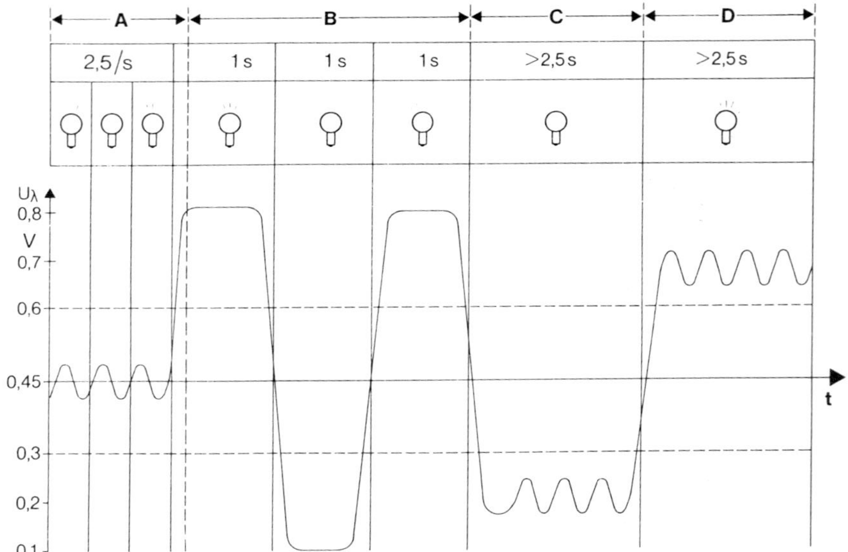

Bild 6.36 Blinkcodeausgabe für den Gemischstatus (Adam Opel AG)

Es bedeuten:

A Blinksequenz = 2,5× pro s (schnelles Blinken), offener Regelkreis wird bestätigt

B Blinksequenz = 1× pro s (langsames Blinken), geschlossener Regelkreis wird bestätigt

C kein Aufleuchten der Motorkontrolleuchte, zuviel Restsauerstoff im Abgas = mageres Gemisch, $\lambda > 1$

D ständiges Leuchten der Motorkontrolleuchte, zuwenig Restsauerstoff im Abgas, fettes Gemisch, $\lambda < 1$

6.3.2 Multec-Prüfprogramm und Fehlersuchtabelle

Bei der Prüfung und Fehlersuche sind folgende Hinweise zu beachten (Adam Opel AG):

- □ Nur den dem Fahrzeug zugeordneten Programmspeicher (PROM) verwenden.
- □ Lambda-Sonde vor Kraftstoff- und Siliconeinflüssen schützen und nicht mit Kraftstoff reinigen bzw. in Berührung bringen.
- □ Undichtigkeit im Ansaug- und Auspuffsystem vor dem Katalysator führen zu Fehlmessungen der Lambda-Sonde.
- □ Undichtigkeiten im Verdampfungskontrollsystem führen zu unregelmäßigem Leerlauf.
- □ Der Druck im Kraftstoffsystem muß in allen Drehzahlbereichen ca. 75 kPa betragen.
- □ Bei undichtem Einspritzventil kann der Motor nach Ausschalten der Zündung weiterlaufen.
- □ Bei schlechtem Startverhalten zuerst Kraftstoffanlage, Kraftstoffpumpen-Relais und Zündanlage auf Funktion prüfen.
- □ Vor Ausbau von elektrischen und elektronischen Bauteilen das Massekabel an der Batterie abklemmen (Achtung: Dabei wird der Fehlercode im Eigendiagnosespeicher gelöscht).
- □ Um Überhitzungen des Katalysators zu vermeiden, muß folgender Zeitablauf beim Zylinder-Balancetest eingehalten werden:
  - Abschaltzeit eines Zylinders max. 8 s
  - Pause zwischen den Abschaltzeiten der einzelnen Zylinder mindestens 8 s
  - Bei Wiederholung des Zylinder-Balancetests mindestens 60 s Motorleerlaufphase einlegen.
- □ Zur Kompressionsdruckprüfung Stecker am Einspritzventil abziehen.
- □ Am Multec-Drosselklappeneinspritzgehäuse dürfen nur «Torx»-Schrauben verwendet werden.

Test- und Fehlersuchtabelle (Adam Opel AG)

Anlasser dreht, Motor springt nicht an.
Um Fehlercodes zu setzen, muß der Motor laufen. Falls der Motor nicht anspringt, ist nachstehende Prüfung durchzuführen.

Prüfgeräte Anschluß	Prüfhinweis	Sollwert	Mögliche Fehlerursache wenn Sollwert nicht erreicht wird
Opel-Zündfunkentester 17 57 650 an Zündkabel Kl. 4 Voltmeter, Meßbereich 20 Volt	Motor starten	Zündfunke	● Spannung an Kl. 15 prüfen. ● Spannungsversorgung von Zündschloß zu Zündspule Kl. 15. ● Spannung an Kl. 1. Keine Spannung vorhanden, Zündspule defekt. Kein Zündfunke, siehe nächsten Prüfhinweis.
Überbrückungskabel	Verteilerkappe abnehmen. Kabelbaumstecker von Induktionsspule abziehen. Kl. «P» am Zündmodul mit Batteriespannung takten.	Zündfunke	● Wenn jetzt Zündfunke vorhanden, Induktionsspule (Zündverteiler) ersetzen. ● Spannungsversorgung, Zündmodul prüfen. Kabelunterbrechung von Zündspule Kl. 15 bzw. Zündspule Kl. 1 zum Zündmodul Kl. B+ bzw. Zündmodul Kl. C–. ● Massekontakt Zündmodul zum Verteilergehäuse prüfen. ● Zündmodul ersetzen.

Prüfgeräte Anschluß	Prüfhinweis	Sollwert	Mögliche Fehlerursache wenn Sollwert nicht erreicht wird
Opel-Prüfleuchte KM–602–1	Prüfleuchte an Kabelbaumstecker Einspritzventil, Motor starten	Prüfleuchte leuchtet	● Spannungsversorgung, Steuergerät am Stecker Kl. A6, Kl. B1, Kl. C16 prüfen. ● REF-Leitung Zündmodul Kl. B zum Steuergerät K57/B5 auf Unterbrechung/Masseschluß prüfen. ● Spannungsversorgung, Einspritzventil prüfen. ● Steuergerät ersetzen. Wenn Prüfleuchte leuchtet, siehe nächsten Prüfschritt.
–	Sichtprüfung, Einspritzventil dicht Kabelbaumstecker auf Einspritzventil stecken ZÜNDUNG EIN		● Einspritzventil ersetzen
	Motor starten	Einspritzventil muß abspritzen	● Kraftstoffdruck prüfen ● Einspritzventil ersetzen

Fehlercode Nr.	Fehlercode-Erklärung	Prüfgeräteanschluß
13 Lambda-Sonden-Stromkreis P 33	● Steuergerät erkennt eine Spannung > 350 und < 550 mV ● Kühlmitteltemperatur > 85 °C ● Motor muß mindestens 40 s laufen ● Drosselklappe muß > 6% geöffnet sein (Spannung Drosselklappen-Potentiometer > 0,85 V) ● Kein Fehlercode 21 oder 22 gespeichert ● Bedingungen müssen 25 s bestehen Wenn Fehlercode 13 gespeichert ist, nimmt das Steuergerät K57/Kl. D7 450 mV als Ersatzwert **Wichtig!** Wenn Fehler beseitig, Fehlerspeicher löschen. ZÜNDUNG AUS, Masse für 10 s von Batterie trennen.	Voltmeter KM-587 Meßbereich: 20 V
14 Temperaturfühler P30 Kurzschluß zur Masse	Der Fehlercode wird unter folgenden Voraussetzungen gesetzt: ● Motor läuft länger als 2 s ● Temperaturfühler Kühlmittel, Widerstandswert < 150 Ω (Temperatur > 100 °C) Wenn Fehlercode 14 gespeichert ist, nimmt das Steuergerät 80 °C Kühlmitteltemperatur als Ersatzwert **Wichtig!** Wenn Fehler beseitigt, Fehlerspeicher löschen. ZÜNDUNG AUS, Masse für 10 s von Batterie trennen	Ohmmeter Meßbereich: 20 kΩ Voltmeter Meßbereich: 20 V

Prüfhinweise **zu 13**	Sollwerte	Mögliche Fehlerursachen, wenn Sollwerte nicht erreicht werden
Kabelbaumstecker Lambda-Sonde trennen. Voltmeter an Kabelsatzstekker Lambda-Sonde anschließen. ZÜNDUNG EIN.	0,35 bis 0,4 V	● Kabelunterbrechung zwischen Steuergerät K 57/Kl. D7 und Lambda-Sonde. ● Anzeige 0,8–0,9 V. Kabelunterbrechung zwischen Steuergerät K57/ Kl. D6 und Masse (Ansaugkrümmer). ● Steuergerät defekt.
Fehlercode 13 löschen, Batterie 10 s abklemmen. ● Kühlmitteltemperatur > 85 °C. ● Motor 1 min bei 1200 bis 1600/min laufen lassen. ● Stecker Lambda-Sonde auftrennen und Opel-Adapterkabel KM–608 anbringen. ● Opel-Multimeter KM-587 an Adapterkabel (+) und Masse anschließen. ● Spannung messen. ● Motor läuft mit Leerlaufdrehzahl.	Spannungswechsel zwischen 0,1 bis 0,9 V	Lambda-Sonde P33 defekt.
zu 14 ZÜNDUNG AUS ● Stecker Temperaturfühler P30 abziehen. ● Widerstand am Temperaturfühler P30 prüfen.	−35 °C = 100 kΩ −4 °C = 7,5 kΩ 20 °C = 3,4 kΩ 38 °C = 1,8 kΩ 70 °C = 0,45 kΩ 100 °C = 0,185 kΩ	● Temperaturfühler P30 defekt.
ZÜNDUNG EIN ● Stecker Temperaturfühler P30 abziehen. ● Spannung am Stecker-Temperaturfühler P30/ Kl. B prüfen.	4,9 bis 5,1 V	● Kabelverbindung vom K57/Kl. C10 zum Stecker P30/Kl. B hat Kurzschluß zur Masse. ● Steuergerät defekt.

Fehlercode Nr.	Fehlercode-Erklärung	Prüfgeräte-anschluß
15 Temperaturfühler P30 Unterbrechung	Der Fehlercode wird unter folgenden Voraussetzungen gesetzt: ● Motor läuft länger als 2 s ● Kühlmitteltemperatur < –35 °C, d. h. Widerstand < 100 kΩ Wenn Fehlercode 15 gespeichert ist, nimmt das Steuergerät 80 °C Kühlmitteltemperatur als Ersatzwert **Wichtig!** Wenn Fehler beseitigt, Fehlerspeicher löschen. ZÜNDUNG AUS, Masse für 10 s von Batterie trennen.	Ohmmeter Meßbereich: 20 kΩ Voltmeter Meßbereich: 20 V

Prüfhinweise **zu 15**	Sollwerte	Mögliche Fehlerursachen, wenn Sollwerte nicht erreicht werden
ZÜNDUNG AUS ● Stecker Temperaturfühler P30 abziehen. ● Widerstand am Temperaturfühler gegen Masse prüfen.	–35 °C = 100 kΩ –4 °C = 7,5 kΩ 20 °C = 3,4 kΩ 38 °C = 1,8 kΩ 70 °C = 0,45 kΩ 100 °C = 0,185 kΩ	● Temperaturfühler P30 defekt.
ZÜNDUNG EIN ● Stecker Temperaturfühler P30 abziehen. ● Spannung am Stecker-Temperaturfühler P30/Kl. B prüfen.	4,9 bis 5,1 V	● Kabelunterbrechung vom K57/Kl. C10 zum P30/Kl. B. ● Kabelunterbrechung vom K57/Kl. 1 zum P30/Kl. A.

Fehlercode Nr.	Fehlercode-Erklärung	Prüfgeräteanschluß
21 Drosselklappenpotentiometer P34 zu hohe Signalspannung	Der Fehlercode wird unter folgenden Voraussetzungen gesetzt: ● Kein Fehlercode 33 oder 34 gespeichert ● Drosselklappen-Potentiometer-Spannung > 3,5 V ● Motordrehzahl < 2200/min ● Druckfühler-Saugrohr P23 < 85 kPa (0,85 bar) ● Bedingungen müssen > 2 s bestehen	Ohmmeter Meßbereich: 20 kΩ
	Wenn Fehlercode 21 gespeichert ist, nimmt das Steuergerät verschiedene Drosselklappen-Potentiometer-Spannungen aus einer Tabelle – abhängig von der Motordrehzahl – als Ersatzwert. **Wichtig!** Wenn Fehler beseitigt, Fehlerspeicher löschen. ZÜNDUNG AUS, Masse für 10 s von Batterie trennen.	Voltmeter Meßbereich: 20 V

Prüfhinweise **zu 21**	Sollwerte	Mögliche Fehlerursachen, wenn Sollwerte nicht erreicht werden
ZÜNDUNG AUS Stecker P23 abziehen		Drosselklappenpotentiometer P34 defekt
● Opel-Adapter-Kabel KM-608 zwischen P34 und Stecker anschließen.		
● Widerstand Kl. A und Kl. B am P34 messen.	5,0 ± 1,0 kΩ	
● Widerstand Kl. C und Kl. B am P34 messen, dabei Drosselklappe langsam öffnen.	0%: 2,0 ± 1,0 kΩ 50%: 3,5 ± 1,0 kΩ 100%: 5,0 ± 0,2 kΩ	
ZÜNDUNG EIN Stecker P23 aufstecken		
● Stecker von P34 abziehen		Kabelunterbrechungen: ● vom Stecker P34/Kl. A zum Steuergerät K57/ Kl. C14 ● vom Stecker P34/Kl. B zum Steuergerät P34/ Kl. D2 ● vom Stecker P34/Kl. C zum Steuergerät K57/ Kl. C13 Kurzschluß: vom P34/ Kl. A zu Kl. B ● keine Spannung: Steuergerät K57 defekt.
● Spannung an Stecker (P34) Kl. A und Kl. B messen.	4,9 bis 5,1 V	
● Messung wiederholen.	4,9 bis 5,1 V	
ZÜNDUNG AUS		
● Opel-Adapterkabel KM-608 zwischen P34 und Stecker anschließen.	0%: 0,5 ± 0,2 kΩ 50%: 2,3 ± 0,2 kΩ 100%: 4,1 bis 4,5V	
ZÜNDUNG EIN ● Spannung Kl. C und Kl. B an P34 messen, dabei Drosselklappe langsam öffnen.		Drosselklappen-Potentiometer P34 defekt.
● Fehlerspeicher löschen.		
● Am Stecker Drosselklappen-Potentiometer Kl. A und Kl. C kurzschließen.		
● Motor laufen lassen.		
● Fehlerspeicher lesen.	Fehlercode 22	Steuergerät K57 defekt.

Fehlercode Nr.	Fehlercode-Erklärung	Prüfgeräte-anschluß
22 Drosselklappen-potentiometer P34: zu niedrige Signalspannung	Der Fehlercode wird unter folgenden Voraussetzungen gesetzt: ● Drosselklappen-Potentiometer-Spannung < 0,16 V ● Motor muß laufen Wenn Fehlercode 21 gespeichert ist, nimmt das Steuergerät verschiedene Drosselklappen-Potentiometer-Spannungen aus einer Tabelle – abhängig von der Motordrehzahl – als Ersatzwert. **Wichtig!** Wenn Fehler beseitigt, Fehlerspeicher löschen. ZÜNDUNG AUS, Masse für 10 s von Batterie trennen.	Ohmmeter Meßbereich 20 kΩ Voltmeter Meßbereich 20 V

Prüfhinweise **zu 22**	Sollwerte	Mögliche Fehlerursachen, wenn Sollwerte nicht erreicht werden
ZÜNDUNG AUS ● Opel-Adapter-Kabel KM-608 zwischen P34 und Stecker anschließen.		
● Widerstand Kl. A und Kl. B am P34 messen.	5,0 ± 1,0 kΩ	Drosselklappenpotentiometer P34 defekt
● Widerstand Kl. C und Kl. B am P34 messen, dabei Drosselklappe langsam öffnen.	0%: 2,0 ± 1,0 kΩ 50%: 3,5 ± 1,0 kΩ 100%: 5,0 ± 1,0 kΩ	
ZÜNDUNG EIN Stecker von P34 abziehen ● Spannung an Stecker (P34) Kl. A und Kl. B messen.	4,9 bis 5,1 V	Kabelunterbrechungen: ● vom Stecker P34/Kl. A zum Steuergerät K57/ Kl. C14 ● vom Stecker P34/Kl. B zum Steuergerät P34/ Kl. D2 ● vom Stecker P34/Kl. C zum Steuergerät K57/ Kl. C13 Kurzschluß: ● von P34/Kl. A zu Kl. C ● keine Spannung: Steuergerät K57 defekt.
ZÜNDUNG AUS ● Opel-Adapterkabel KM-608 zwischen P34 und Stecker anschließen.		
ZÜNDUNG EIN ● Spannung Kl. C und Kl. B an P34 messen, dabei Drosselklappe langsam öffnen.	0%: 0,5 ± 0,2 kΩ 50%: 2,3 ± 0,2 kΩ 100%: 4,1 bis 4,5 V	Drosselklappen-Potentiometer P34 defekt.
● Fehlerspeicher löschen. ● Am Stecker Drosselklappen-Potentiometer abziehen. ● Motor laufen lassen. ● Fehlerspeicher lesen.	Fehlercode 21	Steuergerät K57 defekt.

Fehlercode Nr.	Fehlercode-Erklärung	Prüfgeräte-anschluß
24 Wegstrecken-Frequenzgeber P14	Der Fehlercode wird unter folgenden Voraussetzungen gesetzt: ● Fahrzeuggeschwindigkeit < 16 km/h mit widersprüchlicher Drehzahl-, Motorlast- und P/N-Schalter Information ● Keine Fehlercodes 21, 22, 33 oder 34 gespeichert ● Der Geber gibt Geschwindigkeit < 16 km/h an ● Motordrehzahl 2200 bis 4400/min ● Park-/Neutralschalter nicht in Stellung P oder N ● Kühlmitteltemperatur > 85 °C ● Druckfühler-Saugrohr P23 < 18,5 kPa (0,185 bar) ● Bedingungen müssen > 1 s bestehen	Voltmeter Meßbereich 20 V
33 Druckfühler-Saugrohr P23 hohe Signal-spannung	Der Fehlercode wird unter folgenden Voraussetzungen gesetzt: ● Motor muß laufen ● Drucksignal ist für 5 s > 84 kPa (0,84 bar) ● Drosselklappen-Potentiometer signalisiert geschlossene Drosselklappe ● Fehlercode 21 oder 22 nicht gesetzt Wenn Fehlercode 33 gesetzt ist, übernimmt das Steuergerät verschiedene von der Drosselklappenstellung abhängige Ersatzwerte, drehzahlabhängig. **Wichtig!** Wenn Fehler beseitigt, Fehlerspeicher löschen. ZÜNDUNG AUS, Masse für 10 s von Batterie trennen.	Voltmeter Meßbereich 20 V

Prüfhinweise **zu 24**	Sollwerte	Mögliche Fehlerursachen, wenn Sollwerte nicht erreicht werden
● Stecker P14 auftrennen und Opel-Adapter-Kabel KM-603 anschließen. ZÜNDUNG EIN ● Voltmeter an roten (1) Stecker (+) und schwarzen (3) Stecker (–) anschließen, ● Voltmeter an zweiten roten (2) Stecker (Signalleitung) und schwarzen (3) Stecker (–) anschließen, ● Räder drehen.	 11,5 bis 13,5 V < 0,5 V wechselt auf > 9,5 V und umgekehrt	● Vor Fehlersuche prüfen, ob richtiger Wegstrecken-Frequenzgeber eingebaut ist. Kabelunterbrechungen: ● vom Zündschloß Kl. 15 zum P14/Kl. 1 ● vom P14/Kl. 3 zur Masse ● von K57/Kl. A10 zu P14/Kl. 2. Kurzschluß: ● vom P14/Kl. 1 zu Kl. 2. Stecker vom Bordcomputer abziehen. Letzten Prüfungshinweis wiederholen. Wegstrecken-Frequenzgeber P14 defekt.
zu 33 ● Opel-Adapterkabel KM-608 zwischen P23 und Stecker anschließen. ZÜNDUNG EIN ● Voltmeter an P23/Kl. C (+) und Kl. A (–) ● Voltmeter an P23/Kl. B und Kl. A (–) ● Opel-Vacuumpumpe KM J-23994-8- an P23 anschließen ● Voltmeter an P23/Kl. B und Kl. A (–) anschließen. ● Druck nach Sollwertvorgabe einstellen. ● Fehlerspeicher löschen. ● Stecker Druckfühler--Saugrohr P23 abziehen. ● Motor laufen lassen. ● Fehlerspeicher lesen.	 4,9 bis 5,1 V 4,8 ± 0,2 V 0,2 bar = 3,7 ± 0,2 V 0,6 bar = 1,5 ± 0,2 V 0,8 bar = 0,5 ± 0,2 V Fehlercode 34	 Kabelunterbrechungen: ● vom P23/Kl. C zur K57/Kl. C14 ● vom P23/Kl. A zur K57/Kl. A11 ● vom P23/Kl. B zum K57/Kl. C11 ● keine Spannung: Steuergerät K57 defekt Kurzschluß: ● vom P23/Kl. C zu Kl. B Druckfühler-Saugrohr P23 ersetzen. Schlauch defekt. Steuergerät K57 defekt.

Fehlercode Nr.	Fehlercode-Erklärung	Prüfgeräte- anschluß
34 Druckfühler-- Saugrohr P23 niedrige Signal- spannung	Der Fehlercode wird unter folgenden Voraussetzungen gesetzt: Betriebszustand 1: ● Fehlercode 21 nicht gesetzt ● Motordrehzahl < 1200/min ● Absolutdruck Saugrohr < 14 kPa (0,14 bar) ● Vorstehende Betriebszustände bestehen 0,02 s Betriebszustand 2: ● Bedingungen wie Betriebszustand 1 ● Zusätzlich Drosselklappenpotentiometer P34 < 5% **Wichtig!** Wenn Fehler beseitigt, Fehlerspeicher löschen. ZÜNDUNG AUS, Masse für 10 s von Batterie trennen.	Voltmeter Meßbereich 20 V

Prüfhinweise **zu 34**	Sollwerte	Mögliche Fehlerursachen, wenn Sollwerte nicht erreicht werden
● Opel-Adapterkabel zwischen P23 und Stecker anschließen. ZÜNDUNG EIN ● Voltmeter an P23/Kl. C (=) und Kl. A (–). ● Voltmeter an P23/Kl. B (+) und Kl. A (–).	 4,9 bis 5,1 V 4,8 ± 0,2 V	Kabelunterbrechungen: ● vom P23/Kl. C zu K57/Kl. C14 ● vom P23/Kl. A zu K57/Kl. A11 ● vom P23/Kl. B zu K57/Kl. C11 Kurzschluß: ● vom P23/Kl. A zu Kl. B ● vom P23/Kl. A zu Kl. C. Stecker vom P34 abziehen. Prüfhinweise wiederholen: Drosselklappen-Potentiometer P34 defekt. ● keine Spannung: Steuergerät K57 defekt.
● Opel-Vakuumpumpe KM J-23994-B am P23 anschließen. ● Voltmeter am P23/Kl. B und Kl. A (–) anschließen. ● Druck nach Tabelle einstellen. ● Stecker Drosselklappen-Potentiometer aufstecken. ● Fehlerspeicher löschen. ● Am Stecker Druckfühler-Saugrohr Kl. C14 und Kl. C11 kurzschließen. ● Motor laufen lassen.	0,2 bar = 3,7 ± 0,2 V 0,4 bar = 2,5 ± 0,2 V 0,6 bar = 1,5 ± 0,2 V 0,8 bar = 0,5 ± 0,2 V	 Druckfühler-Saugrohr P23 ersetzen.
● Fehlerspeicher lesen.	Fehlercode 33	Steuergerät K57 defekt.

Fehlercode Nr.	Fehlercode-Erklärung	Prüfgeräteanschluß
35 Leerlauffüllungs-Schrittmotor M33	Der Fehlercode wird unter folgenden Voraussetzungen gesetzt: ● Drosselklappen-Potentiometer in Leerlaufposition ● Abweichung der Motordrehzahl >75/min ● Bedingungen bestehen für 20 s **Wichtig!** Wenn Fehler beseitigt, Fehlerspeicher löschen. ZÜNDUNG AUS, Masse für 10 s von Batterie trennen.	Voltmeter Meßbereich 20 V Ohmmeter Meßbereich 200 Ω Ohmmeter Meßbereich 2000 Ω ● Diagnoseschlüssel KM-602-2 in ALDL-Stecker Kl. A und Kl. B einsetzen.

Prüfhinweise **zu 35**	Sollwerte	Mögliche Fehlerursachen, wenn Sollwerte nicht erreicht werden
● Opel-Adapterkabel zwischen M33 und Stecker anschließen. ● Opel-Diagnoseschlüssel KM 602-2 in ALDL-Steckerleiste Kl. A und Kl. B einsetzen. ZÜNDUNG EIN ● Voltmeter (+) nacheinander an alle 4 Adapterkabel Kl. A, B, C, D und Voltmeter (−) an Masse anschließen.	Spannung wechselt: Kl. A: 0,5 bis 12 V Kl. B: 0,5 bis 12 V Kl. C: 0,5 bis 12 V Kl. D: 0,5 bis 12 V	Kabelunterbrechungen Masseschluß: ● vom M33/Kl. A zu K57/Kl. C4 ● vom M33/Kl. B zu K57/Kl. C3 ● vom M33/Kl. C zu K57/Kl. C5 ● vom M23/Kl. C zu K57/Kl. C6 Siehe nächsten Prüfhinweis
ZÜNDUNG AUS ● Kabelsatzstecker M33 vom Adapterkabel trennen jedoch nicht vom M33.		Leerlauffüllungsschrittmotor M33 defekt.
● Widerstände zwischen den Kl. A und Kl. B bzw. Kl. C und Kl. D prüfen.	20 bis 100 Ω	
● Isolationswiderstand der Spulen an den Kl. A, B, C und D gegen Masse Leerlauffüllungsmotor M33 prüfen.	Kl. A, B, C, D: ∞ Ω	Leerlauffüllungsschrittmotor M33 defekt.
● Leerlauffüllungsmotor M33 ausbauen. ● M33 am Kabelsatzstecker anschließen. ● Den Konus des M33 mit dem Daumen leicht unter Druck setzen (Zapfen steht unter Federdruck).		Weitere Fehlerursachen: ● Falschluft ● P/N-Schalter hat Unterbrechung in P und N-Stellung ● Drosselklappe schließt nicht.
ZÜNDUNG einschalten.	Zapfen des M33 fährt spürbar kontinuierlich EIN und AUS.	

Fehlercode Nr.	Fehlercode-Erklärung	Prüfgeräte-anschluß
42 Elektronische Auslösung des Zündzeitpunktes (Kennfeld)	Der Fehlercode wird gesetzt, wenn das Steuergerät K57 eine Unterbrechung in der EST-Leitung Y24/Kl. B, in der Bypass-Leitung Y14/Kl. C und/oder einen Masseschluß im Zündmodul feststellt. **Wichtig!** Wenn Fehler beseitigt, Fehlerspeicher löschen. ZÜNDUNG AUS, Masse für 10 s von Batterie trennen.	Voltmeter Meßbereich 2 V

Prüfhinweise **zu 42**	Sollwerte	Mögliche Fehlerursachen, wenn Sollwerte nicht erreicht werden
● Opel-Adapterkabel KM-608 zwischen Stecker Zündverteiler Y24 anschließen.		
ZÜNDUNG EIN ● Spannung Y24/Kl. A (EST) prüfen.	0,1 bis 0,2 V	Kabelunterbrechungen: ● K57/Kl. D4 zu Y24/Kl. A ● K57/Kl. B5 zu Y24/Kl. B ● K57/Kl. D5 zu Y24/Kl. C ● K57/Kl. B3 zu Y24/Kl. D oder Kurzschluß zur Masse.
● Spannung Y24/Kl. B (REF) prüfen.	0,1 bis 0,2 V	
● Spannung Y24/Kl. C (Bypass) prüfen.	10 bis 20 mV	
Stecker Einspritzventil abziehen. Spannung an den Klemmen bei startendem Motor prüfen:		
● Y24/Kl. A (EST)	0,2 bis 0,3 V	Zündmodul Y14 im Zündverteiler Y24 ersetzen.
● Y24/Kl. B (REF)	0,5 bis 1,5 V	
● Y24/Kl. C (Bypass)	10 bis 20 mV	● Steuergerät K57 ersetzen.
● Y24/Kl. D (Masse)	0 V	
Stecker Einspritzventil abziehen. Motor im Leerlauf laufen lassen.		
● Y24/Kl. A (EST)	1,0 bis 3,0 V *	
● Y24/Kl. B (REF)	0,7 bis 2,7 V *	
● Y24/Kl. C (Bypass)	4,5 bis 5,0 V	
● Y24/Kl. D (Masse)	0 V	
	* drehzahlabhängig	

Fehlercode Nr.	Fehlercode-Erklärung	Prüfgeräte-anschluß
44 Anzeige Gemisch-status: ● Mager	Der Fehlercode wird unter folgenden Voraussetzungen gesetzt: ● Kein Code 33 oder 34 gesetzt. ● Betriebswarmer Motor muß mindestens 1 min gelaufen sein. ● Steuergerät erhält für mindestens 50 s bei geschlossenem Regelkreis eine Spannung von $< 0{,}28$ V. **Hinweis:** Ist Code 44 gesetzt, schaltet die Elektronik auf offenen Regelkreis. **Wichtig!** Wenn Fehler beseitigt, Fehlerspeicher löschen. ZÜNDUNG AUS, Masse für 10 s von Batterie trennen.	Diagnoseschlüssel KM 602-2

Prüfhinweise **zu 44**	Sollwerte	Mögliche Fehlerursachen, wenn Sollwerte nicht erreicht werden
● Opel-Diagnoseschlüssel im ALDL Stecker Kl. A und B einsetzen. ● Motor mindestens 1 min mit 1200 bis 1800/min laufen lassen.	Blinksequenz (langsam) 1/s «Geschlossener Regelkreis».	● Kraftstoffpumpendruck prüfen.
ZÜNDUNG AUS ● Lambda-Sonden-Stekker trennen ● Motor mindestens 1 min mit 1200 bis 1800/min laufen lassen.	Blinksequenz (schnell) 2,5/s «Offener Regelkreis».	Kein Aufleuchten der Motorkontrolleuchte für 30 s. ● Masseschluß K57/D7 zur Lambda-Sonde P33. ● Steuergerät defekt. ● Schlechte Kraftstoffqualität kann Ursache sein. ● Druckfühler Saugrohr prüfen. ● Temperaturfühler Kühlmittel prüfen. ● Falls alles OK, Lambda-Sonde defekt.

Fehlercode Nr.	Fehlercode-Erklärung	Prüfgeräte-anschluß
45 Anzeige Gemischstatus: ● Fett	Der Fehlercode wird unter folgenden Voraussetzungen gesetzt: ● Kein Code 33 oder 34 gesetzt. ● Betriebswarmer Motor muß mindestens 1 min gelaufen sein. ● ECM erhält für mindestens 40 s bei geschlossenem Regelkreis eine Spannung von > 0,75 V.	Diagnoseschlüssel KM 602-2
51 Programmspeicher im Steuergerät	Steuergerät erhält keine verwertbaren Daten aus dem Programmspeicher.	Diagnoseschlüssel KM 602-2

Prüfhinweise **zu 45**	Sollwerte	Mögliche Fehlerursachen, wenn Sollwerte nicht erreicht werden
● Opel-Diagnoseschlüssel im ALDL Stecker Kl. A und B einsetzen. ● Motor mindestens 1 min mit 1200 bis 1800/min laufen lassen.	«Geschlossener Regelkreis» Blinksequenz 1/s.	● Gemisch zu fett durch zu hohen Kraftstoffdruck. ● Undichtes Einspritzventil. ● Einstreuung von Störimpulsen (wenn vorhanden, Drehzahlmesser beachten). ● Aktivkohlebehälter und Leitungen prüfen, Leitung vom Einspritzgehäuse abziehen. ● Temperaturfühler Kühlmittel prüfen. ● Druckfühler-Saugrohr prüfen. ● Drosselklappen-Potentiometer prüfen.
ZÜNDUNG AUS ● Lambda-Sonden-Stekker trennen und Leitung zum Steuergerät an Masse legen. ● Motor laufen lassen.	Kein Aufleuchten der Motorkontrollleuchte für 30 s.	Leuchtet die Motorkontrolleuchte ständig auf, Steuergerät ersetzen.
zu 51 Opel-Diagnoseschlüssel KM-602-2 in ALDL Stecker Kl. A und B einsetzen.	Kein Fehlercode 51	● Steckverbindungen am Steuergerät prüfen (verbogene Kontakte, Korrosion). ● Programmspeicher ersetzen.
ZÜNDUNG AUS ● Fehlerspeicher löschen. ● Motor im Leerlauf ca. 1 min laufen lassen. ● Fehlerspeicher erneut auslesen.	Kein Fehlercode 51	● Steuergerät ersetzen.

6.4 Zentraleinspritzsystem Ecojet S (Pierburg)

Die Pierburg GmbH, Neuss, stellte anläßlich der IAA 87 ein neuentwickeltes Zentraleinspritzsystem, das Ecojet S, vor. Der Serieneinsatz ist für 1988/89 vorgesehen.

Das Ecojet S ist ein Zentralgemischbildungssystem mit indirekter Erfassung des Luftdurchsatzes anhand von Messung des Drosselklappenwinkels und der Motordrehzahl als geregeltes Motorkonzept für Lambda = 1.

Die Anlage besteht aus folgenden Komponenten:

- ☐ Elektronisches Steuergerät (digital, 8-bit-Microprozessor)
- ☐ Zentralgemischbildner mit
  - Einspritzventil
  - Drosselklappenansteller (elektromotorisch) mit Leerlauf- und Endlagenschalter
  - Druckregler (Systemdruck ca. 1 bar)
  - Hauptdrosselpotentiometer
  - Lufttemperaturfühler
- ☐ Ansauggemisch-Heizelement
- ☐ Kraftstoff-Förderpumpe
- ☐ Druckgeber (als Option)

Das System Ecojet S wird vervollständigt durch folgende Zulieferkomponenten:

- ☐ Lambda-Sonde
- ☐ Temperaturfühler
- ☐ Dreiwegekatalysator

Zur Steuerung des Einspritzsystems werden folgende Führungsgrößen in das Steuergerät geführt und digital verarbeitet:

- ☐ Motordrehzahl
- ☐ Motortemperatur
- ☐ Lambda-Sondensignal
- ☐ Saugrohrwandtemperatur
- ☐ Ansauglufttemperatur
- ☐ Drosselklappenwinkel
- ☐ Atmosphären-/Saugrohrdruck (als Option)

Bild 6.37 Übersicht über die Systembauteile Ecojet S (Pierburg GmbH)

Funktionsprinzip

Die Elektrokraftstoffpumpe fördert den Kraftstoff mit Druck durch einen Filter zum Zentralgemischbildner. Mittels des Druckreglers wird ein konstanter Systemdruck von ca. 1 bar aufrechterhalten. Das Einspritzventil öffnet entsprechend den drehzahlabhängigen Impulsen des elektronischen Steuergerätes. Die Einspritzmenge pro Einspritztakt wird über die Impulslänge (Öffnungsdauer) bestimmt. Die Einspritzzeit wird in erster Annäherung aus den Führungsgrößen Drosselklappenwinkel und Motordrehzahl berechnet (α/n-Steuerung).

Zur genaueren Anpassung der Einspritzmenge an den jeweiligen Betriebszustand werden Sensorensignale über Änderung des Drosselklappenanstellwinkels, der Motor-, Saugrohr- und Ansauglufttemperatur sowie des Lambda-Sondensignals berücksichtigt. Ebenso kann der Atmosphären- oder Saugrohrdruck als Korrekturgröße (Option) herangezogen werden. Die Spritzfolge läuft synchron zu den Ansaugtakten.

Folgende Funktionen sind im Ecojet S vereinigt:

- □ Grundkennfeld für den Stationärbetrieb
- □ Start- und Nachstartsteuerung

- Warmlaufsteuerung
- Leerlaufdrehzahlregelung
- Beschleunigungsanreicherung
- Verzögerungsabmagerung
- Schubabschaltung
- Vollastanreicherung
- Lambda=1-Regelung
- Dash-pot-Funktion
- Kennfeldabhängige Wahl des Zündzeitpunktes
- Lastwechselsteuerung
- Ansteuerung der Elektrokraftstoffpumpe

Neben den Grundfunktionen können per Option folgende Erweiterungen realisiert werden:

- Kennfeldabhängige Wahl des Einspritzzeitpunktes
- Lambda=1-Regelung adaptiv
- Überdrehzahlabschaltung
- Steuerung eines Abgasrückführungssystemes (AGR)
- Elektronische Steuerung eines Getriebeautomaten
- Kraftstoffverbrauchsanzeige
- Aktivkohle-Regenerierung
- Gemischbeheizung
- Katalysatorschutz
- Diagnosefunktionen
- Höhenkorrektur
- Geschwindigkeitsbegrenzung
- Notlauffunktionen
- Variantencodierung

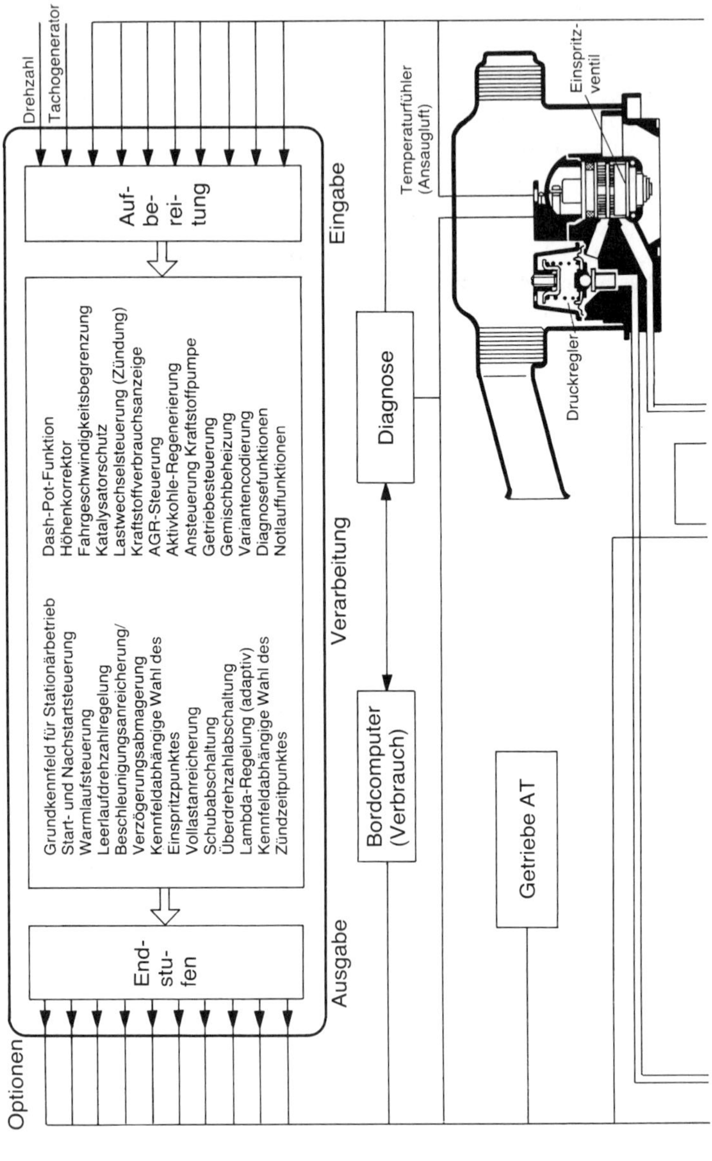

Elektronisches Steuergerät
Drehzahl
Tachogenerator
Eingabe
Auf-
be-
rei-
tung
Verarbeitung
Grundkennfeld für Stationärbetrieb
Start- und Nachstartsteuerung
Warmlaufsteuerung
Leerlaufdrehzahlregelung
Beschleunigungsanreicherung/
Verzögerungsabmagerung
Kennfeldabhängige Wahl des
Einspritzpunktes
Vollastanreicherung
Schubabschaltung
Überdrehzahlabschaltung
Lambda-Regelung (adaptiv)
Kennfeldabhängige Wahl des
Zündzeitpunktes
Dash-Pot-Funktion
Höhenkorrektor
Fahrgeschwindigkeitsbegrenzung
Katalysatorschutz
Lastwechselsteuerung (Zündung)
Kraftstoffverbrauchsanzeige
AGR-Steuerung
Aktivkohle-Regenerierung
Ansteuerung Kraftstoffpumpe
Getriebesteuerung
Gemischbeheizung
Variantencodierung
Diagnosefunktionen
Notlauffunktionen
Ausgabe
End-
stu-
fen
Optionen
Diagnose
Bordcomputer
(Verbrauch)
Getriebe AT
Temperaturfühler
(Ansaugluft)
Einspritz-
ventil
Druckregler

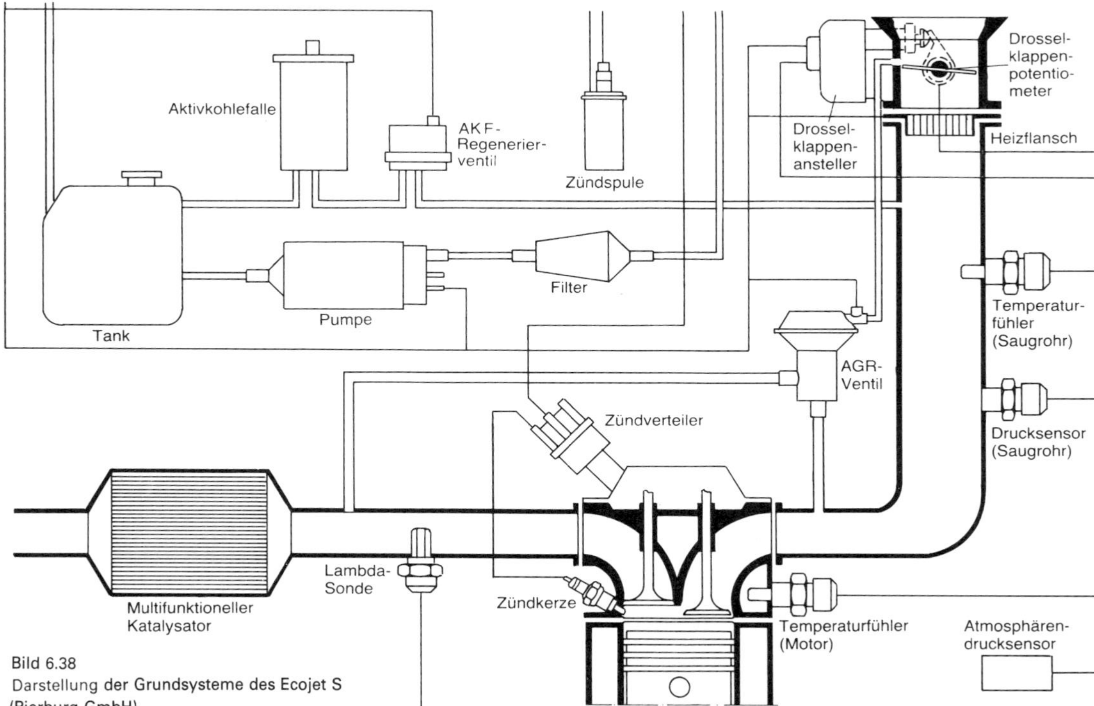

Bild 6.38
Darstellung der Grundsysteme des Ecojet S
(Pierburg GmbH)

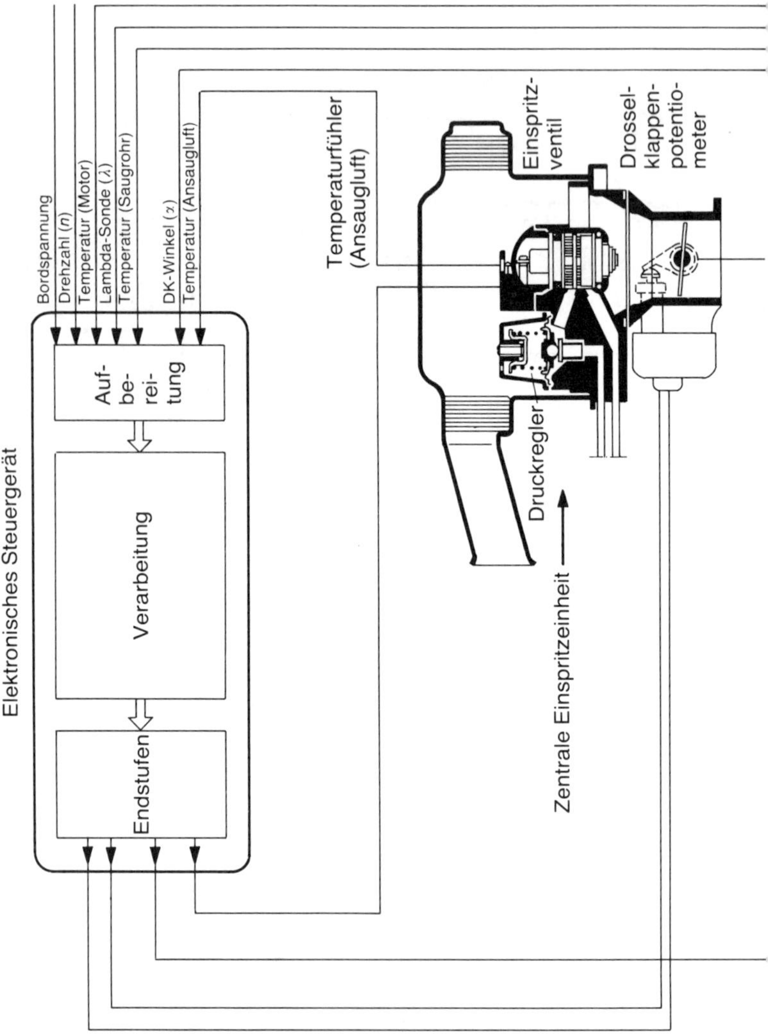
Elektronisches Steuergerät
Bordspannung
Drehzahl (n)
Temperatur (Motor)
Lambda-Sonde (λ)
Temperatur (Saugrohr)
DK-Winkel (α)
Temperatur (Ansaugluft)
Auf-
be-
rei-
tung
Verarbeitung
Endstufen
Temperaturfühler
(Ansaugluft)
Einspritz-
ventil
Drossel-
klappen-
potentio-
meter
Druckregler
Zentrale Einspritzeinheit

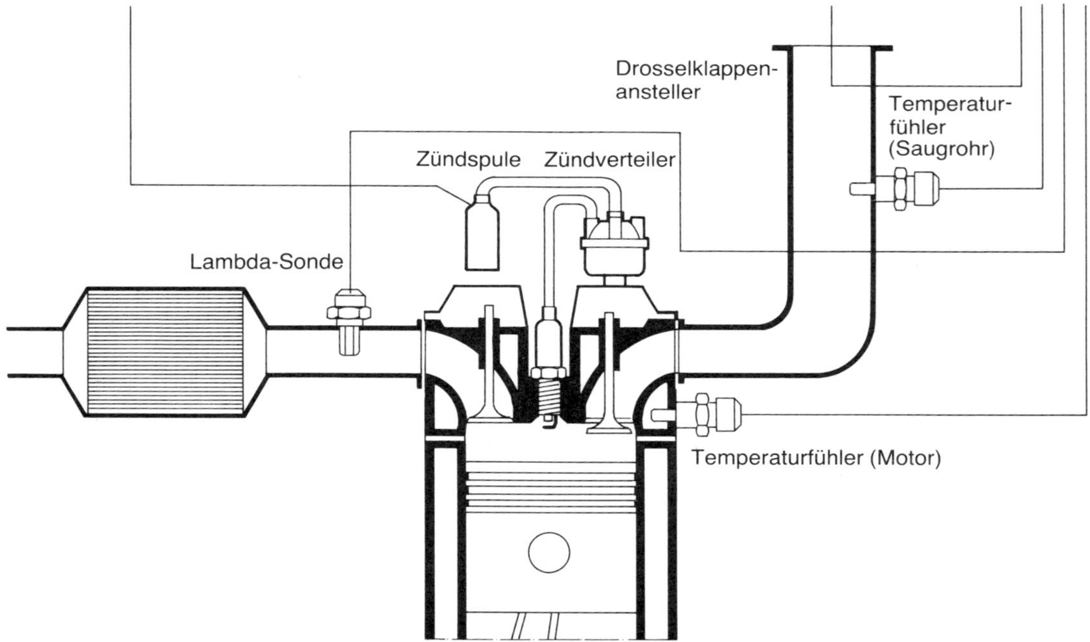

Bild 6.39 Darstellung des Systems Ecojet S mit Grund- und Optionskomponenten (Pierburg GmbH)

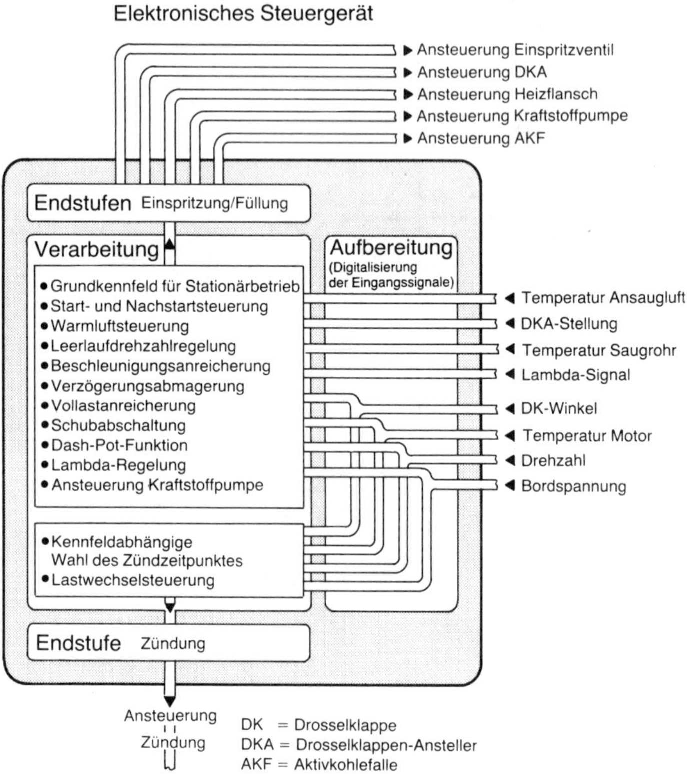

Bild 6.40 Systemdarstellung der Funktionsbereiche des elektronischen Steuergerätes Ecojet S (Pierburg GmbH)

Grundkennfeld für Stationärbetrieb

Für die Stationärabstimmung des Kraftstoff-Luft-Verhältnisses steht ein α/n-Kennfeld mit 16 α- und 17 n-Stützstellen, einschließlich der Startkennlinie bei der Drehzahl nSt, zur Verfügung, in welchem die Öffnungszeiten des Einspritzventils als Tastverhältnisse abgelegt sind. Die Abstimmung liegt bei Lambda = 1. Die Lage der Stützstellen kann anwendungsspezifisch frei gewählt werden. Zwischen den Stützstellen wird linear interpoliert (Bild 6.41).

Bild 6.41
Grundkennfeld für den Stationärbetrieb
(Pierburg GmbH)

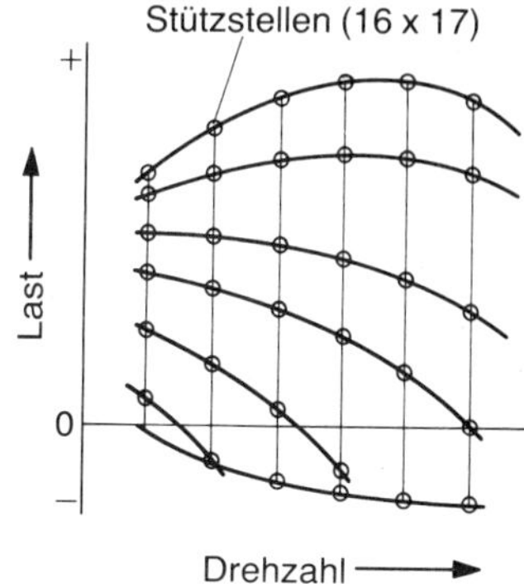

Start- und Nachstartsteuerung
Die Kraftstoffmenge für den Motorstart bzw. den Motornachstart wird abhängig von der Motor- und Ansauglufttemperatur bestimmt und nach einer unterschiedlichen Anzahl von Einspritzimpulsen mit der Anzahl der Motorumdrehungen während der Startphase abgebaut. Das Zeitverhalten der Grundfunktion wird weiterhin von der Motortemperatur beeinflußt.

Die erforderliche Mehrluft ist durch Vorpositionierung des Drosselklappenanstellers (DKA) sichergestellt. Während des Hochlaufs wird der DKA-Stößel in der motortemperaturabhängigen Hochlaufposition bis zum Erreichen der Leerlaufdrehzahl gehalten. Beim erstmaligen Überschreiten der Leerlauf-Solldrehzahl wird die Leerlaufdrehzahlregelung freigegeben.

Warmlaufsteuerung
Die Warmlaufabstimmung wird über vier temperaturabhängige α/n-Kennfelder mit sechs α- und sechs n-Stützstellen vorgenommen. Die Korrekturgrößen Ansauglufttemperatur und Luftdruck können dabei berücksichtigt werden.

Leerlaufdrehzahlregelung
Die Regelung der Leerlaufdrehzahl erfolgt durch Füllungssteuerung mittels des Drosselklappenanstellers. Der Leerlaufdrehzahl-Sollwert wird temperaturabhängig geführt. Eine Störgrößenaufschaltung für Klimaanlage, Automatikgetriebe usw. ist vorhanden, so daß die Konstanz der Leerlaufdrehzahl gewährleistet ist.

Beschleunigungsanreicherung
Die Beschleunigungsanreicherung erfolgt in Abhängigkeit von der Drosselklappenöffnungsgeschwindigkeit $\Delta\alpha/\Delta t$. Sie wird motortemperatur- und kennfeldabhängig gewichtet.

Bei Auslösen der Beschleunigungsanreicherung durch Überschreiten einer $\Delta\alpha/\Delta t$-Schwelle erfolgt eine erstmalige Kraftstoffmengenzugabe asynchron, die darüber hinaus benötigte Kraftstoffmenge wird jedoch additiv synchron zu den Grundeinspritzimpulsen hinzugegeben. Die Mehrmenge wird abhängig von der Drosselklappenstellung, der Motortemperatur sowie der Motordrehzahl nach einer Exponentialfunktion abgebaut (Bild 6.42).

Verzögerungsabmagerung
Zur Verbesserung der Abgasemission ist eine Verzögerungsabmagerung realisiert.

Schubabschaltung
Die Schubabschaltung wird drehzahl-, temperatur- und drosselklappenwinkelabhängig geführt. Beim Übergang vom Schub- auf den Normalbetrieb wird kurzzeitig abhängig von der Schubdauer, der Motortemperatur, der Drehzahl und vom Drehzahlgradienten das Brenngemisch angereichert. Drehzahleinbrüche am Ende eines Schubbetriebes werden außerdem mittels einer gesteuerten Abfangfunktion des Drosselklappenanstellers vermieden (Bild 6.43).

Vollastanreicherung
Oberhalb eines bestimmten Drosselklappengrenzwinkels wird Vollastbetrieb erkannt. In dieser Situation kann der Lambda-Regler auf einen gesteuerten Festwert für die erforderliche Vollastanreicherung gesetzt werden. Es wird dabei eine drosselklappen-stellungsabhängige Wichtung vorgenommen. Somit wird ein stetiger Vorlauf der Anreicherung vom Drosselklappengrenzwinkel bis zur Drosselklappenvollaststellung sichergestellt.

Lambda=1-Regelung
Die Lambda=1-Regelparameter, zusammengesetzt aus Integralanteil, Proportionalanteil und Lambda-Verschiebung, sind in drei α/n-Kennfeldern mit sechs α- und vier n-Stützstellen abgelegt. Die Freigabe der Lambda=1-Regelung erfolgt drehzahl- und temperaturabhängig (Bild 6.44).

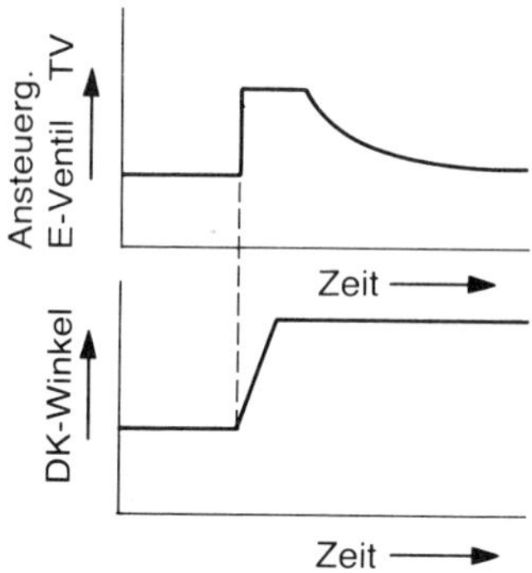

Bild 6.42
Steuerung der Beschleunigungsanreicherung
(Pierburg GmbH)

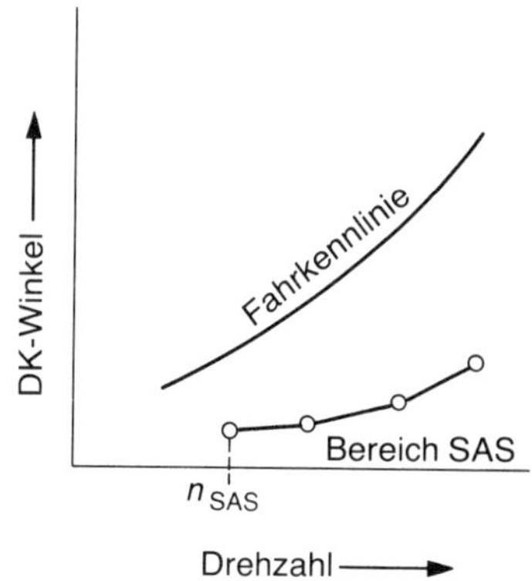

Bild 6.43
Steuerung der Schubabschaltungsfunktion
(Pierburg GmbH)

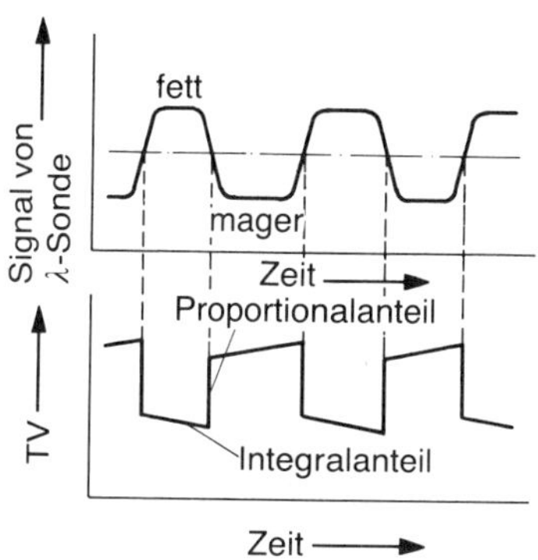

Bild 6.44
Lambda=1-Regelung beim Ecojet S
(Pierburg GmbH)

Bei fehlendem Sondensignal wird auf gesteuerten Betrieb entsprechend betriebswarmem System mit Lambda ca. 1 umgeschaltet.

Dash-pot-Funktion

Zur Verbesserung der Abgasemissionen wird vom Drosselklappenansteller eine Dash-pot-Funktion ausgeführt. Die Drosselklappenschließgeschwindigkeit wird in Abhängigkeit von DK und der Drehzahl gewählt.

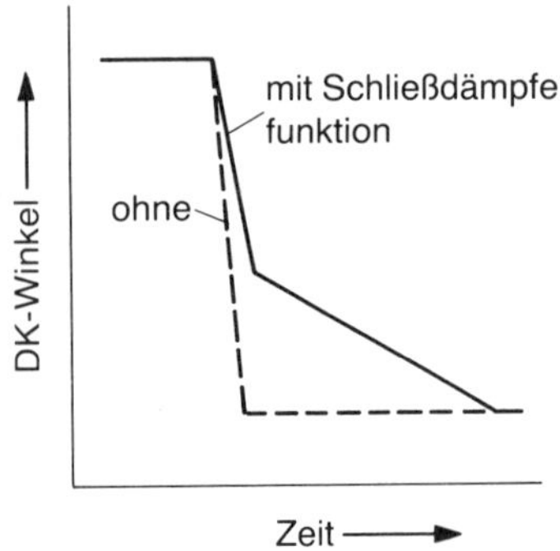

Bild 6.45
Dash-pot-Funktion beim Ecojet S
(Pierburg GmbH)

Kennfeldabhängige Wahl des Zündzeitpunktes

Im Steuergerät ist eine Kennfeldzündung integriert, die eine Steuerung der Zündung durch Festlegen von Zündwinkel und Schließzeit in jedem Motorbetriebszustand garantiert. Im einzelnen werden bei der Bildung des Zündwinkels folgende Funktionen berücksichtigt:

- ☐ Der Basiszündwinkel wird aus einem α/n-Kennfeld, bestehend aus 16 α- und 17 n-Stützstellen, berechnet. Alternativ zu α kann als Führungsgröße der Saugrohrdruck gewählt werden.
- ☐ Die Erfordernisse des nicht betriebswarmen Motors werden durch ein additives Korrekturglied berücksichtigt. Die Korrekturgröße wird aus einer motortemperaturabhängigen Kennlinie mit z. B. acht Stützstellen berechnet.
- ☐ Eine höhenabhängige Anpassung des Zündzeitpunktes kann durch die Verwendung des Atmosphärendruckes oder des Saugrohrdruckes als Führungsgröße berücksichtigt werden.
- ☐ Für den instationären Betrieb ist eine Zündwinkelbegrenzung vorgesehen. Der Zündwinkel folgt einem vorgegebenen Verlauf.

Die Schließzeit der ZV-Kontakte ist so gewählt, daß die erforderliche Ladung der Zündspule in jedem Betriebszustand sichergestellt und andererseits die Verlustleistung der Zündanlage minimiert wird. Die Schließzeit wird als Funktion von Versorgungsspannung und Drehzahl gebildet. Mit einer zusätzlichen Strommessung vor Auslösen der Zündung wird das Kennfeld an Exemplarstreuungen der Zündanlage angepaßt.

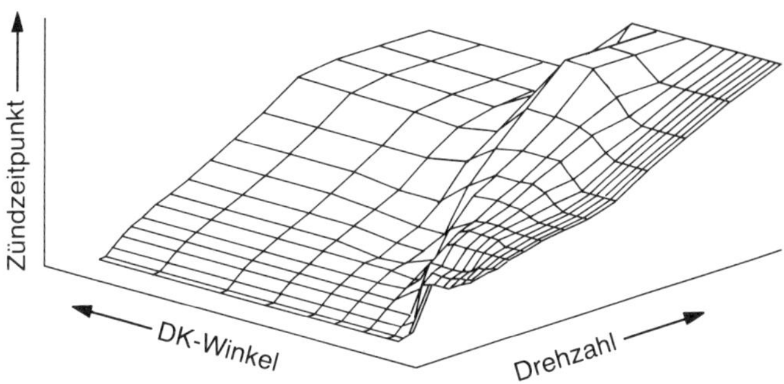

Bild 6.46 Zündungskennfeld des Ecojet S (Pierburg GmbH)

Lastwechselsteuerung
Der besonders bei großen Drosselklappendurchmessern beim Gasgeben teilweise auftretende ruckartige Aufbau des Motordrehmomentes wird durch gesteuerte Zündungsmaßnahmen in der Instationärphase stark abgebaut.

Ansteuerung der Kraftstoffpumpe
Die Spannungsversorgung der Kraftstoffpumpe wird vom Steuergerät vorgegeben. Ein zeitgesteuerter Verlauf erfolgt bei eingeschalteter Zündung. Bei n = 0/min und eingeschalteter Zündung tritt eine Sicherheitsabschaltung in Kraft.

Kennfeldabhängige Wahl des Einspritzzeitpunktes
Normalerweise erfolgt die Einspritzimpulsauslösung mit jedem Zündimpuls. Zur Optimierung der Gemischaufbereitung kann der Einspritzzeitpunkt jedoch kennfeldabhängig über 16 α- und 17 n-

Stützstellen innerhalb eines Teilbereiches des Kennfeldes variiert werden.

Adaptives Lambda=1-Regelverfahren
Bei aktiver Regelung und korrekt abgestimmter Vorsteuerung liegt der Mittelwert des Integralanteils des Lambda-Reglers in einem engen Bereich. Eventuelle Abweichungen aufgrund von Systemdriften werden mit einem Adaptivregler korrigiert. Eine mögliche Ausführung einer adaptiven Lambda-Regelung beeinflußt die Werte von drei überlagerten Korrekturfeldern abnehmender Ordnung. Kennfeld A hat z. B. acht mal acht Stützstellen, Kennfeld B zwei mal zwei und Kennfeld C beispielsweise nur eine einzige. Der erforderliche Korrekturbedarf wird zu unterschiedlichen Anteilen auf die drei Korrekturfelder verteilt. Die Stützstellenlage der drei Kennfelder wird anwendungsspezifisch gewählt.

Überdrehzahlschaltung
Bei Überschreiten einer vorgegebenen Grenzdrehzahl wird die Kraftstoffzufuhr durch Abschalten des Einspritzventils unterbrochen.

AGR-Steuerung
Zur Verbesserung des Abgasverhaltens kann ein Abgasrückführungsventil kennfeld- und temperaturabhängig vom elektronischen Steuergerät angesteuert werden.

Getriebesteuerung
Zur Verbesserung des Abgasverhaltens, des Verbrauches und der Fahrleistungen können aus den im Steuergerät vorliegenden Informationen über Drosselklappen-Anstellwinkel, Motordrehzahl, Motor- und Ansauglufttemperatur sowie Drosselklappen-Öffnungsgeschwindigkeit Steuerungen für einen Getriebeautomaten vorgenommen und dessen Schaltzeitpunkte optimiert werden.

Kraftstoffverbrauchsanzeige
Zur Anzeige des Kraftstoffverbrauchs wird ein dem Einspritzventil-Tastverhältnis entsprechendes Signal ausgegeben. Das Signal muß auf den Verbrauch pro Streckeneinheit, z. B. in einem Bordcomputer, umgerechnet werden.

Steuerung der Aktivkohlefalle-Regenerierung
Zur Entsorgung der Aktivkohlefalle kann α-, n- und temperaturabhängig ein Taktventil zur kennfeld- und temperaturabhängigen Steuerung der Regenerierrate eingesetzt werden. Bei Festlegung der Regenerierrate kann der Einfluß auf das Fahrverhalten und den Abgastest bei Erfüllung der Anforderungen für den Emissionstest berücksichtigt werden.

Ansauggemischbeheizung
Die Ansteuerung der elektrischen Beheizung des Ansauggemisches wird über das Steuergerät in Abhängigkeit von der Motortemperatur und der Drehzahl vorgenommen.

Katalysatorschutz
Kritische Betriebszustände eines Katalysators sind fast immer in Überhitzung begründet. Diese Betriebszustände werden vom Steuergerät erkannt und mittels Ansteuern entsprechender Komponenten, wie Drosselklappenansteller und Einspritzventil, sicher vermieden.

Diagnose
Diagnosefunktionen, wie z. B. das Überwachen der Systemkomponenten, die Selbstüberwachung des Steuergerätes, die Überwachung der Eingangs- und Ausgangssignale und Informationen für Fahrer und Kundendienst, können beim Ecojet S vorgesehen werden.

Höhenkorrektur
Durch Erfassen des Luftdruckes mit einem Atmosphärendrucksensor wird eine Höhenkorrektur des über Drosselklappenwinkel und Drehzahl ermittelten Luftstromes vorgenommen. Ein weiteres Signal erfolgt vom Ansaugluft-Temperatursensor, so daß eine genaue Berechnung des Luftmassenstromes unter allen Betriebsbedingungen und damit genaue Mischungsverhältnis-Berechnungen in allen gesteuerten Betriebsbereichen und des Vorsteuerwertes im Lambda=1-geregelten Betrieb erreicht werden.

Ferner ist eine Höhenkorrektur des Zündzeitpunktes bei Einsatz der Kennfeldzündung durch Verwendung des Saugrohr- oder des Atmosphärendruckes gegeben.

Geschwindigkeitsbegrenzung
Bei Vorgabe eines geeigneten Signals, beispielsweise über einen Tachogenerator, kann eine Begrenzung der maximalen Geschwindigkeit durch Abschalten des Einspritzventils vorgesehen werden.

Notlauffunktionen
Durch Vorgabe von Festwerten bzw. Ersatzgrößen können in begrenztem Umfang in Störfällen Notlauffunktionen aufgebaut werden.

Variantencodierung
Abhängig von einem extern anwählbaren Stufenschalter können Variantencodierungen, beispielsweise zur Verträglichkeit unterschiedlicher Kraftstoffqualitäten, vorgenommen werden.

7 Bosch-Motronic

Die Motronic der Robert Bosch GmbH ist eine digitale Motorelektronik. Sie steuert als integriertes System mit Hilfe eines Mikrocomputers mit Kennfeldspeicher die Einspritzung und die Zündung nach vorgegebenen Programmen in Abhängigkeit von den Motorbetriebsdaten. Diese Motorbetriebsdaten sind an erster Stelle Last, Drehzahl und aktuelle Temperatur. Die Bezugsgrößen werden dabei durch Luftmengenmesser, Drehzahlsensoren, Temperaturfühler und weitere Signalgeber am Fahrzeugmotor erfaßt. Die verschiedenen Funktionen der Motronic, wie die eigentliche Berechnung der Einspritzzeit und des Zündwinkels, werden von integrierten Digital-Schaltkreisen vorgenommen. Digital-Schaltkreise sind Halbleiter-Bauelemente, die auf wenigen Quadratmillimetern Fläche bis zu mehrere 10000 Transistoren zusammenfassen und die damit eine Vielzahl von logischen Funktionen darstellen können.
Ohne Mehraufwand gegenüber den heutigen Einspritzsystemen können mit der erzielbar höheren „Intelligenz" der Motronic zusätzliche Funktionen für die Zündung und die Benzineinspritzung realisiert werden. Damit sind die vorhandenen Schaltkreise aber noch nicht ausgelastet. Sie wären in der Lage, gleichzeitig weitere Steuer- und Regelfunktionen auszuführen, wie beispielsweise die angestrebte elektronische Steuerung von Automatikgetrieben, die Regelung der Zündung entlang der Klopfgrenze des Motors oder die Lambda-Regelung zur Einhaltung engbegrenzter Abgaswerte.
Die Entwicklung der Motronic wurde durch die raschen Fortschritte auf dem Gebiet der Halbleitertechnologie ermöglicht. Entscheidend dafür war die mögliche Erhöhung der Integrationsdichte elektronischer Bauelemente bei gleichzeitiger Kostensenkung wie auch die beträchtliche Steigerung der Zuverlässigkeit von elektronischen Bauelementen, die innerhalb der letzten Jahre möglich wurde.
In enger Zusammenarbeit mit der Kraftfahrzeugindustrie – insbesondere mit BMW – hat die Robert Bosch GmbH in den vergan-

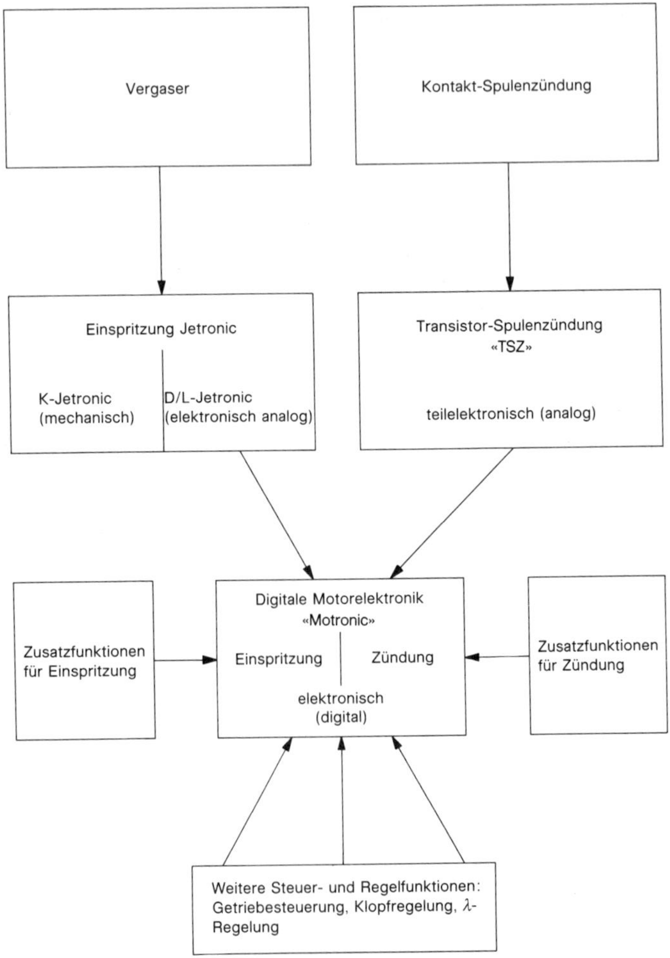

Bild 7.1. Die konsequente Weiterentwicklung moderner Zündungs- und Gemischaufbereitungssysteme führte unter Einbeziehung der heute realisierbaren Elektronik zur digitalen Motorelektronik, der Motronic (Robert Bosch GmbH)

genen Jahren die Motronic mit den Funktionen Benzineinspritzung und Zündung so weit entwickelt, daß sie serienreif bei BMW eingesetzt wird.

7.1 Motronic und Benzineinspritzung

Als Nachfolger der D-Jetronic wird heute die L- und LE-Jetronic in großer Stückzahl bei Fahrzeugen der Mittel- und Prestigeklasse eingesetzt. Zu Recht kann man davon ausgehen, daß sowohl die L-Jetronic wie auch die LE-Jetronic ausgereifte Systeme mit vielen technischen Vorzügen darstellen. Sie sind damit zu einer echten Konkurrenz des Vergasers als dem bis dato üblichsten Gemischbildungssystem geworden. Ursächlich kam der Benzineinspritzung die Aufgabe zu, eine höhere Maximalleistung des Motors zu ermöglichen. Auch heute wird sie noch unter diesem Aspekt bei einigen Fahrzeugen eingesetzt bzw. es werden die mit einer elektronischen Benzineinspritzung ausgestatteten Fahrzeugmotoren bewußt von den Herstellern so modifiziert, daß sie unabhängig von dem verwendeten Gemischbildungssystem zwangsläufig zu einer höheren Leistung befähigt werden. Wesentlicher allerdings ist heute der Einsatz der elektronischen Benzineinspritzung zur Optimierung des Kraftstoffverbrauchs im innerstädtischen Kurzstreckenverkehr sowie zur Senkung schädlicher Abgasbestandteile. Hier kommt der Kraftstoffeinspritzung zugute, daß allein durch Abschalten der Kraftstoffzufuhr im Schiebebetrieb – einer Funktion, die neuerdings auch bei den elektronisch beaufschlagten Vergasern der Pierburg sowie zur Nachrüstung vorhandener Vergasersysteme angeboten wird – etwa 5 % Kraftstoff einzusparen sind. Dieses Verfahren kann bei Fahrzeugen mit Benzineinspritzung ohne jede Beeinträchtigung des Fahrverhaltens angewendet werden.

7.2 Motronic und Zündsystem

Während die heute eingesetzten elektronischen Benzineinspritzungen vollelektronische Systeme sind, kann das von den kontaktlosen Transistorzündanlagen noch keinesfalls behauptet werden. Sie verwenden nur im Steuer- und Leistungsteil elektronische Bauelemente. Die Verstellung des Zündzeitpunktes entsprechend der Motorbelastung und Motordrehzahl wird jedoch mechanisch über die im Zündverteiler untergebrachten Unterdruck- und Fliehkraftversteller vorgenommen, die den kontaktlosen Auslösegeber im Zündwinkel verstellen. Nicht so allerdings bei der Motronic.

Die Vorteile der Transistorzündung, wie hohe Zündenergie und Funkenzahl sowie verbesserter Wirkungsgrad, wurden in die Motronic übernommen. Ebenfalls sind bei der Motronic wie bei einer Transistorzündanlage absolute Wartungsfreiheit und grundsätzlich verschleißunabhängige Langzeitkonstanz des Zündzeitpunktes gegeben. Zur Berechnung der Zündverstellung nutzt man jedoch zusätzlich die Vorteile der Digitalelektronik.

Der Nachteil einer mechanischen Verstellung des Zündverteilers liegt ja darin, daß mechanisch jeweils nur eine Kennlinie für die Drehzahl bzw. für die Last eingestellt werden kann, die dann – abhängig vom anderen Parameter – parallel verschoben wird. Daraus ergeben sich die typischen gradlinigen, einfachen Zündungskennfelder, wie wir sie seit Jahren gewohnt sind. Bei der Motronic hingegen ist es möglich, für jeden Drehzahl- bzw. Lastzustand ein eigenes Zündungskennfeld zu verwirklichen. So wird hier jedem Betriebspunkt in der Last-/Drehzahl-Ebene ein individueller Zündwinkel zugeordnet. Dazu werden 16 × 16-Stützstellen verwendet, zwischen denen jeweils 16 Einzelwerte interpoliert werden können. Daraus ergeben sich im gesamten Kennfeld insgesamt 4096 einzeln abrufbare Zündwinkel – eine enorme Anzahl, bezogen auf die tatsächlichen Betriebsmöglichkeiten eines Fahrzeugmotors. Verständlich, daß auf diese Weise hinsichtlich Verbrauch, Abgas und Fahrverhalten der jeweils günstigste Zündwinkel in den verschiedenen Betriebsbereichen, wie Leerlauf, Schiebebetrieb, Teil- oder Vollast, mit größter Genauigkeit völlig unabhängig eingestellt werden kann. Zusätzlich bietet sich die Möglichkeit, das Kennfeld durch Parallelverschiebung zu korrigieren, wenn dies, abhängig von den Umgebungsbedingungen – wie Luft- oder Motortemperatur bzw. Luftdruck – über die Sensoren ermittelt, erforderlich geworden ist. Zu diesen optimalen Kennfeldern kommt man durch Versuche auf dem Motorenprüfstand, die anschließend im Fahrzeug nach den vorgegebenen Kriterien – wie Verbrauch, Abgas und Fahrverhalten – optimiert werden. Liegt das Kennfeld fest, wird es in seiner endgültigen Form elektronisch gespeichert. Damit ist gewährleistet, daß wäh-

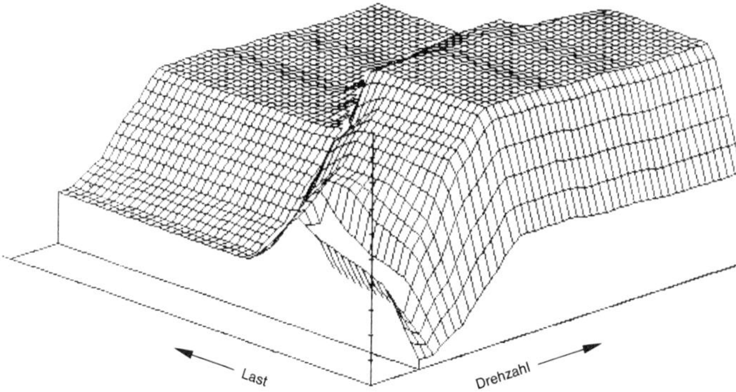

Bild 7.2 Das Zündkennfeld einer normalen Transistor-Zündanlage ermöglicht nur geringe Anpassungen an den tatsächlichen Bedarf des Motors (Robert Bosch GmbH)

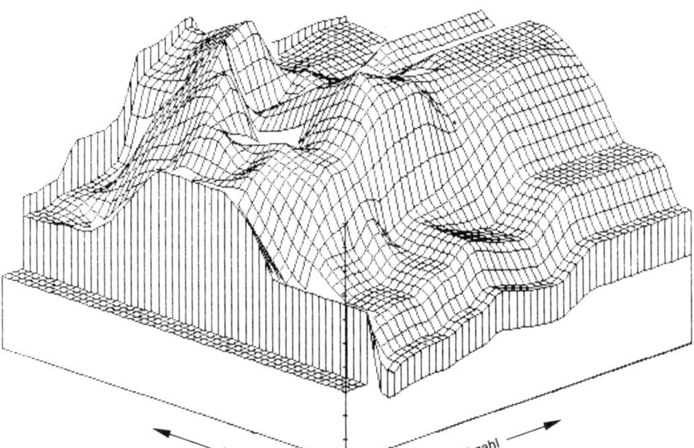

Bild 7.3 Anders bei der Motronic. 4096 einzeln abrufbare Zündwinkel werden hier ermöglicht (Robert Bosch GmbH)

rend der Betriebszeit des Motors keinerlei Veränderungen an der Zündcharakteristik mehr auftreten können. Jeweils zwischen zwei Zündungen wird in der Motronic ein immer neuer Zündwinkel aus den vorliegenden Informationen Motorlast und Motordrehzahl sowie aus den von den Sensoren ermittelten Korrekturgrößen errechnet und der ihm zugehörige Wert aus dem gespeicherten Kennfeld entnommen. Die besonderen Vorteile einer solchen elektronischen Zündverstellung wirken sich positiv auf den Kraftstoffverbrauch aus. Es sind:

- die Drehzahlinformation, die unmittelbar an der Kurbelwelle abgenommen wird, und
- die Möglichkeit, den Zündwinkel für jeden Betriebszustand nahezu beliebig einstellen zu können.

Durch die exakte Abnahme der Drehzahlinformation erreicht man eine wesentlich höhere Genauigkeit als mit dem herkömmlichen mechanischen Zündverteiler. Das bedeutet, daß der Sicherheitsabstand zur Klopfgrenze verringert werden kann und daß der Zündwinkel im Mittel dadurch weiter in Richtung „früh" verschoben wird. Hieraus ergibt sich ganz zwangsläufig eine bessere Kraftstoffausnutzung. Ebenso kann man sich durch die Möglichkeit, den Zündwinkel für jeden Betriebszustand nahezu beliebig einstellen zu können, den Gegebenheiten des Motors optimaler anpassen. Auch so kann man exakt der Klopfgrenze des Motors folgen.

Besonders stark wirken sich diese Vorteile bei Motoren aus, die mit hoher Verdichtung oder sehr mager betrieben werden. Gerade dies sind aber die Motoren, wie wir sie in Zukunft in Europa gebrauchen werden, um mit niedrigen Abgaswerten bei günstigen Kraftstoffverbräuchen auch in Zukunft noch großvolumige Motoren in der Mittel- und gehobenen Fahrzeugklasse betreiben zu können.

7.3 System Motronic

Das System Motronic bedarf der elektronisch gesteuerten Benzineinspritzung. Es ist demzufolge mit einer herkömmlichen elektronischen Benzineinspritzanlage kombiniert. Das Signal des Luftmengenmessers sowie die Signale des Drosselklappenschalters, des Temperaturfühlers sowie des Bezugsmarken- und Drehzahlgebers werden dem elektronischen Steuergerät zugeführt. Um das System Motronic zu erfüllen, wird ein Bezugsmarken- und ein Drehzahlgeber benötigt. Beide haben ihren Gegenpunkt im Zahnkranz der Schwungscheibe bzw. im Zahnkranz der Mitnehmerscheibe bei Fahrzeugen mit automatischem Getriebe. Das Steuergerät ermittelt die Einspritzzeit und den Zündwinkel und steuert dementsprechend die Einspritzventile und die Zündspule an. Der Zündfunke wird von der Zündspule über einen mechanischen Hochspannungsverteiler auf die einzelnen Zündkerzen verteilt.

Dem Blockschaltbild der Steuergeräte kann man entnehmen, daß der Mikrocomputer aus verschiedenen Bausteinen besteht: so z.B. einem Ein- und Ausgabe-Baustein, der Recheneinheit, einem Schreib-Lese-Speicher sowie einem oder mehreren Lesespeichern. Für die Speicher und für die Recheneinheit werden handelsübliche Standard-Bauelemente verwendet. Der Ein-/Ausgabe-Schaltkreis dagegen ist eine spezielle Entwicklung für die Motronic. Alle Meßgrößen werden über Wandler erfaßt und aufbereitet und dem Ein-/Ausgabe-Schaltkreis zugeführt. Von dort werden die Signale, die der Ermittlung von Einspritzzeit und Zündwinkel dienen, von der Recheneinheit bei Bedarf abgerufen. Über denselben Schaltkreis gibt die Recheneinheit das Ergebnis zur Ansteuerung von Zündung und Einspritzung an die entsprechenden Endstufen aus.

Daß die Funktionen «Benzineinspritzung» und «Zündung» zusammengefaßt werden können, geht auf die Leistungsfähigkeit heute zur Verfügung stehender Mikrocomputer zurück. Dadurch wird es möglich, den Grundaufwand für die Spannungsversorgung und das Gehäuse nur einmal betreiben zu müssen. Darüber hinaus können fast alle Sensoren für die Benzineinspritzung und die Zündung gleichzeitig verwendet werden. Sie sind also alle nur einmal notwendig. Daraus ergibt sich insgesamt eine höhere Zuverlässigkeit, ein geringerer baulicher Aufwand und demzufolge auch geringere Systemkosten als bei der Ausführung getrennter Systeme Benzineinspritzung und Zündung.

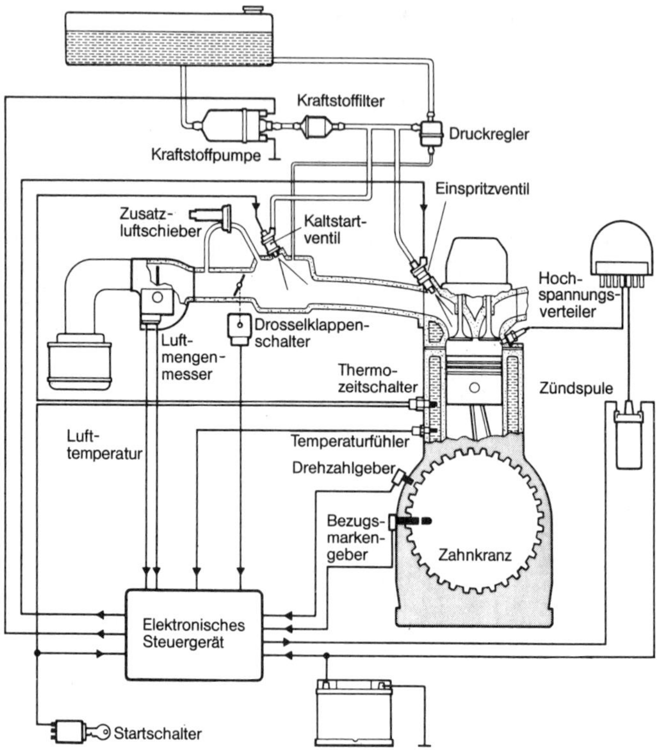

Bild 7.4 Schemaplan der Motronic an einem modernen Hochleistungsmotor (Robert Bosch GmbH)

Bei der Konstruktion der Motronic wurde von Bosch die langjährige Erfahrung auf dem Gebiet der elektronischen Steuergeräte für die Anwendung im Kraftfahrzeug eingebracht. Hier werden durch extreme Umweltbedingungen äußerst harte Anforderungen an elektronische Geräte gestellt. So reicht z.B. der Temperaturbereich von $-40\,°C$ bis $+130\,°C$. Die am Motor auftretenden Stoßbeanspruchungen können bis zum 100fachen der Erdbeschleunigung betragen, und es muß immerhin mit elektrischen Störspannungs-Amplituden von mehr als 100 Volt gerechnet werden. Die notwendige Zuverlässigkeit der Elektronik wurde durch eine intensive Dauer- und Klimaerprobung sowie durch umfangreiche Tests auf Prüfständen erreicht. Mit Fahrzeugen wurde rund eine halbe Million Versuchskilometer zurückgelegt.

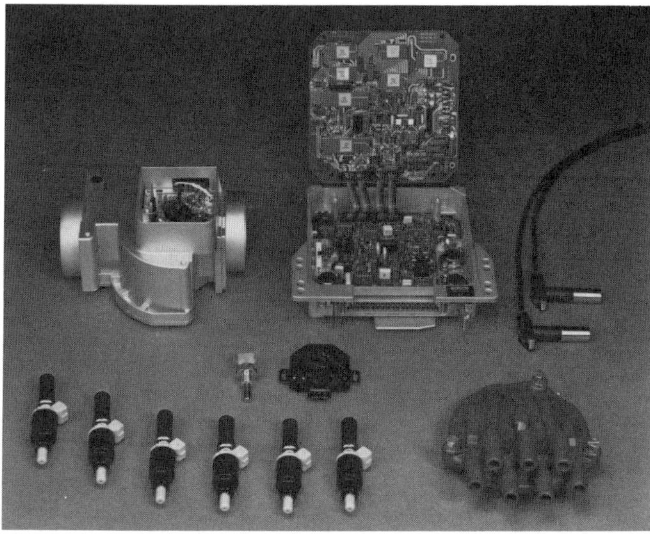

Bild 7.5 Die Bauelemente der Motronic (Robert Bosch GmbH)

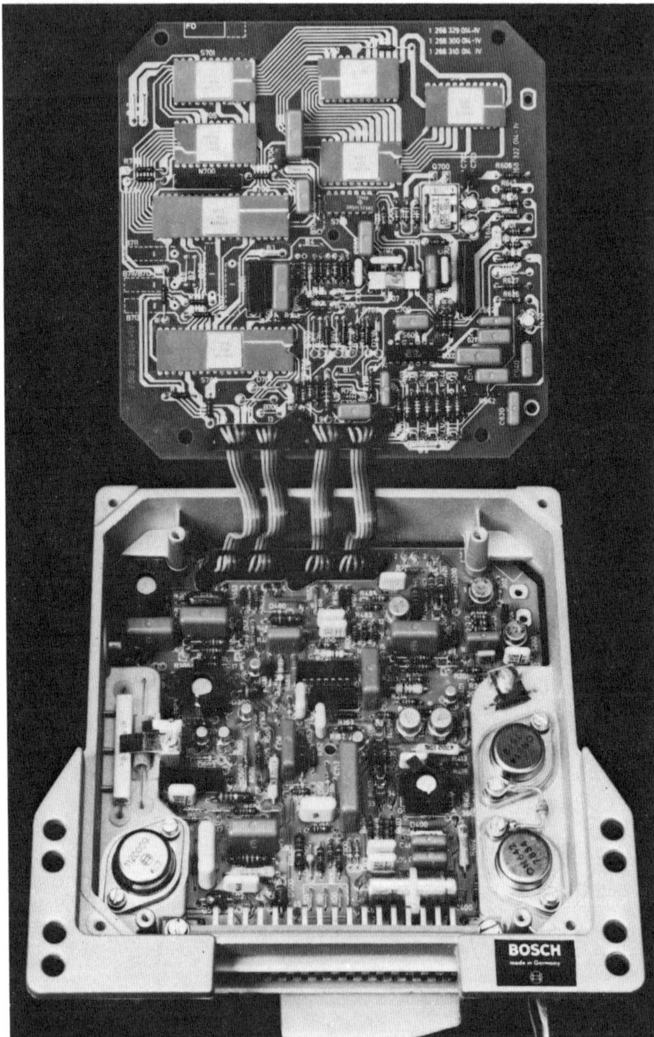

Bild 7.6 Einblick in das Steuergerät der Motronic (Robert Bosch GmbH)

7.4 Die besonderen Motronic-Vorteile

Moderne Motoren mit Motronic verfügen über ein zusätzliches Lambdakennfeld. In ihm sind die jeweils optimalen Lambdawerte, bezogen auf den jeweiligen Betriebszustand, gespeichert. Damit ist die einfache Adaption eines Dreiwegekatalysators mit Lambdaregelung sichergestellt.

Die Motronic ist eine mikroprozessorgesteuerte Elektronikeinheit zur Bestimmung einer dem momentanen Betriebszustand des Motors angepaßten Kraftstoffmenge und einem optimierten Zünd- und Schließwinkel. Dazu muß der momentane Betriebszustand dem Steuergerät in Form von analogen Signalen von insgesamt neun Funktionsgebern gemeldet werden. Diese Eingangsgrößen sind (Quelle BMW):

Batteriespannung U_B
Die Batteriespannung wird als zusätzliche Meßgröße zu den bereits vorhandenen Eingaben wie Last und Drehzahl gemessen.

Anlaßinformation U_{ST}
Über Klemme 50 wird im Steuergerät ein Startvorgang erkannt.

Motordrehzahl n
Der Zahnkranz am Schwungrad hat 116 Zähne. Ein Sensor über dem Zahnkranz erkennt beide Zahnflanken der Zähne und meldet dem Steuergerät je Kurbelwellenumdrehung 232 Induktionsimpulse.

Bezugsmarken-Signal BM
Am Schwungrad ist eine Bezugsmarke so angebracht, daß sie 100° KW v.O.T. am Bezugsmarkensensor vorbeiläuft und bei jeder Kurbelwellenumdrehung einen Induktionsimpuls erzeugt. Dieses Signal wird dem Steuergerät zugeleitet und zeigt die Kolbenstellung in Relation zum oberen Totpunkt an.

Kochschutzschalter U_M
Ein parallel zum NTC-Geber II liegender Grenzwertschalter schließt bei Erreichen einer bestimmten Kühlmitteltemperatur den NTC kurz, wodurch die Kochschutzschaltung wirksam wird.

Drosselklappenstellung U_{DK}
Das Steuergerät wird von den Schaltern für Leerlauf = LL oder Vollast = VL über die jeweilige Drosselklappenstellung informiert.

Luftmenge Q
Die angesaugte Luftmenge wird im Luftmengenmesser gemessen. Je nach Auslenkung der Stauklappe wird vom Potentiometer ein Spannungssignal an das Steuergerät abgegeben, das zusammen mit den Drehzahlimpulsen rechnerintern zur Bestimmung des Motorlastzustandes verwendet wird.

Temperaturfühler Luft NTC I
Im Luftschacht des Luftmengenmessers ist ein NTC-Geber angebracht, der die Temperatur der angesaugten Luft mißt und dem Steuergerät den entsprechenden Meßwert weiterleitet.

Temperaturfühler Kühlmittel NTC II
Zur Erfassung des Motor-Betriebszustandes wird mit dem NTC-Geber die Kühlmitteltemperatur gemessen und der Widerstandswert dem Steuergerät übermittelt.

Das Steuergerät der Motronic ist in Digitaltechnik aufgebaut. Die analog eingehenden Informationen werden deshalb in einem Analog-Digital-Umsetzer in digitale Werte verwandelt und mit den digital gespeicherten Kennwerten verglichen, umgesetzt und an die Leistungsendstufen für Zündung und Einspritzung gegeben.

Folgende Einflußgrößen bewirken dabei eine Änderung des Zündwinkels (Quelle BMW):

Startphase
Während des Anlaßvorganges erfolgt Meldung über Klemme 50 ST in das Steuergerät.

Für den Kaltstart bei 0 °C und darunter ist ein Zündwinkel von 10 ° KW v.O.T. festgelegt, der mit ansteigender Kühlmitteltemperatur bis 60 °C NTC II linear auf 5 ° KW v.O.T. zurückgenommen wird.

Leerlauf
Voraussetzung für einen Leerlaufzündwinkel ist der geschlossene Leerlaufkontakt LL im Drosselklappenschalter.

Als weitere Meßgrößen gehen ein die Motordrehzahl n und die Kühlmitteltemperatur NTC II.

Normal- oder Teillastbetrieb
Der Zündwinkel ergibt sich aus dem Kennfeld von Motordrehzahl n und der angesaugten Luftmenge Q = Last, unter Berücksichtigung der außerdem eingehenden Informationen der Temperaturfühler von Ansaugluft und Kühlmittel NTC I und NTC II, Batteriespan-

nung U_B sowie dem geöffneten Leerlaufkontakt LL und Vollastkontakt VL.

Schiebephase
Im Schub beeinflussen die Motordrehzahl n und der geschlossene Leerlaufkontakt LL den Zündwinkel nur unwesentlich.

Kochschutzeinrichtung
Wenn bei geschlossenem Leerlaufkontakt LL, also im Leerlauf oder in der Schiebephase, die Kühlmitteltemperatur NTC II 115 °C erreicht, gibt der Kochschutzschalter M dem Steuergerät eine entsprechende Information, und es erfolgt durch Frühverstellung des Zündwinkels eine Anhebung der Motordrehzahl.

Sinkt die Kühlmitteltemperatur unter 105 °C, so trennt der Kochschutzschalter, und der Zündwinkel wird wieder auf den momentan erforderlichen Wert zurückgenommen.

Klopfschutz
Zur größtmöglichen Leistungsausnutzung eines Motors ist es wichtig, dessen Füllungsgrad zu kennen. Als Meßgröße dient die Temperatur der Ansaugluft NTC I.

Aufgrund der jeweiligen Gegebenheiten wird im Steuergerät über den gesamten Drehzahlbereich immer der optimale Zündwinkel unter Berücksichtigung der Klopfgrenze des Motors errechnet.

Schließzeitsteuerung
Die Schließzeit ist drehzahl- und batteriespannungsabhängig gesteuert. Im oberen Drehzahlbereich ist ein konstantes Schließzeitverhältnis programmiert.

Ruhestromschaltung
Unter einer Motordrehzahl von 30/min ist die Zündspule durch Anschalten der Endstufe im Steuergerät ruhestromfrei.

Um bei einem eventuellen Ausfall der Endstufe und damit einsetzender Ruhestrombelastung ein Überkochen der Zündspule zu vermeiden, ist über das Spulenoberteil ein sogenannter Berstschutz aufgeschoben.

Das Teilsystem Benzineinspritzung der Motronic wird analog zu der herkömmlichen L-Jetronic der neueren Generationen von folgenden Größen in der Grundsteuerung beeinflußt (Quelle BMW):

Pumpensteuerung
In Startstellung ST oder einer Motordrehzahl n über 30/min wird das

Relais der elektrischen Kraftstoff-Förderpumpe von der Leistungsstufe des Steuergerätes angesteuert.

Kaltstartsteuerung
Die während des Kaltstarts benötigte Kraftstoffmenge wird dem Motor über die Einspritzventile zugeführt.

Die temperaturabhängige Anfangsmenge wird zeit- und drehzahlabhängig abgeregelt (NTC II, *n* und Steuergerät).

Außerdem wird während des Anlassens der Thermozeitschalter von der Klemme 50 aktiviert und, je nach Umgebungstemperatur, das Kaltstartventil als Zusatzanreicherung betätigt (8 s/35 °C).

Nachstartanhebung
Nach dem Startvorgang wird dem Motor noch kurzzeitig eine Mehrmenge Kraftstoff zugeführt, die zeit- und temperaturabhängig ist (NTC II und Steuergerät).

Warmlauf
Zur Gemischanpassung während der Warmlaufphase erfolgt eine Anreicherung, die von der Kühlmitteltemperatur abhängt (NTC II).

Beschleunigungsanreicherung
Beim Gasgeben erfolgt abhängig von der Kühlmitteltemperatur eine Gemischanreicherung, die zeitlich abgeregelt wird (NTC II und Steuergerät).

Ansaugluftkorrektur
Um den physikalisch bedingten Meßfehler des Luftmengenmessers zu kompensieren, wird die Einspritzzeit in Abhänigkeit von der Ansaugluft korrigiert (Q, NTC I und Steuergerät).

Leerlauf, Vollastanreicherung
Über die Drosselklappenschalter erfolgt am Steuergerät eine entsprechende Korrektur der Einspritzzeit (LL, VL).

Drehzahlbegrenzung
Bei der maximal zulässigen Motordrehzahl von 6400 ± 80/min werden die Einspritzventile nicht mehr geöffnet.

Schubabschneidung
Im Schiebebetrieb, bei geschlossenem Leerlaufkontakt, erfolgt bei einer Drehzahl über 1200/min durch Abschalten der Einspritzventile keine Einspritzung. Ruckfreies Wiedereinsetzen der Einspritzung erfolgt entweder bei Unterschreitung der Drehzahlschwelle oder Öffnen des Leerlaufkontaktes mit einer im Steuergerät program-

mierten verkürzten Einspritzzeit der Einspritzventile. Erst nach einer bestimmten vorgegebenen Zeit steigt die Einspritzzeit auf den momentan erforderlichen Wert an (LL, n, Q, NTC II und Steuergerät).

Antiruckelfunktion
Beim Ruckeln wird davon ausgegangen, daß die Laständerungen kleiner sind als bei einer gewollten Beschleunigung.

Ergibt sich ein Lastwechsel unter einem bestimmten Schwellwert, so wird nicht der neu berechnete Wert der geringfügig geänderten Last, sondern nur eine Annäherung an diesen neuen Wert als Steuergröße zugrunde gelegt (Q, n und Steuergerät).

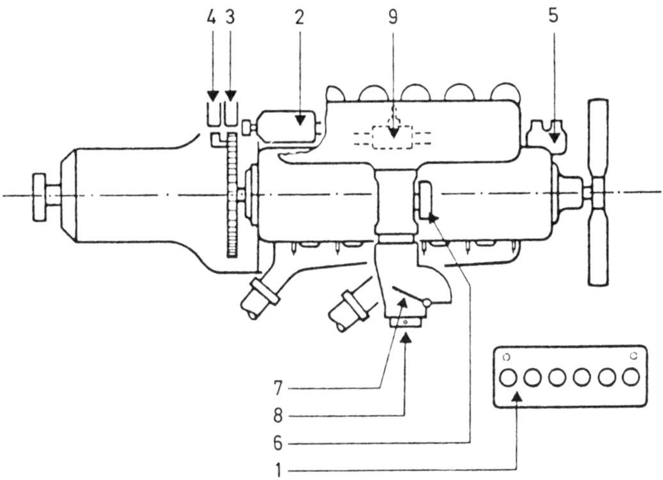

Bild 7.7 Anbauschema der Sensoren der Motronic (BMW AG)

Es bedeuten:

1 Batterie
2 Starter
3 Drehzahlgeber
4 Bezugsmarkengeber
5 Kochschutzschalter
6 Drosselklappenschalter
7 Luftmengenmesser mit
8 Temperaturfühler Luft
9 Temperaturfühler Wasser

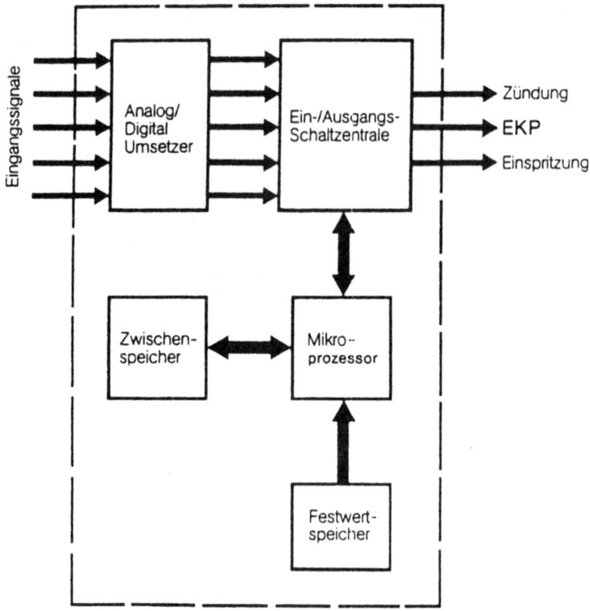

Bild 7.8 Blockschaltbild des Steuergerätes der Motronic (BMW AG)

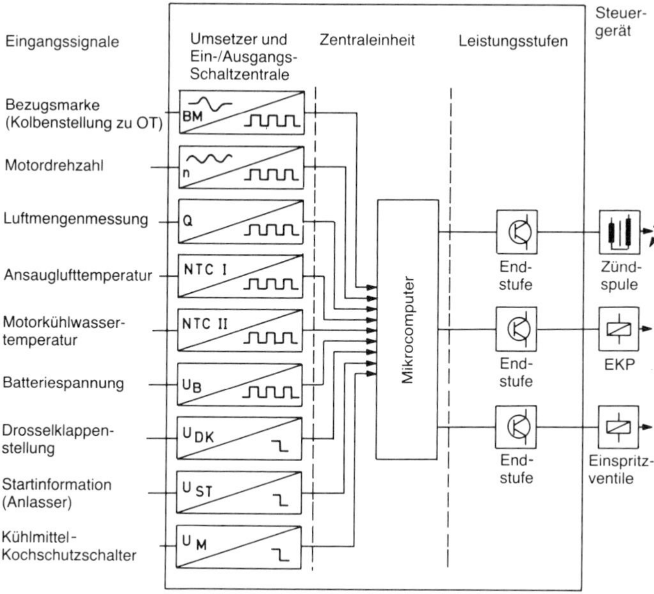

Bild 7.9 Informationsverarbeitung im Steuergerät der Motronic (BMW AG)

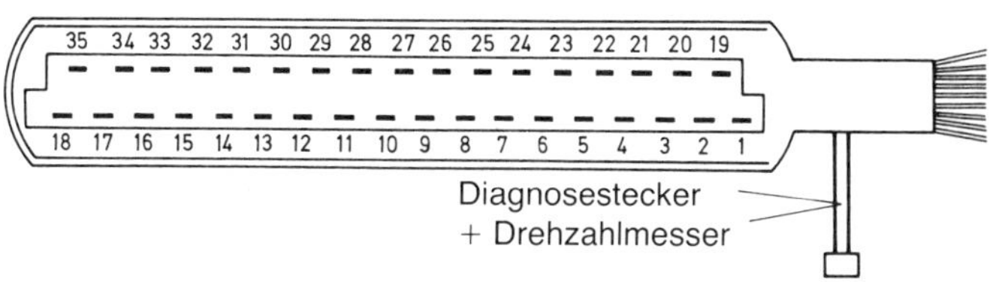

Bild 7.10 Kupplungsstecker am Kabelbaum (BMW AG)

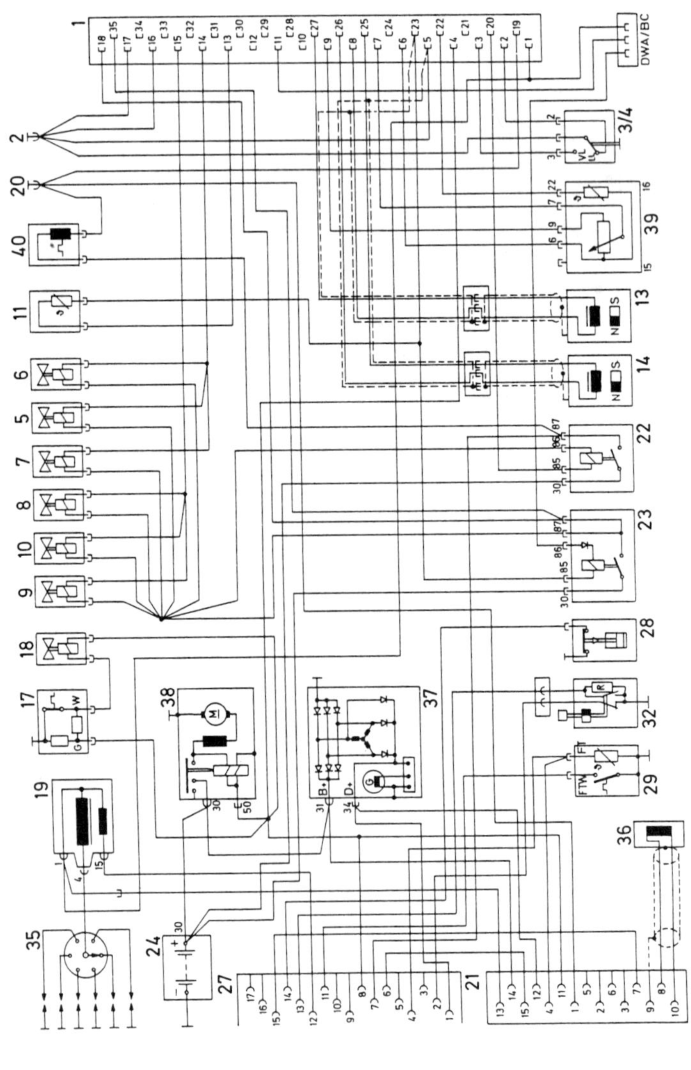

1
DWA/BC
2
20
40
11
6
5
7
8
10
9
18
17
19
35
24
27
38
37
21
3/4
39
13
14
22
23
28
32
29
36

◀ Bild 7.11 Schaltplan der Motronic – 2. Generation (BMW AG)
Es bedeuten:
1 Mehrfachstecker zum Steuergerät
2 Fahrzeugmasse für Steuergerät (Einspritzung)
3 Drosselklappenschalter, Mikroschalter 1 für Leerlauf
4 Drosselklappenschalter, Mikroschalter 2 für Vollast
5 Einspritzventil vom Zylinder 2
6 Einspritzventil vom Zylinder 1
7 Einspritzventil vom Zylinder 3
8 Einspritzventil vom Zylinder 4
9 Einspritzventil vom Zylinder 6
10 Einspritzventil vom Zylinder 5
11 Temperaturfühler II (Kühlflüssigkeit)
12 Temperaturschalter (115 °C)
13 Drehzahlgeber
14 Bezugsmarkengeber
15 Luftmengenmesser
16 Temperaturfühler I (Luft)
17 Thermozeitschalter
18 Startventil
19 Zündspule
20 Fahrzeugmasse für Steuergerät (Zündung)
21 Zum Diagnosestecker und Drehzahlmesser
22 Relais 1 (Pumpenrelais)
23 Relais 2 (Hauptrelais mit Vierpolschutzdiode)
24 Batterie
25 Kraftstoffpumpe
26 Pumpensicherung
27 Motorstecker
28 Zum Öldruckschalter
29 Fernthermometer-Geber
30 Zum Starter Kl 30
31 Zum Generator B +
32 Ölniveauschalter
33 Fernthermometer-Geber-Warnkontakt
34 Generator D +

Zusätzlich zum Schaltplan 2 (neu)
35 Zündverteiler
36 Positionsgeber
37 Drehstromgenerator
38 Starter
39 Luftmengenmesser
40 Zusatzluftschieber

7.5 KE-Motronic

Bisher war das System Motronic auf die Kombination mit einer elektronischen Benzineinspritzung (L-, LE-, LU-Jetronic) beschränkt. Seit April 1987 ist jedoch auch die KE-Jetronic als mechanisches Einspritzsystem mit elektronischer Ansteuerung in der Kombination als KE-Motronic lieferbar. In ihr hat die Robert Bosch GmbH die bewährten Systeme der elektronisch gesteuerten Kennfeldzündung mit Klopfregelung und des KE-Jetronic-Einspritzsystems zu einer besonders wirtschaftlichen Motorsteuerung vereint.

Das Gesamtsystem der KE-Motronic wird von einem zentralen Steuergerät geregelt, das mit Hilfe von Mikroprozessoren die jeweils besten Werte für Zündung und Einspritzung errechnet. Dazu registriert das Steuergerät die angesaugte Luftmenge, Motordrehzahl und -temperatur sowie die Drosselklappenstellung, den Sauerstoffgehalt im Abgas und die Verbrennungsgeräusche.

Darüber hinaus bietet die Steuereinheit der KE-Motronic einige wichtige Zusatzfunktionen:

- Mit einer Leerlaufdrehzahlregelung können niedrige Leerlaufdrehzahlen ohne Komforteinbuße dargestellt werden.
- Eine Klopfregelung erhöht den Wirkungsgrad des Motors.
- Die Lambda-Regelung mit adaptiver Grundanpassung erfüllt alle bekannten Abgasbestimmungen.
- Die Tankentlüftung wird zur Entlastung der Umwelt elektronisch gesteuert.

Das Steuergerät der KE-Jetronic verfügt über eine On-board-Diagnose, es speichert also mögliche Fehler selbsttätig. Dadurch wird die Fehlererkennung für die Reparaturwerkstätten vereinfacht.

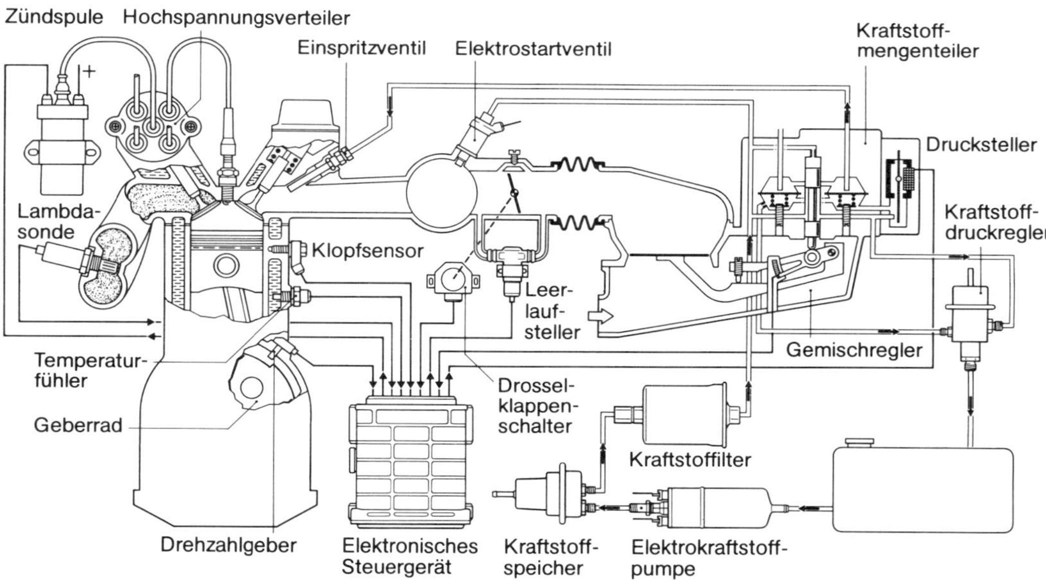

Bild 7.12 Aufbau der KE-Motronic (Robert Bosch GmbH)

8 Leerlaufdrehzahlregelungen

Katalysator und Motor-Magerkonzeptionen liegen im Widerstreit miteinander. Beide sind aber auf ein Ergebnis ausgerichtet: extrem niedrige Schadstoffemissionen. Magermotoren werden mit Luftüberschuß in den einzelnen Betriebsbereichen betrieben. Eine magere Motorabstimmung setzt unter anderem auch einen mageren Leerlaufbetrieb und eine Drehzahlabsenkung im Leerlauf voraus. Dabei würden bereits kleinste Luftzahländerungen zu großen Drehzahlschwankungen führen. Um das zu vermeiden, wird mit höheren Luftdurchsätzen und mit einer in Grenzen zu haltenden Zündfrühverstellung im Bereich der Leerlaufdrehzahlregelung gearbeitet.

Zur Leerlaufdrehzahlregelung kommen verschiedene Konzepte zum Einsatz. So verfügt der BMW 525e beispielsweise über eine pneumatische Leerlaufregelung, die in ähnlicher Form auch bei Vergaserfahrzeugen (Opel Senator 2.8 S und 3.0 S) Verwendung fand. Beim BMW 318i und 525e mit Katalysator findet dagegen eine elektronisch gesteuerte Leerlaufstabilisierung Verwendung. Beim elektronischen Einspritzsystem Digijet, eingebaut in die wassergekühlten 1,9-l-VW-Boxermotoren für den Typ 2, wird der Leerlauf ebenfalls elektronisch konstant gehalten.

8.1 Pneumatische Leerlaufregelung

Am Beispiel des BMW 525e sei nachfolgend die Funktion einer pneumatischen Leerlaufregelung dargestellt. Die Vorteile dieses Systems bestehen darin, daß die Warm-Leerlaufdrehzahl auf 700/min gesenkt und stabil gehalten werden kann. Neben einem deutlichen Komfortgewinn wird damit auch der Kraftstoffverbrauch gesenkt.

Nach dem Kaltstart läuft der Motor mit erhöhter Leerlaufdrehzahl, damit schnell die Betriebstemperatur erreicht wird. Bei einer Kühlmitteltemperatur von 45 °C ist die Leerlaufdrehzahl auf 700/min abgesenkt.

Eine Anhebung der Leerlaufdrehzahl zur Stabilisierung und Komfortverbesserung kann nun nur unter folgenden Voraussetzungen erfolgen:

- ☐ Außentemperatur unter 0 °C
- ☐ Kühlmitteltemperatur unter 45 °C
- ☐ Klimaanlage in Funktion

Damit die Leerlaufdrehzahl bei warmem Motor bei 700/min stabilgehalten werden kann, wird der Saugrohrdruck als Regelgröße herangezogen. Der Saugrohrdruck wird auf den Leerlaufsteller wirksam, der die Leerlaufluft regelt (Bild 8.1).

Dazu ist der pneumatische Leerlaufregler mit einem Leerlaufluftkanal (3) versehen, der die Drosselklappe umgeht. Der Steuerkolben (2) verändert den Öffnungsquerschnitt im Leerlaufluftkanal.

Der Steuerkolben wird entweder von der vom Saugrohrdruck des Motors beaufschlagten Membrane (1) oder einem elektrisch beheizten Dehnstoffelement (4) betätigt. Beide Systeme wirken gegeneinander (Bild 8.2).

Nach dem Kaltstart versorgt das Relais (5) das Dehnstoffelement (4) mit Spannung. Das Relais ist geschlossen. Aufgrund der Beheizung schiebt das Dehnstoffelement den Steuerkolben (3) des Leerlaufstellers (13) in Richtung aufwärts. Der Öffnungsquerschnitt wird verringert. Das Magnetventil (10) bleibt geschlossen, weil der 45 °-Schalter (9) masseseitig unterbricht. Der Saugrohrdruck kann die Membrane (1) noch nicht anziehen, sie wird, ausgelöst vom Magnetventil, belüftet (Bild 8.3).

Sind 45 °C Kühlmitteltemperatur erreicht, schließt der Schalter (9), das Magnetventil (10) öffnet. Der Saugrohrdruck zieht nun die Membrane (1) gegen die Federkraft an. Die Leerlaufdrehzahl beträgt 700/min. Fällt nun die Leerlaufdrehzahl durch Einlegen einer Fahrstufe oder Einschalten der Klimaanlage ab, sinkt auch der Saugrohrdruck. Die Feder drückt den Steuerkolben nach unten, der somit einen größeren Luftquerschnitt freigibt. Die Leerlaufdrehzahl steigt und wird durch ein Gleichgewicht zwischen Saugrohrdruck und Federdruck konstant gehalten.

Bei eingeschalteter Klimaanlage oder Außentemperaturen unter 0 °C wird an das Relais (5) Spannung an 86 bzw. 86a angelegt. Das Relais öffnet und unterbricht die Spannungsversorgung des Magnetventils (10). Die Membrane (1) wird belüftet und der Steuerkolben (2) von der Feder gegen das ausgefahrene Dehnstoffelement (4) gedrückt. Der Öffnungsquerschnitt vergrößert sich, und es stellt sich eine höhere Leerlaufdrehzahl ein.

Bild 8.1 Der pneumatische Leerlaufregler umgeht die Drosselklappe (BMW)

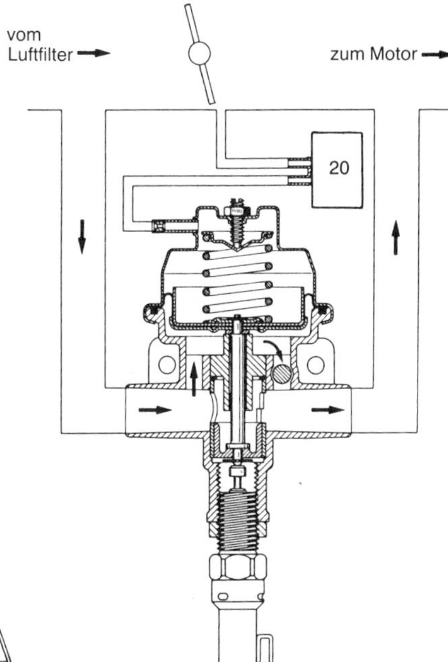

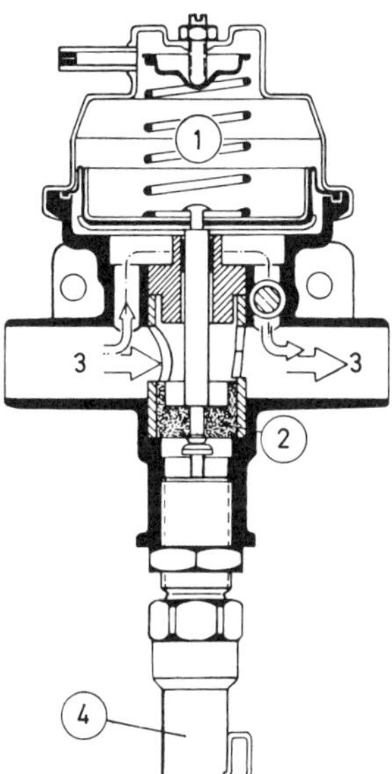

Bild 8.2 So sieht das Innenleben eines pneumatischen Leerlaufreglers aus (BMW)

Es bedeuten:

1 Membrane
2 Steuerkolben
3 Leerlaufluftkanal
4 Dehnstoffelement

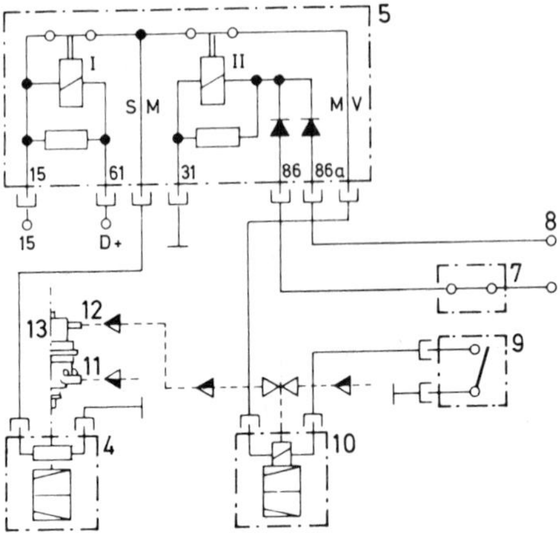

Bild 8.3 Elektrische Schaltung des pneumatischen Leerlaufreglers (BMW)
Es bedeuten:

4 Dehnstoffelement
5 Relais für Drehzahlregelung
7 0 °C-Schalter
8 Schalter für Klimaanlage
9 45 °C-Schalter
10 Magnetventil
11 Bypass-Anschluß
12 Unterdruckanschluß
13 Leerlaufsteller

8.1.1 Einstellung der pneumatischen Leerlaufregelung

Die pneumatische Leerlaufregelung wird bei betriebswarmem Motor eingestellt.

Zuerst wird die Leerlaufdrehzahl an der Leerlaufeinstellschraube (15) auf 650 bis 750/min gestellt.

Danach wird der Stecker vom Magnetventil abgezogen und die Kontermutter (16) am Dehnstoffelement (Thermot-Stellmotor) gelöst. Der Thermot-Stellmotor wird so weit von Hand herausgedreht, daß sich eine erhöhte Leerlaufdrehzahl von 910 bis 950/min ergibt.

Die Kontermutter ist nun wieder festzuziehen und der Stecker am Magnetventil aufzustecken (Bild 8.4).

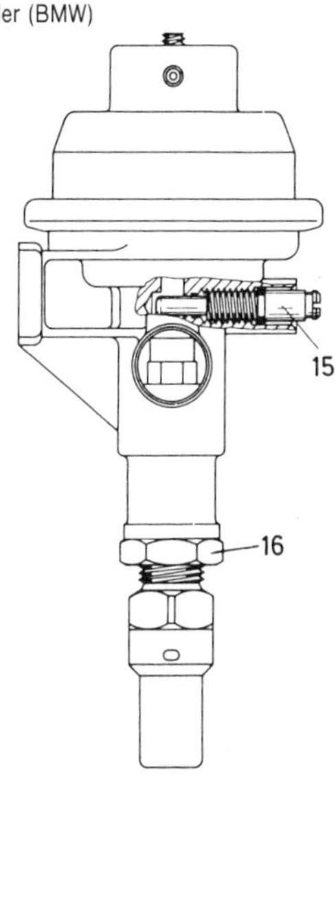

Bild 8.4 Einstellelemente am pneumatischen Leerlaufregler (BMW)
Es bedeuten:
15 Leerlaufeinstellschraube
16 Kontermutter

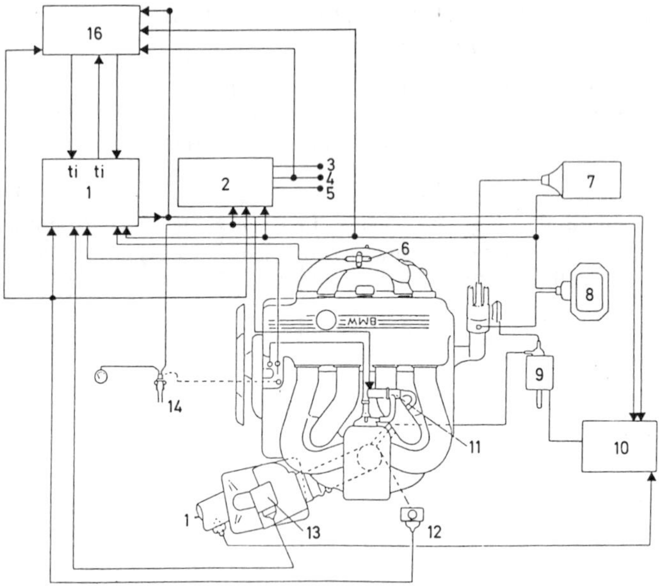

Bild 8.5 Anordnung der elektronischen Leerlaufregulierung im Einspritzsystem am Beispiel eines BMW 318 i mit Katalysator (BMW)

Es bedeuten:

1 Steuergerät
2 Leerlaufsteuergerät
3 Umgebungstemperatur 0 °C
4 Klimaanlage an/aus
5 Schaltposition
6 Lambdasonde
7 Zündspule
8 Zündsteuergerät
9 Magnetventil
10 Zündumschaltrelais
11 Leerlaufsteller
12 Drosselklappenschalter
13 Luftmengenmesser
14 Temperaturschalter 45 °C
15 Temperatursensor Ansaugluft
16 Relais für Leerlaufstabilisierung

8.2 Elektronische Leerlaufregelung am BMW 318i mit Katalysator

Der Leerlaufsteller ist in eine Bypass-Leitung zur Umgehung der Drosselklappe eingebaut und ersetzt damit den Zusatzluftschieber. Angesteuert wird der Leerlaufsteller von einem elektronischen Steuergerät (Bild 8.5). Die Leerlaufluftregulierung erfolgt mittels Verstellen des freien Luftquerschnitts. Eine Prallplatte, bewegt von einem Elektromagneten, wird dazu gegenüber der Schneidenkante der Zuluftseite bewegt. Stromlos ist das Stellglied geöffnet.

Die Hubkraft des Elektromagneten ist abhängig vom Stellstrom, der zwischen 0 und 500 mA beträgt (Bild 8.6).

Vom Steuergerät werden folgende Informationen verarbeitet:

- ☐ Istdrehzahl des Motors
- ☐ Kühlmitteltemperatur unter bzw. über 45 °C
- ☐ Umgebungslufttemperatur 0 °C
- ☐ Klimaanlagenschalter Ein/Aus
- ☐ Leerlaufkontakt im Drosselklappenschalter geschlossen
- ☐ Automatik-Wählhebelstellung «P» oder «N».

Aus diesen Informationen wird die Größe des erforderlichen Steuerstroms für das Stellglied errechnet (Bild 8.7).

Ferner verfügt die Anlage über ein Leerlaufstabilisierungsrelais. Es unterbricht die Ansteuerung der Einspritzventile bei geschlossenem Leerlaufkontakt und einer Drehzahl über 1500/min bis 2500/min. So wird ungewolltes Hochdrehen des Motors, verursacht von einem geöffneten Stellglied, sicher vermieden (Bild 8.8).

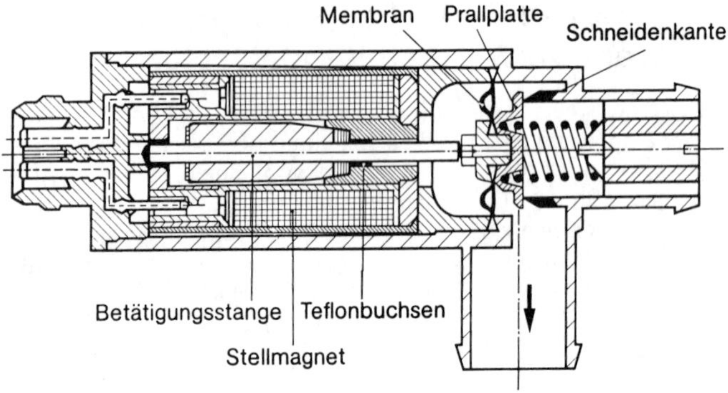

Bild 8.6 Aufbau eines elektromagnetisch betätigten Leerlaufstellgliedes (BMW)

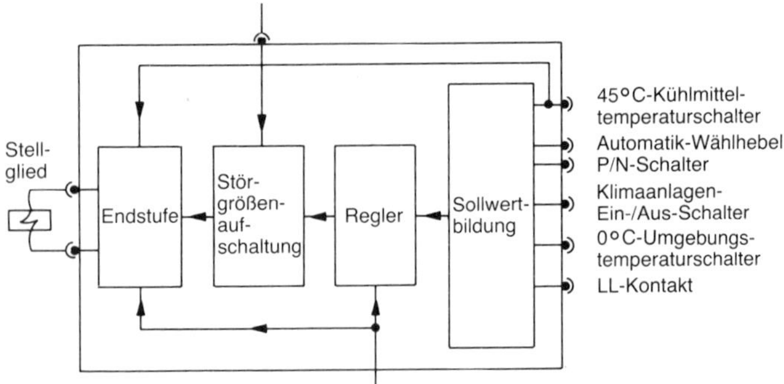

Bild 8.7 Blockschaltbild einer elektronischen Leerlaufregelung (BMW)

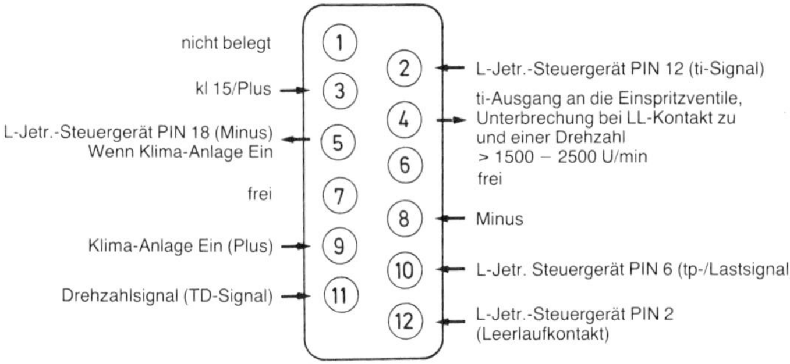

Bild 8.8 Steckerbelegung des Leerlaufstabilisierungsrelais (BMW)

8.2.1 Prüfung der elektronischen Leerlaufregelung

Prüfvoraussetzungen sind (Quelle BMW):

- ☐ geladene Batterie, Spannung mind. 11,5 V
- ☐ Raum- und Bauteiltemperatur 17 bis 28 °C
- ☐ die Messungen werden am abgezogenen Steuergerätestecker der elektronischen Leerlaufregulierung vorgenommen
- ☐ der Meßplan ist abgestimmt auf den Einsatz des BMW-Service-Tests, insoweit erklären sich angegebene Multifunktionen, wie z.B. M.01. Die Messungen können jedoch von einem geübten Elektriker auch mit universellen Meßgeräten nachvollzogen werden.

Prüfanleitung für die elektronische Leerlaufregelung (BMW 318i Katalysator)

1. Spannungs- und Masseversorgung des Leerlaufsteuergerätes prüfen

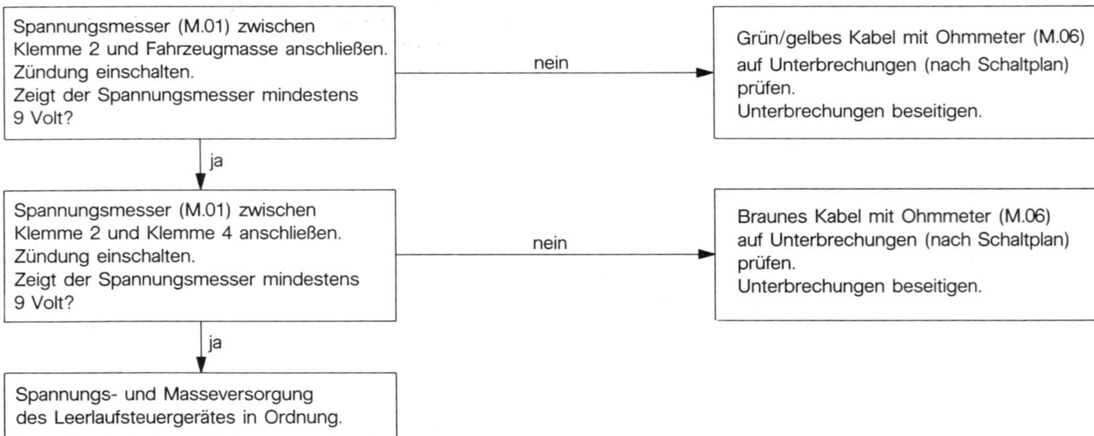

2. Drehzahl- und Leerlaufsignal für Leerlaufsteuergerät prüfen

a) Drehzahlsignal

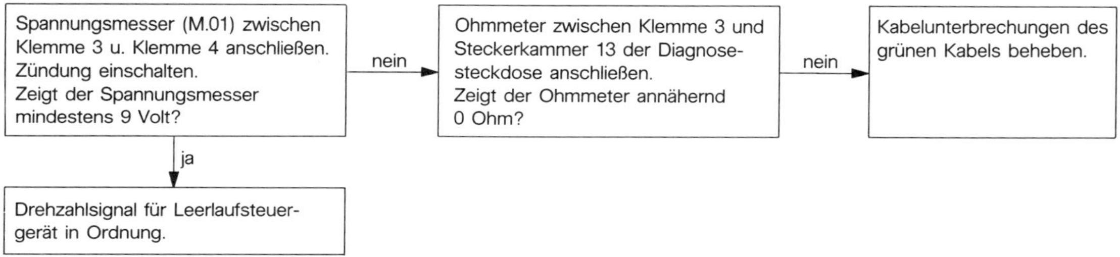

b) Leerlaufsignal

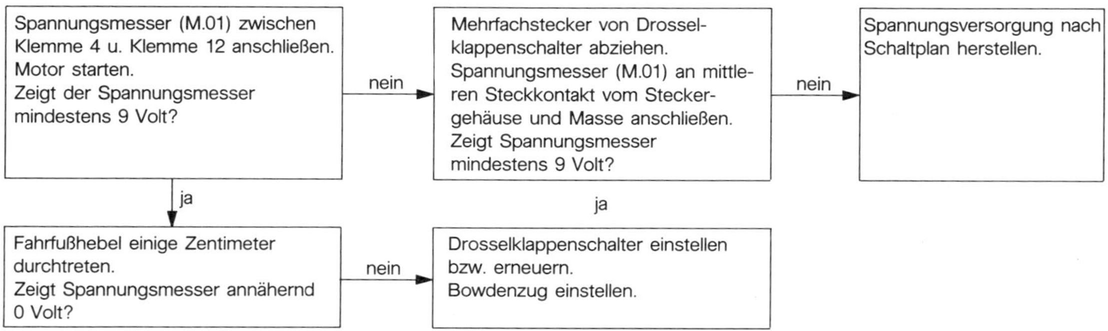

3. Leerlaufregelventil prüfen

Prüfschritt	nein
Stecker von Leerlaufregelventil abziehen. Ohmmeter (M.06) an Leerlaufregelventil anschließen. Zeigt das Ohmmeter bei einer Bauteile-Temperatur von (23° ± 5 °C) 9···10 Ohm?	Leerlaufregelventil ersetzen. Kenn-Nr.*) und Farbpunkt*) beachten.
ja ↓	
Amperemeter (M.03) zwischen Leerlaufregelventil und Kabelstecker anschließen. Betriebswarmen**) Motor im Leerlauf betrieben. Zeigt das Amperemeter einen Wert von 400···500 mA?	Mit Ohmmeter (M.06) beide Kabel (vom Steuergerät zum Leerlaufregelventil) nicht Schaltplan auf Durchgang prüfen, Eventuelle Unterbrechung beheben. Wenn keine Unterbrechungen vorliegen — Steuergerät ersetzen. Kenn-Nr.*) und Farbpunkt*) beachten.
ja ↓	
Betriebswarmen**) Motor im Leerlauf betrieben. Kabelstecker von Leerlaufregelventil abziehen. Motorleerlauf muß sich auf ca. 2000 min^{-1} erhöhen. Erhöht sich die Drehzahl?	Leerlaufregelventil ersetzen. Kenn-Nr.*) und Farbpunkt*) beachten.

ja ↓

Kabelstecker auf Leerlaufregelventil wieder aufstecken.
Fällt die Drehzahl auf Solldrehzahl ab?

→ nein: Leerlaufregelventil ersetzen.
Kenn-Nr.*) und Farbpunkt*) beachten.

*) Siehe Technische Daten
**) Motoröltemperatur mindestens 60 °C

↓ ja

Leerlaufregelventil in Ordnung?

Achtung! Nach Einlegung einer Fahrstufe (bei Automatikgetriebe) wird grundsätzlich **nur** die Leerlauf-Solldrehzahl (750 ± 50/min) eingeregelt (Vorrangschaltung).

4. Peripherie für Klimadrehzahl prüfen

Spannungsmesser (M.01) zwischen Klemme 4 und Klemme 9 anschließen.
Zündung einschalten.
Klimaanlage einschalten.
Zeigt der Spannungsmesser mindestens 9 Volt?

→ nein: Blau/weißes Kabel mit Ohmmeter (M.06) auf Unterbrechungen prüfen.
Unterbrechungen beseitigen.

↓ ja

Spannungsmesser (M.01) zwischen Klemme 4 und Klemme 11 anschließen.
Zündung einschalten.
Klimaanlage einschalten.
Zeigt der Spannungsmesser nach dem Einschalten der Magnetkupplung mindestens 9 Volt?

→ nein: Blau/schwarzes Kabel mit Ohmmeter (M.06) auf Unterbrechung prüfen.
Unterbrechung beseitigen.

5. Peripherie für Warmlaufdrehzahl prüfen

Spannungsmesser (M.01) zwischen Klemme 2 u. Klemme 6 anschließen.
Zündung einschalten.
Zeigt bei einer Kühlwasser-temperatur $\leqq 30$ °C der Spannungs-messer annähernd 0 Volt?

nein

Ohmmeter (M.06) an Steckanschluß von Fernthermometer-Geber („weißes Kabel") und Fahrzeug-masse anschließen.
Zeigt bei einer Kühlwasser-temperatur $\leqq 30$ °C das Ohmmeter mindestens 100 kOhm?

nein

Fernthermometer-Geber ersetzen.
Kenn-Nr.*) beachten.

Spannungsmesser (M.01) zwischen Klemme 2 u. Klemme 6 anschließen.
Zündung einschalten.
Zeigt bei einer Kühlwasser-temperatur $\geqq 48$ °C der Spannungs-messer mindestens 9 Volt?

nein

Weißes Kabel zum Fernthermo-meter-Geber auf Unterbrechungen prüfen und beseitigen.
Steckkontakte von Fernthermo-meter-Geber auf festen Sitz und Kontaktierung prüfen.
Kabel und Steckkontakte in Ordnung?

ja

Ohmmeter (M.06) an Steckanschluß von Fernthermometer-Geber („weißes Kabel") und Fahrzeugmasse anschließen.
Zeigt bei einer Kühlwasser-temperatur $\geqq 48$ °C das Ohmmeter annähernd 0 kOhm?

nein

Fernthermometer-Geber ersetzen.
Kenn-Nr.*) beachten.

a) Temperaturschalter Kühlwasser

b) Temperaturschalter Luft

Spannungsmesser (M.01) zwischen Klemme 4 u. Klemme 10 anschließen. Zeigt der Spannungsmesser bei einer Lufttemperatur ≦ −8 °C mindestens 9 Volt?
Hinweis:
Bei Handschaltgetriebe entfällt der Temperaturschalter Luft. Die Kabelstecker für den Temperaturschalter Luft sind miteinander verbunden.

→ nein →

Ohmmeter (M.06) zwischen Klemme 2 u. Klemme 10 anschließen. Beide Kabelstecker von Temperaturschalter Luft abziehen und verbinden. Zeigt das Ohmmeter annähernd 0 Ohm?

→ nein → Leitungsunterbrechungen beheben.

↓

Ohmmeter (M.06) an beide Steckanschlüsse von Temperaturschalter Luft anschließen.
Zeigt das Ohmmeter bei einer Lufttemperatur ≦ −8 °C annähernd 0 Ohm?

→ nein → Temperaturschalter Luft ersetzen.

Spannungsmesser (M.01) zwischen Klemme 4 u. Klemme 10 anschließen. Zeigt der Spannungsmesser bei einer Lufttemperatur ≧ +4 °C annähernd 0 Volt?

→ nein →

Ohmmeter (M.06) an beide Steckanschlüsse von Temperaturschalter Luft anschließen.
Zeigt das Ohmmeter bei einer Lufttemperatur ≧ +4 °C mindestens 100 kOhm?

→ nein → Temperaturschalter Luft ersetzen.

↓ ja

Temperaturschalter Luft in Ordnung?

6. Vorrangschaltung

Achtung! Bei Einlegen einer Schaltstufe (Automatikgetriebe) wird immer die Leerlaufsolldrehzahl (750 ± 50/min) eingeregelt.

(Bei Automatikgetriebe)
Spannungsmesser (M.01) zwischen Klemme 4 und Klemme 7 anschließen.
Zündung einschalten.
Wählhebel von Automatikgetriebe auf „N" oder „P" stellen.
Zeigt der Spannungsmesser mindestens 9 Volt?

→ nein →

Blau/gelbes Kabel mit Ohmmeter (M.06) auf Unterbrechung prüfen und Unterbrechung beheben.
Wählhebelschalter prüfen bzw. erneuern.

(Bei Schaltgetriebe)
Spannungsmesser (M.01) zwischen Klemme 4 und Klemme 7 anschließen.
Zündung einschalten.
Zeigt der Spannungsmesser mindestens 9 Volt an?

→ nein →

Unterbrechungen am grün/gelben Kabel (von Klemme 7 nach Klemme 2) beheben.

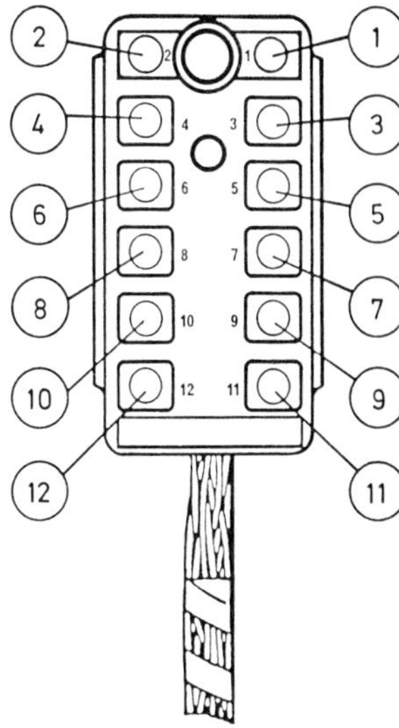

Bild 8.9 Steckerbelegung des Leerlaufsteuergerätes am BMW 318 i – Katalysator (BMW)

Steckerbelegung für Leerlaufsteuergerät

Nr.	mm^2	Farbe	Anschluß nach
1 =	0,75	BL/RT	Leerlaufsteller (A)
2 =	1,5	GN/GE	Klemme 15
3 =	1	GN	Klemme 1 (TD-Signal)
4 =	1,5	BR	Klemme 31
5 =	0,75	BL/WS	Leerlaufsteller (B)
6 =	0,5	WS	Temperaturschalter 45 °C (Fernthermometergeber)
7 =	0,5	BL/GE	Anschluß Automatisches Getriebe N/P
8 =	–	–	–
9 =	0,5	BL/WS	Klimaschalter ein
10 =	0,5	BL/GN	Temperaturschalter 0 °C
11 =	0,5	BL/WS	Magnetkupplung Klimakompressor (Plus-Eingang)
12 =	0,5	BR/BL	L-Jetronic Steuergerät (St 2 LL-Kontakt)

Kabelfarben

BL = blau
BR = braun
GE = gelb
GN = grün
RT = rot
SW = schwarz
WS = weiß

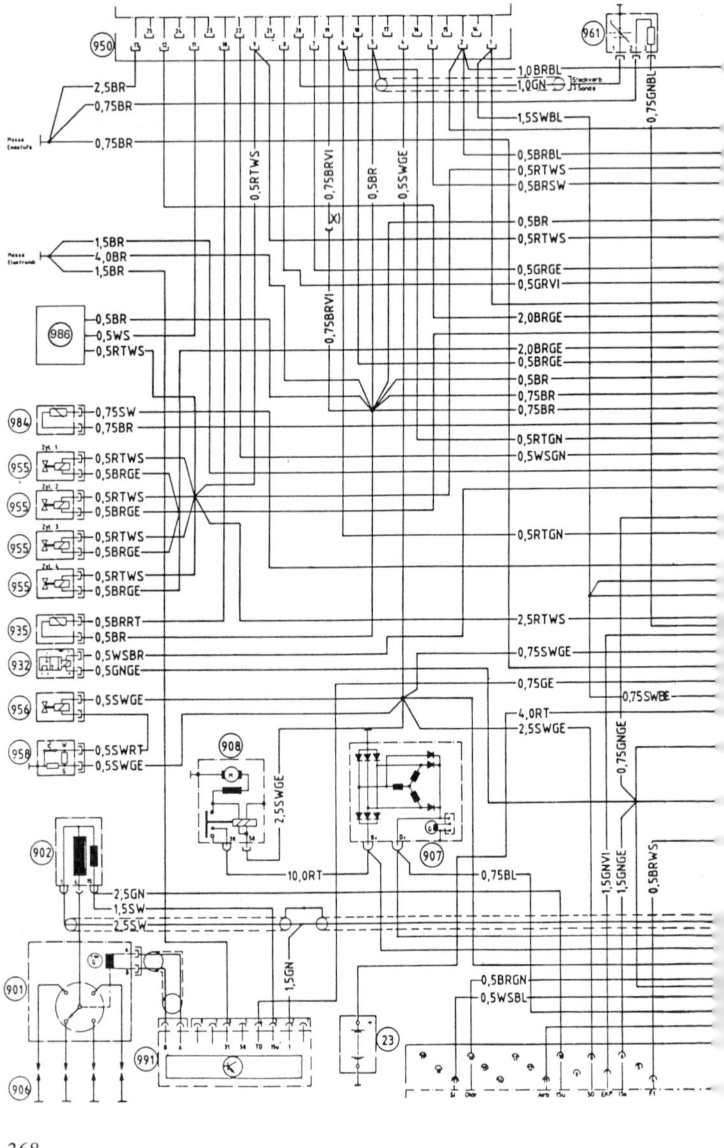
950
961
2,5BR
0,75BR
0,75BR
1,0BRBL
1,0GN
1,5SWBL
0,75GNBL
0,5BRBL
0,5RTWS
0,5BRSW
0,5RTWS
0,75BRVI
0,5BR
0,5SWGE
0,5BR
0,5RTWS
1,5BR
4,0BR
1,5BR
0,5GRGE
0,5GRVI
986
0,5BR
0,5WS
0,5RTWS
2,0BRGE
2,0BRGE
0,5BRGE
0,5BR
0,75BR
0,75BR
984
0,75SW
0,75BR
955
0,5RTWS
0,5BRGE
0,5RTGN
0,5WSGN
0,5RTGN
935
0,5BRRT
0,5BR
2,5RTWS
932
0,5WSBR
0,5GNGE
0,75SWGE
0,75GE
956
0,5SWGE
0,75SWBE
4,0RT
2,5SWGE
958
0,5SWRT
0,5SWGE
908
2,5SWGE
0,75GNGE
907
902
10,0RT
0,75BL
2,5GN
1,5SW
2,5SW
1,5GNVI
1,5GNGE
0,5BRWS
901
1,5GN
0,5BRGN
0,5WSBL
991
23
906

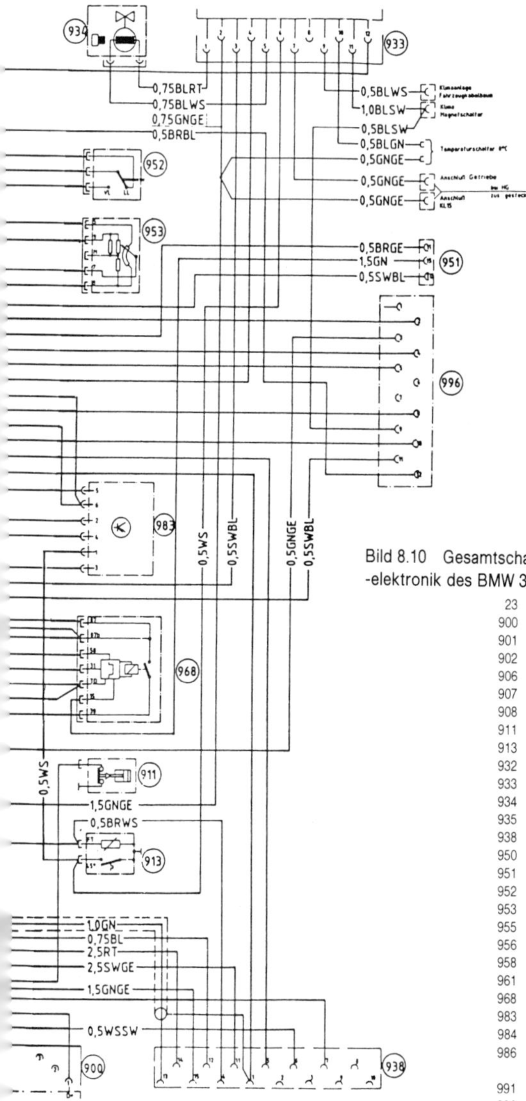

Bild 8.10 Gesamtschaltplan Motorelektrik und -elektronik des BMW 318i – Katalysator (BMW)

23 Batterie
900 Motorstecker
901 Zündverteiler
902 Zündspule
906 Zündkerzen
907 Drehstromgenerator
908 Anlasser
911 Öldruckschalter
913 Fernthermometer-Geber
932 Elektroumschaltventil
933 Leerlaufsteuergerät
934 Leerlaufsteller
935 Temperaturfühler Wasser
938 Diagnoseanschluß
950 Einspritzsteuergerät
951 Anschluß Fahrzeugkabelbaum
952 Drosselklappenschalter
953 Luftmengenmesser
955 Einspritzventil
956 Kaltstartventil
958 Temperatur-Zeit-Schalter
961 Lambdasonde
968 Benzinpumpenrelais
983 Klopfschutzrelais
984 Temperatursensor
986 Druckfühler für Luftdruck (nur US-Fahrzeuge)
991 Steuergerät für TSZ-S
996 Relais für Leerlaufstabilisierung

8.3 Leerlaufstabilisierung der elektronischen Benzineinspritzung Digijet für VW, Typ 2

Die Leerlaufstabilisierung des Digijet sorgt bei kaltem und warmem Motor für ein stabiles Leerlaufverhalten (Bild 8.11).

Das Ventil für die Leerlaufstabilisierung stellt sicher, daß bei kaltem und betriebswarmem Motor die Leerlaufdrehzahl auch unter Belastung konstant gehalten wird. Es stellt für die verschiedensten Betriebszustände und Bedingungen immer die richtige Leerlaufdrehzahl sicher. Das Ventil für die Leerlaufstabilisierung ersetzt den Zusatzluftschieber.

Im Steuergerät der Leerlaufstabilisierungseinrichtung ist die Solldrehzahl für den Leerlauf gespeichert. Weicht der gemessene Istwert von der Solldrehzahl ab, wird das Regelventil mehr oder weniger geöffnet bzw. geschlossen. Bei geschlossener Drosselklappe kann somit die Luftmenge für den Leerlaufbetrieb reguliert werden.

Die Regulierung ist abhängig von

- ☐ der Differenz zwischen gespeicherter Soll- und gemessener Ist-Drehzahl
- ☐ der gemessenen Kühlmitteltemperatur
- ☐ von einer Zusatzinformation über einen Druckschalter, der anzeigt, daß der Druck bei eingeschlagener Servolenkung auf ca. 50 bar angestiegen ist
- ☐ der Information über Klemme 50 des Anlaßsperrschalters auf den Anschluß (AG) des Steuergerätes, daß der Wählhebel des Automatikgetriebes in eine Fahrposition gelegt worden ist
- ☐ einer Information auf Klemme K des Steuergerätes, daß die Klimaanlage eingeschaltet worden ist

Das Leerlaufventil wird von einem Elektromagneten gestellt. Die Information «mehr oder weniger Zusatzluft» erhält das Ventil in Form eines Stellstromes, der zwischen 0 und ca. 450 mA beträgt.

Die Leerlaufstabilisierung ist, wie in Bild 8.12 dargestellt, elektrisch geschaltet.

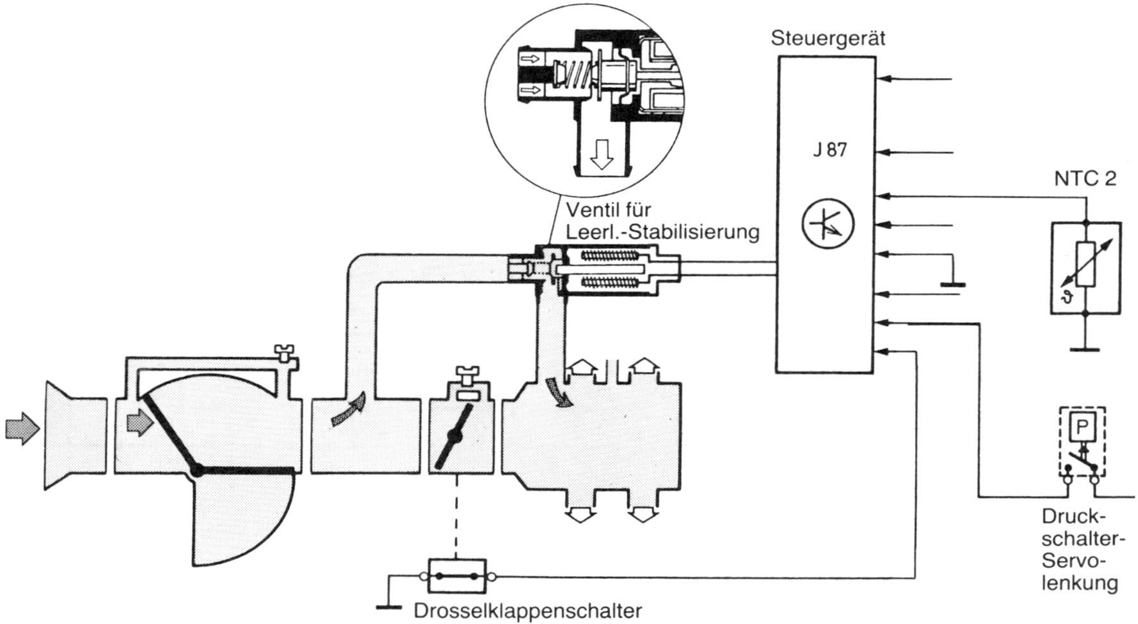

Bild 8.11 Schematische Darstellung der Digijet-Leerlaufstabilisierung im Einspritzsystem VW-Digijet (Volkswagen AG)

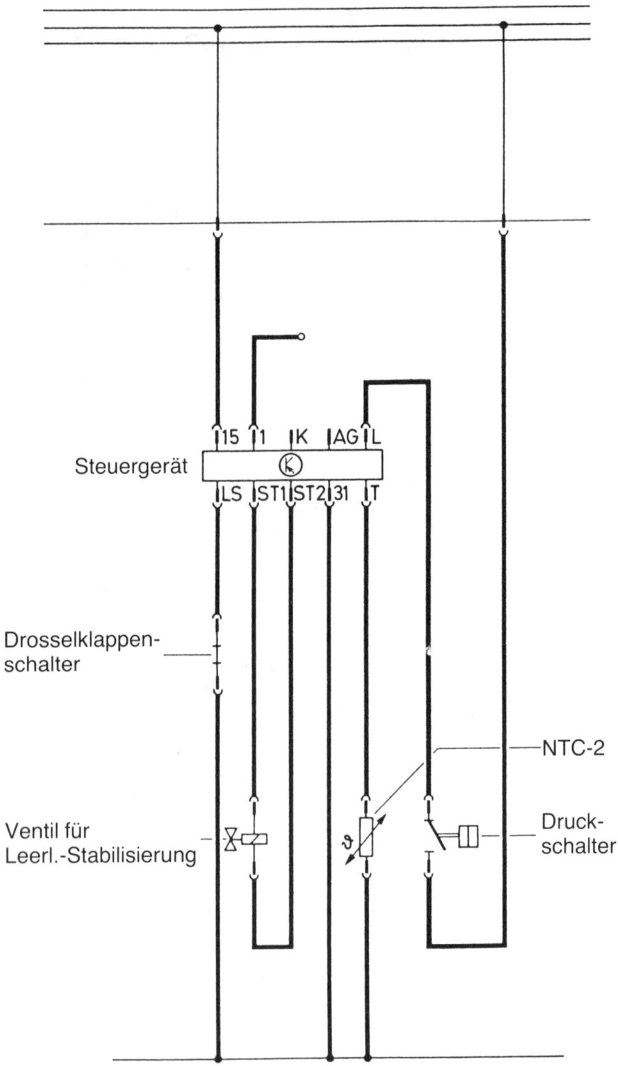

Bild 8.12 Elektrische Schaltung der Leerlaufstabilisierung (Volkswagen AG)

8.3.1 Prüfung der VW-Digijet-Leerlaufstabilisierung

Funktionsprüfung

Das Ventil (1) für die Leerlaufstabilisierung muß bei eingeschalteter Zündung vibrieren und summen (Bild 8.13). Ist das nicht der Fall, wird der Ventilstecker abgezogen und mit einem Ohmmeter der Widerstand des Ventils gemessen. Es muß Durchgang, also ein Ohmwert, angezeigt werden. Ist der Widerstand unendlich, ist das Ventil zu ersetzen.

Wird bei dieser Prüfung Widerstand angezeigt, wird der Stecker wieder aufgesetzt, und es werden gemäß dem nachfolgenden Prüfplan die elektrischen Anschlüsse am Relaisadapter ausgemessen. Sind auch diese Sollwerte in Ordnung, dann ist bei negativem Verlauf der ersten Prüfung das Steuergerät für die Leerlaufstabilisierung zu ersetzen.

Bild 8.13 Das Leerlaufventil (1) der Leerlaufstabilisierungseinrichtung (Volkswagen AG)

Elektrische Anschlüsse der VW-Digijet-Leerlaufstabilisierung prüfen

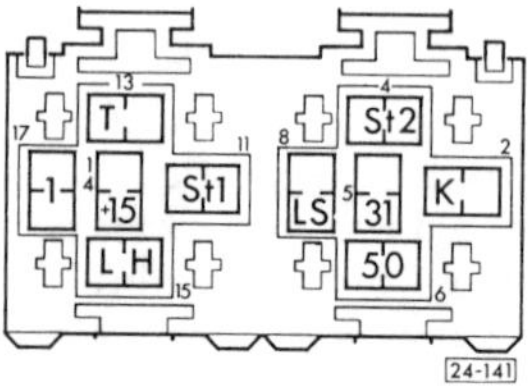

Anschluß am Adapter	Geprüft wird	Prüfbedingungen	Sollwert
31 und + 15	Masseleitung – 31 – zum Zylinderkopf + Leitung – 15 – zur Zündspule Klemme 15	Zündung eingeschaltet	Batteriespannung
31 und LH	Leitung – LH – zum Druckschalter (Servolenkung) über Spannungsversorgung von + 15 des Adapters	Zündung eingeschaltet und Leitungen am Druckschalter überbrückt	Batteriespannung
31 und 50	Leitung – 50 – über Steckverbinder an der Relais-Dose zum Anlasser und Zentralstecker Digijet Klemme 21	Anlasser betätigen (Wählhebel in P und N)	mind. 8 Volt ca. 2,5 kΩ
31 und T	Leitung – T – über Zentralstecker des Steuergerätes für Digijet (Klemme 2) zum Temperaturfühler II einschl. Temperaturfühler	Widerstand bei 20 °C	ca. 2,5 kΩ
31 und LS	Leitung – LS – über Zentralstrecker des Steuergerätes für Digijet (Klemme 4) zum Schalter für Schubabschaltung und Leerlauf einschl. Schalter	Schalter für Schubabschaltung und Leerlauf geschlossen (Durchgang)	ca. 0 Ω
St 1 und St 2	Leitungen – St 1, St 2 – zum Steuerventil für Leerlaufstabilisierung einschl. Ventil	–	Ω-Anzeige (Durchgang)
1	Leitung – 1 – über Steckverbindung zur Klemme 1 der Zündspule	zwischen – 1 – des Adapters und Klemme 1 der Zündspule messen	Ω-Anzeige (Durchgang)
K	Leitung – K – zum Klimakompressor	zwischen – K – des Adapters und Leitungsverteiler am Klimakompressor messen	Ω-Anzeige (Durchgang)

Stichwortverzeichnis